梅津佑太／西井龍映／上田勇祐
Umezu Yuta　Ryuei Nishii　Yusuke Ueda

スパース回帰分析とパターン認識

Sparse Regression Analysis and Pattern Recognition

講談社

シリーズ刊行によせて

人類発展の歴史は一様ではない．長い人類の営みの中で，あるとき急激な変化が始まり，やがてそれまでは想像できなかったような新しい世界が拓ける．我々は今まさにそのような歴史の転換期に直面している．言うまでもなく，この転換の原動力は情報通信技術および計測技術の飛躍的発展と高機能センサーのコモディティ化によって出現したビッグデータである．自動運転，画像認識，医療診断，コンピュータゲームなどデータの活用が社会常識を大きく変えつつある例は枚挙に暇がない．

データから知識を獲得する方法としての統計学，データサイエンスやAIは，生命が長い進化の過程で獲得した情報処理の方式をサイバー世界において実現しつつあるとも考えられる．AIがすぐに人間の知能を超えるとはいえないにしても，生命や人類が個々に学習した知識を他者に移転する方法が極めて限定されているのに対して，サイバー世界の知識や情報処理方式は容易く移転・共有できる点に大きな可能性が見いだされる．

これからの新しい世界において経済発展を支えるのは，土地，資本，労働に替わってビッグデータからの知識創出と考えられている．そのため，理論科学，実験科学，計算科学に加えデータサイエンスが第4の科学的方法論として重要になっている．今後は文系の社会人にとってもデータサイエンスの素養は不可欠となる．また，今後すべての研究者はデータサイエンティストにならなければならないと言われるように，学術研究に携わるすべての研究者にとってもデータサイエンスは必要なツールになると思われる．

このような変化を逸早く認識した欧米では2005年ごろから統計教育の強化が始まり，さらに2013年ごろからはデータサイエンスの教育プログラムが急速に立ち上がり，その動きは近年では近隣アジア諸国にまで及んでいる．このような世界的潮流の中で，遅ればせながら我が国においても，データ駆動型の社会実現の鍵として数理・データサイエンス教育強化の取り組みが急速に進められている．その一環として2017年度には国立大学6校が数理・データサイエンス教育強化拠点として採択され，各大学における全学データサイエンス教育の実施に向けた取組みを開始するとともに，コンソーシアムを形成して全国普及に向けた活動を行ってきた．コンソーシアムでは標準カリキュラム，教材，教育用データベースに関する3分科会を設置し全国普及に向けた活動を行ってきたが，2019年度にはさらに20大学が協力校として採択され，全国全大学への普及の加速が図られている．

本シリーズはこのコンソーシアム活動の成果の一つといえるもので，データサイエンスの基本的スキルを考慮しながら6拠点校の協力の下で企画・編集されたものである．第1期として出版される3冊は，データサイエンスの基盤ともいえる数学，統計，最適化に関するものであるが，データサイエンスの基礎としての教科書は従来の各分野における教科書と同じでよいわけではない．このため，今回出版される3冊はデータサイエンスの教育の場や実践の場で利用されることを強く意識して，動機付け，題材選び，説明の仕方，例題選びが工夫されており，従来の教科書とは異なりデータサイエンス向けの入門書となっている．

今後，来年春までに全10冊のシリーズが刊行される予定であるが，これらがよき入門書となって，我が国のデータサイエンス力が飛躍的に向上することを願っている．

2019年7月

北川源四郎
（東京大学特任教授，元統計数理研究所所長）

昨今，人工知能 (AI) の技術がビジネスや科学研究など，社会のさまざまな場面で用いられるようになってきました．インターネット，センサーなどを通して収集されるデータ量は増加の一途をたどっており，データから有用な知見を引き出すデータサイエンスに関する知見は，今後，ますます重要になっていくと考えられます．本シリーズは，そのようなデータサイエンスの基礎を学べる教科書シリーズです．

2019 年 3 月に発表された経済産業省の IT 人材需給に関する調査では，AI やビッグデータ，IoT 等，第 4 次産業革命に対応した新しいビジネスの担い手として，付加価値の創出や革新的な効率化等などにより生産性向上等に寄与できる先端 IT 人材が，2030 年には 55 万人不足すると報告されています．この不足を埋めるためには，国を挙げて先端 IT 人材の育成を迅速に進める必要があり，本シリーズはまさにこの目的に合致しています．

本シリーズが，初学者にとって信頼できる案内人となることを期待します．

2019 年 7 月

杉山　将
(理化学研究所革新知能統合研究センターセンター長，東京大学教授)

巻 頭 言

情報通信技術や計測技術の急激な発展により，データが溢れるように遍在するビッグデータの時代となりました．人々はスマートフォンにより常時ネットワークに接続し，地図情報や交通機関の情報などの必要な情報を瞬時に受け取ることができるようになりました．同時に人々の行動の履歴がネットワーク上に記録されています．このように人々の行動のデータが直接得られるようになったことから，さまざまな新しいサービスが生まれています．携帯電話の通信方式も現状の4Gからその100倍以上高速とされる5Gへと数年内に進化することが確実視されており，データの時代は更に進んでいきます．このような中で，データを処理・分析し，データから有益な情報をとりだす方法論であるデータサイエンスの重要性が広く認識されるようになりました．

しかしながら，アメリカや中国と比較して，日本ではデータサイエンスを担う人材であるデータサイエンティストの育成が非常に遅れています．アマゾンやグーグルなどのアメリカのインターネット企業の存在感は非常に大きく，またアリババやテンセントなどの中国の企業も急速に成長をとげています．これらの企業はデータ分析を事業の核としており，多くのデータサイエンティストを採用しています．これらの巨大企業に限らず，社会のあらゆる場面でデータが得られるようになったことから，データサイエンスの知識はほとんどの分野で必要とされています．データサイエンス分野の遅れを取り戻すべく，日本でも文系・理系を問わず多くの学生がデータサイエンスを学ぶことが望まれます．文部科学省も「数理及びデータサイエンスに係る教育強化拠点」6大学（北海道大学，東京大学，滋賀大学，京都大学，大阪大学，九州大学）を選定し，拠点校は「数理・データサイエンス教育強化拠点コンソーシアム」を設立して，全国の大学に向けたデータサイエンス教育の指針や教育コンテンツの作成をおこなっています．本シリーズは，コンソーシアムのカリキュラム分科会が作成したデータサイエンスに関するスキルセットに準拠した標準的な教科書シリーズを目指して編集されました．またコンソーシアムの教材分科会委員の先生方には各巻の原稿を読んでいただき，貴重なコメントをいただきました．

データサイエンスは，従来からの統計学とデータサイエンスに必要な情報学の二つの分野を基礎としますが，データサイエンスの教育のためには，データという共通点からこれらの二つの分野を融合的に扱うことが必要です．この点で本シリーズは，これまでの統計学やコンピュータ科学の個々の教科書とは性格を異にしており，ビッグデータの時代にふさわしい内容を提供します．本シリーズが全国の大学で活用されることを期待いたします．

2019年4月

編集委員長　竹村彰通
（滋賀大学データサイエンス学部学部長，教授）

まえがき

急速な計測技術やデータ転送・保存技術の発展にともない，近年では複雑かつ大規模なデータの収集が簡単に行えるようになった．古典的なデータ解析では，あらかじめ定められた仮説を立証するために，どのような実験を行うか，また，どの程度のサンプルサイズが必要かなどが重要であった．これは，古典的なデータ解析が廃れた古い技術であるということではなく，状況に応じて適切な解析手法を用いるべきであるということである．実際，実験計画法などのサンプリング計画や，サンプルサイズの設計は現在でも工学やものづくり，医学分野などにおいて重要な研究テーマである．一方，近年のデータ解析では，あらかじめ仮説が定められることはほとんどなく，現象を説明するための変数やモデル，パターンをデータから見出すことに焦点が当てられることが多い．このような目的を達成するためのスパース回帰分析やパターン認識の技術は，データ解析において標準的なツールとなっている．

“スパース”とは，回帰モデルのパラメータ，つまり，複数の回帰係数のうちのいくつかが正確にゼロ，つまりモデルには冗長な説明変数が含まれていることを意味する．冗長な説明変数に対する回帰係数を正確にゼロと推定するため，回帰モデルの目的関数にスパース性を誘導する罰則を付加した正則化法をスパース回帰分析と呼ぶ．スパース回帰分析で最も基本的なものは，目的関数にパラメータの ℓ_1 ノルムを罰則として用いるラッソ (Lasso: least absolute shrinkage and selection operator) である．ℓ_1 ノルムが原点で微分不可能であるという特徴を利用することで，ラッソでは回帰係数の一部をスパースに推定することができる．また，一般に回帰係数の次元がサンプルサイズを超える場合，最小 2 乗推定量は一意に定まらないものの，ラッソを用いることで，よほど病的な状況でない限り，推定の一意性を保証することができる．ラッソの目的関数が凸であることと，高次元データに対してもうまく働くため，特に大規模なデータを扱う機械学習分野においても標準的な解析ツールとなっている．

パターン認識とは，画像認識や音声認識のように，多くの情報を持つデータから，ある特徴やルールを抽出するものである．例えば，ある画像が与えられたとき，耳や鼻，4 足歩行しているなどのイヌらしい特徴を持つ部分があれば，人間はそれをイヌの画像と判断する．大雑把(おおざっぱ)にいえば，パターン認識とは“データがどのクラスに分類されるかを識別する問題”であり，最も基本的なものとして線形判別やロジスティック判別，ベイズ判別などに代表される判別分析が含まれる．また，非線形な判別を行うためのニューラルネットワークやサポートベクターマシン，ランダムフォレスト，ブースティングもパターン認識において大きな成功を上げている．特に，ニューラルネットワークは深層学習の文脈で説明されることが多く，近年最も注目を集めているデータ解析手法の一つである．

本書は，学部 3 年生向けに，スパース回帰分析とパターン認識の入門的な内容からやや発展的な内容までまとめたものである．第 1 章，第 3 章を梅津，第 2 章，第 4 章を西井・上田が担当した．各章はそれぞれがほぼ独立に構成されているため，興味のある章から読み進めてもらって構わない．また，なるべく多くの実行例を説明することで，読者の理解を助けるよう心がけた．それぞれの実行例はプログラミング言語 R で実装しており，

https://www.kspub.co.jp/book/detail/5186206.html

からダウンロードできる．

本書の構成は以下の通りである．まず，第1章でスパース線形回帰分析，特にラッソについて説明する．紙幅の都合上，計算アルゴリズムについては省略せざるをえなかったが，ラッソを用いることで，どのような解析結果が得られるのか，また，その解がどのような統計的な性質を持つのかといった，選ばれたモデルの理解に焦点を当てている．また，標準的なラッソのいくつかの問題点を解消できるエラスティックネットと適応的ラッソおよび，非常に重要な課題であるモデル選択基準についても説明する．1.2節と1.3節については，数理的にやや高度な内容が含まれるため，はじめて本書を読む場合には，読み飛ばしても構わない．第2章では，パターン認識の基礎的な内容である，2群のベイズ判別，線形判別，2次判別および誤判別確率の確率的評価について説明する．次に，多群判別の判別ルールについて述べ，ロジスティック判別分析との関係について説明する．また，高次元データに対する判別手法や，ノンパラメトリックな判別手法について簡単に紹介する．第3章では，深層学習の基礎となるニューラルネットワークについて述べる．特に，誤差逆伝播法やさまざまなオプティマイザ，正則化法について，最近のニューラルネットワークで用いられる手法について詳細に説明する．また，近年の画像認識分野で成功を収めている畳み込みニューラルネットワークや，生成モデルとして変分オートエンコーダ (VAE: variational autoencoder) や敵対的生成ネットワーク (GAN: genarative adversarial network) についても説明する．第4章では，非線形データに対する判別手法として，サポートベクターマシン，ランダムフォレストおよびアダブーストについて簡単に説明する．これらの手法は，ニューラルネットワークが一時的に衰退したおよそ1990年代後半〜2006年頃に提案された識別モデルであり，データの解釈性が優れていることから，現在でも盛んに研究されている．

本書で述べるトピックは，上記の手法を網羅的に説明するものではなく，その導入となるものがほとんどである．そのため，本書のトピックに興味を持った読者はそれぞれの専門書や論文などを手にとられたい．また，本書を通して，実行例はすべてRを用いて説明している．最近はPythonによるプログラミングの需要も高まっており，Pythonのパッケージ`scipy`や`pandas`などを用いることで，Rとほぼ同様にプログラムを作成することができる．

最後に，本書を執筆する機会をくださった竹村彰通先生はじめ編集委員の先生方，原稿を読んでいただき多くのコメントをいただいた統計数理研究所の江口真透先生，東北大学の松田安昌先生に感謝の意を表します．そして，講談社サイエンティフィクの瀬戸晶子さま，横山真吾さまには執筆期間を通して大変お世話になりました．ここにあらためて感謝いたします．

2019年9月

著者一同

目　次

第 1 章 回帰モデルとスパース推定

入力と出力の関係を記述するための回帰モデルは，データ解析において基本的なツールであるとともに，古くから研究されてきた非常に重要な方法論の一つでもある．本章では，まず，古典的な回帰モデルにおけるパラメータの推定方法とその統計的性質について述べる．また，近年の機械学習や数理統計をはじめとするさまざまな分野で応用されているスパース推定について説明する．

1.1 回帰モデルと正則化法

d 次元のベクトル $\boldsymbol{x} = (x_1, \ldots, x_d)^\top$ と実数 y が与えられたとき，これらの関係を関数 f を通して記述したいとする．ここで，$^\top$ はベクトルあるいは行列の転置を表す．例えば，$d = 1$ の場合，おもりの重さ x とバネの伸び y の関係を，関数 f を用いて説明したい状況などが挙げられる．このとき，バネの伸びを測定するために用いたおもりの重さ x を説明変数あるいは入力と呼び，そのときのバネの伸びた長さ y を目的変数あるいは出力と呼ぶ．回帰モデルとは，目的変数 y を説明変数 $\boldsymbol{x}$ の関数 $f(\boldsymbol{x})$ によって近似するものであり，関数 f は回帰関数と呼ばれる．我々の目標は，n 組の標本からなるデータ $\{(y_i, \boldsymbol{x}_i)\}_{i=1,\ldots,n}$ が得られたときに，y の近似 $y \approx f(\boldsymbol{x})$ の誤差がなるべく小さくなるような回帰関数 f を推定 (学習) することである．

本章では，近似誤差は $\varepsilon = y - f(\boldsymbol{x})$，つまり，$f(\boldsymbol{x})$ に対して加法的に作用するものを誤差と呼ぶことにする [*1]．また，回帰関数はパラメータ $\boldsymbol{\beta} = (\beta_1, \ldots, \beta_d)^\top$ に関して線形であるものとする．つまり，我々が興味のある回帰モデルは，以下の線形回帰モデル

$$y = f(\boldsymbol{x}) + \varepsilon = \beta_1 x_1 + \beta_2 x_2 + \cdots + \beta_d x_d + \varepsilon = \boldsymbol{\beta}^\top \boldsymbol{x} + \varepsilon \tag{1.1}$$

であり，このとき，パラメータ $\boldsymbol{\beta}$ は回帰係数と呼ばれる．したがって，式 (1.1) の回帰係数 $\boldsymbol{\beta}$ をデー

[*1] 例えば，$y/f(\boldsymbol{x}) = 1 + \varepsilon$ のように誤差を定義することもできるが，そうすると，y が実数の範囲を動くので，さまざまな統計理論が “うまく” いかなくなる．

タから推定するとともに，推定した回帰係数の性質を調べることが我々の目標である．

ところで，式 (1.1) には切片項が含まれていないため疑問に思うかもしれないが，これは次のように理解できる．つまり，切片項 β_0 がモデルに含まれている場合，$(\beta_0, \beta_1, \ldots, \beta_d)^\top$ と $(1, x_1, \ldots, x_d)^\top$ をそれぞれ，$(d+1)$ 次元の回帰係数 $\boldsymbol{\beta}$ と説明変数 $\boldsymbol{x}$ だと考えればよい．このとき，回帰係数の次元と切片項に対応する成分が説明変数に追加されることを除けば，式 (1.1) の関係は崩れない．

1.1.1 最小 2 乗法

図 1.1(a) は R のパッケージ datasets にあるデータ cars に対数変換を施したものをプロットしたものである．このデータには 1920 年代のアメリカの自動車 50 台に対して，自動車が停止をはじめる時点における自動車の速さ (mph) と停止するまでの距離 (ft) が記録されている．図 1.1(a) から見てとれるように，説明変数と目的変数には線形の関係があるように思われる [*2]．そこで，自動車の停止開始時の速さの対数を x_i，停止距離の対数を y_i として，

$$y_i = a + bx_i + \varepsilon_i, \qquad i = 1, \ldots, 50 \tag{1.2}$$

なる線形回帰モデルを考えよう．切片項を除いた説明変数が 1 次元であるような回帰モデルを**単回帰モデル** (simple linear regression model) と呼ぶ．このとき，式 (1.2) における誤差項 ε_i は目的変数 y_i と，ターゲットとなる値 $a + bx_i$ の差で表される (図 1.1(b))．はじめに述べたように，回帰係数 a, b は 50 個のデータの誤差ができるだけ小さくなるように推定すべきであろう．当然，“小さな” 誤差を定量化する基準としてさまざまなものが考えられるが，次の 2 乗損失によってパラメータ a, b を推定

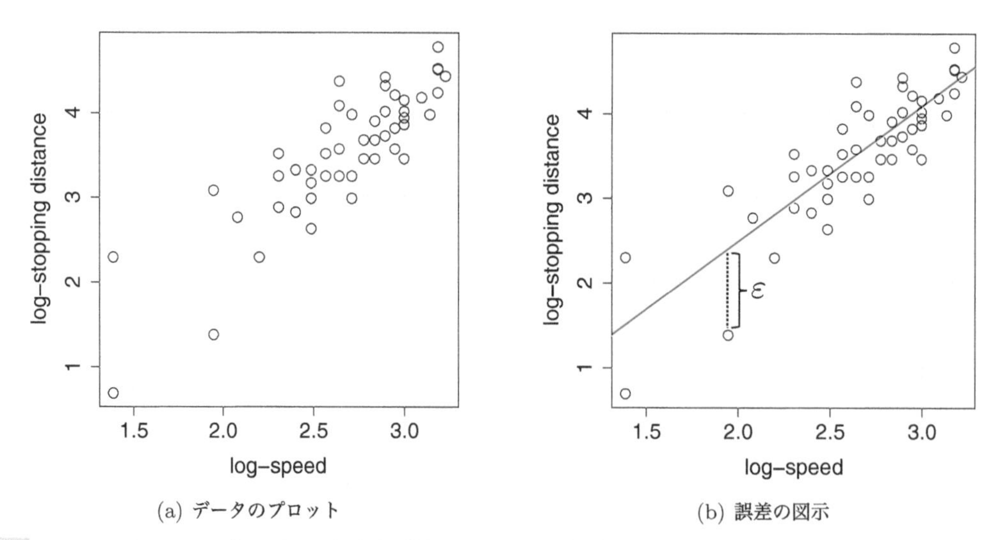

(a) データのプロット　　(b) 誤差の図示

図 1.1 R のデータ cars のプロット (a) と誤差の幾何学的解釈 (b)．横軸は自動車の停止をはじめる時間における速さ (mph) の対数であり，縦軸は停止までの距離 (ft) の対数を表している．

*2 実際，適当な条件のもとで運動方程式を解くと，停止速度は初速の 2 乗に比例する．

する．つまり，回帰係数 a, b の関数として，**損失関数** (loss function) $L(a, b)$ を

$$L(a,b) = \sum_{i=1}^{n} \varepsilon_i^2 = \sum_{i=1}^{n} \{y_i - (a + bx_i)\}^2 \tag{1.3}$$

で定義し，これを最小にするような a と b を求めるのである．式 (1.3) のように損失関数を定義するメリットの一つとして，パラメータの推定値が解析的に書き表されることが挙げられる．一方で，2 乗損失を用いる際のデメリットとして，データに外れ値が含まれる場合などに推定値が外れ値に大きく影響を受けるため，本来推定したいものと極端に異なる結果が得られることがある [*3]．なお，式 (1.3) の最小値を達成するパラメータを求める方法を**最小 2 乗法** (least squares method) と呼び，データ解析のさまざまな場面で現れる手法である．

$L(a, b)$ はパラメータ a, b に関する 2 次関数であるから，平方完成を用いて $L(a, b)$ の最小値を求めよう．$\bar{x} = \sum_{i=1}^{n} x_i/n, \bar{y} = \sum_{i=1}^{n} y_i/n$ をそれぞれ，説明変数と目的変数の標本平均とする．このとき，$L(a, b)$ は

$$\begin{aligned} L(a,b) = n\{a - (\bar{y} - b\bar{x})\}^2 &+ \left\{ b - \frac{\sum_{i=1}^{n}(x_i - \bar{x})(y_i - \bar{y})}{\sum_{i=1}^{n}(x_i - \bar{x})^2} \right\}^2 \sum_{i=1}^{n}(x_i - \bar{x})^2 \\ &- \frac{\{\sum_{i=1}^{n}(x_i - \bar{x})(y_i - \bar{y})\}^2}{\sum_{i=1}^{n}(x_i - \bar{x})^2} + \sum_{i=1}^{n}(y_i - \bar{y})^2 \end{aligned} \tag{1.4}$$

と書き換えることができる．したがって，$L(a, b)$ は，

$$\hat{a} = \bar{y} - \hat{b}\bar{x}, \quad \hat{b} = \frac{\sum_{i=1}^{n}(x_i - \bar{x})(y_i - \bar{y})}{\sum_{i=1}^{n}(x_i - \bar{x})^2}$$

で最小となる．このとき，推定された回帰直線は

$$y = \hat{f}(x) = \hat{a} + \hat{b}x = \bar{y} + \hat{b}(x - \bar{x})$$

となり，$\hat{f}(x)$ は観測データの標本平均 $(\bar{x}, \bar{y})$ を通る傾き $\hat{b}$ の直線であることがわかる．また，傾きの推定値 $\hat{b}$ は，観測データの標本共分散に比例する．なお，推定された回帰直線は

$$y - \bar{y} = \hat{b}(x - \bar{x})$$

とも書くことができ，$\hat{b}$ が $y_i - \bar{y}$ と $x_i - \bar{x}$ のみで評価できる．そのため，元の目的変数と説明変数の代わりに，$\tilde{y}_i = y_i - \bar{y}, \tilde{x}_i = x_i - \bar{x}$ を用いて

$$\tilde{y}_i = b\tilde{x}_i + \varepsilon_i$$

としたものを考えてもよい．つまり，観測データをあらかじめ平均ゼロに中心化しておけば，切片項

[*3] このような場合，式 (1.3) ではなく，絶対偏差 $\sum_{i=1}^{n} |y_i - (b + ax_i)|$ を損失として回帰係数を推定することがあり，least absolute deviation (LAD) 回帰と呼ばれる．

を $a=0$ としたモデルを考えても差し支えないということである．

図 1.1(a) のデータに対して，パラメータを推定したところ

$$(\hat{a}, \hat{b}) = (-0.7297, 1.6024)$$

であった．したがって，回帰直線は図 1.1(b) の赤線で表されるように

$$y = -0.7297 + 1.6024x$$

と推定される．一方，$(\bar{x}, \bar{y}) = (2.6620, 3.5359)$ であり，$x = 2.6620$ のとき

$$\hat{a} + \hat{b}x \approx 3.5359$$

となることから，推定した回帰直線は観測値の標本平均 $(\bar{x}, \bar{y})$ を通ることが確認できる．線形回帰モデルのパラメータ推定は，R の関数 `lm` を用いて実行できる．コード 1.1 において，6 行目の `Call` は `lm` で用いたモデルの入出力関係を記述しているものであり，いまの場合，`y` を目的変数，`x` を説明変数として `lm` の引数としたことを表している．また，9 行目の `Coefficients` において，`Intercept` は切片項の推定値，`x` は `x` の係数 (傾き) の推定値である．

コード 1.1　R の関数 lm による実行例

```
1  x <- log(cars$speed)
2  y <- log(cars$dist)
3  result <- lm(y~x)
4  result
5
6  Call:
7  lm(formula = y ~ x)
8
9  Coefficients:
10 (Intercept)          x
11     -0.7297     1.6024
```

次に，一般の d の場合を考えよう．このとき，線形回帰モデル

$$y = \beta_0 + \beta_1 x_1 + \cdots + \beta_d x_d + \varepsilon$$

は，(線形) **重回帰モデル** (multiple linear regression model) と呼ばれる．単回帰モデルの場合と同様に，観測データ $\{(y_i, \boldsymbol{x}_i)\}_{i=1,\ldots,n}$ が得られたとき，

$$
\begin{aligned}
y_1 &= \beta_0 + \beta_1 x_{11} + \cdots + \beta_d x_{1d} + \varepsilon_1 \\
y_2 &= \beta_0 + \beta_1 x_{21} + \cdots + \beta_d x_{2d} + \varepsilon_2 \\
&\vdots \\
y_n &= \beta_0 + \beta_1 x_{n1} + \cdots + \beta_d x_{nd} + \varepsilon_n
\end{aligned}
$$

の 2 乗誤差を最小にするパラメータを求めよう．以下，観測値はあらかじめ中心化されているものとし，一般性を失うことなく $\beta_0 = 0$ とする．また，表記を簡単にするためにベクトルと行列を用いて，

$$\boldsymbol{y} = X\boldsymbol{\beta} + \boldsymbol{\varepsilon}$$

と書くことにする．さらに，$\mathrm{rank}(X) = d$ を仮定する．これは，$X^\top X$ が逆行列を持つための条件である．ただし，$\boldsymbol{y} = (y_1, \ldots, y_n)^\top \in \mathbb{R}^n, X = (\boldsymbol{x}_1, \ldots, \boldsymbol{x}_n)^\top \in \mathbb{R}^{n \times d}, \boldsymbol{\beta} = (\beta_1, \ldots, \beta_d)^\top \in \mathbb{R}^d$ および $\boldsymbol{\varepsilon} = (\varepsilon_1, \ldots, \varepsilon_n)^\top \in \mathbb{R}^n$ である．パラメータ $\boldsymbol{\beta}$ の関数として，2 乗損失を

$$L(\boldsymbol{\beta}) = \|\boldsymbol{\varepsilon}\|_2^2 = \|\boldsymbol{y} - X\boldsymbol{\beta}\|_2^2$$

で定義する．ただし，ベクトル $\boldsymbol{v} \in \mathbb{R}^n$ に対して，$\|\boldsymbol{v}\|_2 = \sqrt{\sum_{i=1}^n v_i^2}$ で ℓ_2 ノルムを表す．$L(\boldsymbol{\beta})$ の最小値を求めるために，$\boldsymbol{\beta}$ に関して平方完成すると，

$$
\begin{aligned}
L(\boldsymbol{\beta}) &= (\boldsymbol{y} - X\boldsymbol{\beta})^\top (\boldsymbol{y} - X\boldsymbol{\beta}) \\
&= \boldsymbol{\beta}^\top X^\top X \boldsymbol{\beta} - 2\boldsymbol{\beta}^\top X^\top \boldsymbol{y} + \boldsymbol{y}^\top \boldsymbol{y} \\
&= \left\{\boldsymbol{\beta} - (X^\top X)^{-1} X^\top \boldsymbol{y}\right\}^\top X^\top X \left\{\boldsymbol{\beta} - (X^\top X)^{-1} X^\top \boldsymbol{y}\right\} \\
&\quad + \boldsymbol{y}^\top \left\{I_n - X(X^\top X)^{-1} X^\top\right\} \boldsymbol{y} \qquad (1.5)
\end{aligned}
$$

となる．ただし，I_n は n 次の単位行列である．$X^\top X$ は正定値行列であるから，第 1 項の 2 次曲面は楕円放物面であり，その頂点 $\hat{\boldsymbol{\beta}} = (X^\top X)^{-1} X^\top \boldsymbol{y}$ で最小となる．一方，第 2 項は $\boldsymbol{\beta}$ に関して定数であるから，結局，$L(\boldsymbol{\beta})$ は

$$\hat{\boldsymbol{\beta}} = (X^\top X)^{-1} X^\top \boldsymbol{y}$$

で最小となり，このとき，$L(\hat{\boldsymbol{\beta}}) = \boldsymbol{y}^\top \{I_n - X(X^\top X)^{-1} X^\top\} \boldsymbol{y}$ となる．$\hat{\boldsymbol{\beta}}$ を**最小 2 乗推定値** (least square estimate) と呼ぶ．

最小 2 乗推定値の直感的な理解を深めるために，最小 2 乗推定値の幾何的な解釈を説明する．まず，パラメータを推定した結果得られる予測値を

$$\hat{\boldsymbol{y}} = X\hat{\boldsymbol{\beta}} = X(X^\top X)^{-1} X^\top \boldsymbol{y}$$

としよう．$P_X = X(X^\top X)^{-1} X^\top$ とおくと，目的変数 $\boldsymbol{y}$ と予測値 $\hat{\boldsymbol{y}}$ との差は

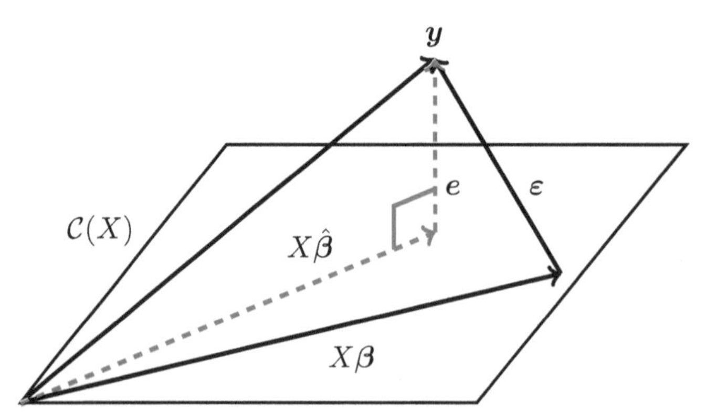

図 1.2　最小 2 乗推定値の幾何学的解釈．目的変数 $\boldsymbol{y}$ を X の列ベクトルの張る空間 $\mathcal{C}(X)$ へ射影した点における X の列ベクトルの係数が最小 2 乗推定値である．

$$\boldsymbol{e} = \boldsymbol{y} - \hat{\boldsymbol{y}} = (I_n - P_X)\boldsymbol{y}$$

で与えられ，$\boldsymbol{e}$ は残差と呼ばれる．$(I_n - P_X)^2 = I_n - P_X$ より，$I_n - P_X$ は対称なべき等行列であるから，$I_n - P_X$ は X の列空間への射影行列となることがわかる．つまり，X の列空間を $\mathcal{C}(X) = \{X\boldsymbol{\beta} \mid \boldsymbol{\beta} \in \mathbb{R}^d\} \subset \mathbb{R}^n$ としたとき，残差 $\boldsymbol{e}$ は $\mathcal{C}(X)$ の直交補空間 $\mathcal{C}(X)^\perp = \{\boldsymbol{v} \mid \boldsymbol{u}^\top \boldsymbol{v} = 0,\ \forall \boldsymbol{u} \in \mathcal{C}(X)\}$ の元となる (図 1.2)．実際，$\boldsymbol{u} \in \mathcal{C}(X)$ を任意にとると，ある $\boldsymbol{\beta} \in \mathbb{R}^d$ を用いて $\boldsymbol{u} = X\boldsymbol{\beta}$ と書ける．このとき，

$$\boldsymbol{e}^\top \boldsymbol{u} = \boldsymbol{y}^\top (I_n - P_X) X\boldsymbol{\beta} = 0$$

となり，$\boldsymbol{e} \in \mathcal{C}(X)^\perp$ である．

1.1.2　推定量の統計的性質

最小 2 乗法によるパラメータ推定は，直感的にも理解しやすい方法ではあるものの，それだけでは最小 2 乗推定値に関する性質の理解や，推定結果のよさを評価することは難しい．これは，観測誤差に関して何の事前情報も考えていないことに起因している．一方で，このような観測誤差は，実験環境の変化などによって偶然に生じる不確定な要素であるから，平均的にはゼロであるような確率分布から生じたものであると考えるのは自然なことのように思える．そこで，線形回帰モデル

$$y_i = \boldsymbol{x}_i^\top \boldsymbol{\beta} + \varepsilon_i, \qquad i = 1, \ldots, n$$

において，$\varepsilon_1, \ldots, \varepsilon_n$ は平均 0, 分散 $\sigma^2\ (> 0)$ の互いに独立な確率変数であるとしよう．したがって，$y_1, \ldots, y_n$ も独立な確率変数であり，期待値と分散はそれぞれ

$$\mathbb{E}[y_i \mid X = \boldsymbol{x}_i] = \boldsymbol{x}_i^\top \boldsymbol{\beta}, \qquad \mathbb{V}[y_i \mid X = \boldsymbol{x}_i] = \sigma^2$$

となる．ただし，$\mathbb{E}, \mathbb{V}$ はそれぞれ期待値と分散を表す．また，$\mathbb{E}[y_i \mid X = \boldsymbol{x}_i]$ は回帰関数と呼ばれる．

注 2 乗誤差の期待値 $\mathbb{E}[(Y-f(\boldsymbol{x}))^2 \mid X=\boldsymbol{x}]$ を最小にする関数 f を**回帰関数** (regression function) と呼ぶ.

$$\begin{aligned}\mathbb{E}[(Y-f(\boldsymbol{x}))^2 \mid X=\boldsymbol{x}] &= \mathbb{E}[(Y-\mathbb{E}[Y \mid X=\boldsymbol{x}])^2 \mid X=\boldsymbol{x}] + \mathbb{E}[(\mathbb{E}[Y \mid X=\boldsymbol{x}]-f(\boldsymbol{x}))^2 \mid X=\boldsymbol{x}] \\ &\geq \mathbb{E}[(\mathbb{E}[Y \mid X=\boldsymbol{x}]-f(\boldsymbol{x}))^2 \mid X=\boldsymbol{x}]\end{aligned}$$

より, 回帰関数は条件付き期待値 $f(\boldsymbol{x})=\mathbb{E}[Y \mid X=\boldsymbol{x}]$ となる. 特に, ある定数ベクトル $\boldsymbol{\beta}^*$ を用いて $f(\boldsymbol{x})=\boldsymbol{x}^\top\boldsymbol{\beta}^*$ とかける場合, $\boldsymbol{\beta}^*$ を真の回帰係数と呼び, これまでに述べた線形回帰モデルに帰着される. 説明変数を固定された定数として扱う場合, $X=\boldsymbol{x}$ の条件を省略することもある. また, 真の回帰係数を単に $\boldsymbol{\beta}$ と表すこともある. 本章でも, 特に断らない限り, $X=\boldsymbol{x}$ の条件を省略する.

最小 2 乗推定量 $\hat{\boldsymbol{\beta}}=(X^\top X)^{-1}X^\top\boldsymbol{y}$ の期待値は

$$\mathbb{E}[\hat{\boldsymbol{\beta}}]=(X^\top X)^{-1}X^\top\mathbb{E}[\boldsymbol{y}]=\boldsymbol{\beta}$$

となり, 最小 2 乗推定量は $\boldsymbol{\beta}$ の**不偏推定量** (unbiased estimator) であることがわかる [*4]. つまり平均的には, 最小 2 乗推定量は背後にある真の回帰係数 $\boldsymbol{\beta}$ を "当てている" ということができる. 一方, $\hat{\boldsymbol{\beta}}$ の分散は

$$\mathbb{V}[\hat{\boldsymbol{\beta}}]=(X^\top X)^{-1}X^\top\mathbb{V}[\boldsymbol{y}]X(X^\top X)^{-1}=\sigma^2(X^\top X)^{-1}$$

である. さらに, 最小 2 乗推定量に対して次の性質が成り立つ.

定理 1.1　ガウス–マルコフの定理

最小 2 乗推定量 $\hat{\boldsymbol{\beta}}$ は $\boldsymbol{\beta}$ の任意の線形不偏推定量に対して分散が最小となる. つまり, $\tilde{\boldsymbol{\beta}}=C\boldsymbol{y}$ を $\boldsymbol{\beta}$ の任意の不偏推定量としたとき,

$$\mathbb{V}[\tilde{\boldsymbol{\beta}}]\succeq\mathbb{V}[\hat{\boldsymbol{\beta}}]$$

ただし, 2 つの正方行列 A,B に対して, $A\succeq B$ は $A-B$ が半正定値行列であることを表す.

証明 $\tilde{\boldsymbol{\beta}}=C\boldsymbol{y}$ が $\boldsymbol{\beta}$ の不偏推定量だから, $\mathbb{E}[\tilde{\boldsymbol{\beta}}]=CX\boldsymbol{\beta}$ より, $CX=I$ でなければならない. また, $\mathbb{V}[\tilde{\boldsymbol{\beta}}]=\sigma^2CC^\top$ である. $\mathbb{V}[\hat{\boldsymbol{\beta}}]=\sigma^2(X^\top X)^{-1}$ なので, $CC^\top-(X^\top X)^{-1}\succeq O$ を示せばよい. $D=C-(X^\top X)^{-1}X^\top$ とすれば, $DX=O$ であり, $DD^\top=CC^\top-(X^\top X)^{-1}$ となる. 左辺は半正定値行列であるから, 右辺も半正定値行列である. ■

定理 1.1 の意味するところは, 誤差 ε_i が平均 0, 分散 σ^2 であるような独立な確率変数ならば, 線形不偏推定量の中で, 推定量の分散が最小となるという意味で, 最小 2 乗推定量は最良であるということである. このような推定量は**最良線形不偏推定量** (BLUE: best linear unbiased estimator) と呼ばれる. ところが, $d>n$ である場合や, X に多重共線性が存在する場合には, $\mathrm{rank}(X)<d$ となってし

[*4] $\hat{\boldsymbol{\beta}}$ が $\boldsymbol{y}$ に依存する確率変数であるため, 推定値と区別して "推定量" と呼ぶ.

まい $X^\top X$ の逆行列が存在せず，最小 2 乗推定量 $\hat{\boldsymbol{\beta}}$ が一意に定まらなくなってしまう．また，$X^\top X$ の逆行列が存在したとしても，このような状況では $X^\top X$ の最小固有値が非常に小さくなる．その結果，$(X^\top X)^{-1}$ の対角成分が非常に大きくなってしまい，解が安定しないという問題も生じる．そこで，以下で述べるような正則化法によって，推定精度を安定させるとともに，逆行列の問題に対処する方法がよく用いられる．

1.1.3 リッジ回帰

Hoerl and Kennard (1970) によって提案された**リッジ回帰** (ridge regression) は，正則化法の中でも最も素朴なものといえる．リッジ回帰では，最小 2 乗推定量の代わりに

$$\hat{\boldsymbol{\beta}}^{\mathrm{Ridge}} = (X^\top X + \lambda I_d)^{-1} X^\top \boldsymbol{y} \tag{1.6}$$

を回帰係数の推定量として用いるものであり，これを**リッジ推定量** (ridge estimator) と呼ぶ．ただし，$\lambda\ (>0)$ は正則化パラメータと呼ばれる定数である [*5]．また，I_d は $d \times d$ 次元の単位行列である．リッジ回帰では，たとえ $X^\top X$ に逆行列が存在しない場合でも $X^\top X + \lambda I_d$ は正定値行列となる．実際，λ が正である限り，

$$\boldsymbol{v}^\top (X^\top X + \lambda I_d) \boldsymbol{v} = \|X\boldsymbol{v}\|_2^2 + \lambda \|\boldsymbol{v}\|_2^2 > 0$$

が任意のゼロベクトルでない $\boldsymbol{v} \in \mathbb{R}^d$ について成立する．

リッジ推定量は次の制約付き最適化問題

$$\min_{\boldsymbol{\beta} \in \mathbb{R}^d} \|\boldsymbol{y} - X\boldsymbol{\beta}\|_2^2 \quad \text{subject to} \quad \|\boldsymbol{\beta}\|_2 \leq t$$

の最小化点としても特徴づけることができる．ただし，$t\ (>0)$ は制約の強さを制御するパラメータであり，$t \to \infty$ で制約なし最適化問題に帰着され，結果として最小 2 乗推定量が得られる．制約付き最適化問題の KKT 条件 [*6] から，これはまた，次の問題とも等価である．

$$\min_{\boldsymbol{\beta} \in \mathbb{R}^d} \|\boldsymbol{y} - X\boldsymbol{\beta}\|_2^2 + \lambda \|\boldsymbol{\beta}\|_2^2 \tag{1.7}$$

ここで，$\lambda\ (>0)$ は**調整パラメータ** (tuning parameter) と呼ばれる定数であり，第 2 項は正則化項あるいは罰則項と呼ばれる．この目的関数を微分して停留点を求めることで，式 (1.6) で定義したリッジ推定量が得られる．したがって，t と λ の間には $\|(X^\top X + \lambda I_d)^{-1} X^\top \boldsymbol{y}\| = t$ という関係が成り立つ．なお，$\lambda \to 0$ の極限で，やはり最小 2 乗推定量が得られることに注意する．

$\mathbb{E}[\boldsymbol{y}] = X\boldsymbol{\beta}, \mathbb{V}[\boldsymbol{y}] = \sigma^2 I_n$ として，リッジ推定量の性質を述べよう．説明の簡単のため，$X^\top X = I_d$ とする．このとき，リッジ推定量の期待値と分散はそれぞれ，

[*5] 非正則，つまり，逆行列が存在しない $X^\top X$ を正則にすることから正則化法と呼ばれる．

[*6] カルーシュ–クーン–タッカー (Karush-Kuhn-Tucker) の略称．大雑把にいえば，目的関数の 1 階微分がゼロとなるような点が最適化問題の (局所) 解となるための条件である．

$$\mathbb{E}[\hat{\boldsymbol{\beta}}^{\mathrm{Ridge}}] = \frac{1}{1+\lambda}\boldsymbol{\beta}, \qquad \mathbb{V}[\hat{\boldsymbol{\beta}}^{\mathrm{Ridge}}] = \frac{\sigma^2}{(1+\lambda)^2} I_d$$

となる．したがって，リッジ推定量は不偏ではなく，回帰係数の真値を $1/(1+\lambda)$ と過小に推定していることがわかる．これは，リッジ推定量の目的関数に正則化項が含まれるためである [*7]．一方で，最小 2 乗推定量の分散と比較すると，リッジ推定量の分散は $1/(1+\lambda)^2$ と小さくなっており，この意味で，リッジ推定量は最小 2 乗推定量よりも安定した推定法といえる．

推定量が不偏であり分散が小さいということは，推定量のよさを測るための基本的な要請であるが，リッジ推定量ではこれらは両立しない．つまり，リッジ推定量が不偏性を満たすためには $\lambda = 0$ でなければならないが，この場合分散が大きくなってしまう．一方，分散を小さくしようとすれば，λ を十分に大きくしなければならず，推定量の不偏性が崩れてしまう．このような問題を**バイアスとバリアンスのトレードオフ** (bias-variance tradeoff) と呼び，通常はこのトレードオフを考慮して調整パラメータ λ を選択する．

リッジ推定量をはじめとする正則化法では，データ $\{(y_i, \boldsymbol{x}_i)\}_{i=1,\ldots,n}$ はあらかじめ

$$\frac{1}{n}\sum_{i=1}^{n} y_i = 0, \qquad \frac{1}{n}\sum_{i=1}^{n} x_{ij} = 0, \qquad \frac{1}{n}\sum_{i=1}^{n} x_{ij}^2 = 1, \quad j = 1, \ldots, d$$

と基準化されることが多い．このように基準化する理由は，説明変数を無次元化することで，測定単位によらない推定を行うためである．また，このように基準化しておくことで，$\sum_{i=1}^{n} x_{ij}^2$ の値が大きな変数ほど過剰に縮小されるという，正則化法の問題を回避することができる．詳しくは，川野ら (2018) の付録 A.1 を参照されたい．以下，特に断らない限り，本章を通してデータはあらかじめ上記のように基準化されているものとする．

➤ 1.2* ラッソとその性質

一般に，線形回帰モデルにおける正則化法は

$$\min_{\boldsymbol{\beta} \in \mathbb{R}^d} \sum_{i=1}^{n} (y_i - \boldsymbol{x}_i^\top \boldsymbol{\beta})^2 + P_\lambda(\boldsymbol{\beta}) = \min_{\boldsymbol{\beta} \in \mathbb{R}^d} \|\boldsymbol{y} - X\boldsymbol{\beta}\|_2^2 + P_\lambda(\boldsymbol{\beta})$$

によって定式化される．目的関数の第 1 項の和は，モデルのデータへの当てはまりのよさを表しており，第 2 項は過剰な当てはまりを防ぐための罰則項である．1.1.3 節で述べたリッジ回帰は $P_\lambda(\boldsymbol{\beta}) = \lambda\|\boldsymbol{\beta}\|_2^2$ の場合に相当する．

Tibshirani (1996) により提案された**ラッソ** (Lasso: least absolute shrinkage and selection operator) は，$P_\lambda(\boldsymbol{\beta}) = \lambda\|\boldsymbol{\beta}\|_1$ として回帰係数 $\boldsymbol{\beta}$ を推定する手法である．つまり，

$$\min_{\boldsymbol{\beta} \in \mathbb{R}^d} \|\boldsymbol{y} - X\boldsymbol{\beta}\|_2^2 + \lambda\|\boldsymbol{\beta}\|_1$$

[*7] あるいは，最小 2 乗推定量を強引に正則化したことによる代償とも解釈できる．

を達成するような解 $\hat{\beta}_\lambda^{\mathrm{Lasso}}$ を推定することを目標とする．ただし，$\|\boldsymbol{\beta}\|_1 = \sum_{j=1}^{d} |\beta_j|$ は ℓ_1 ノルムを表す．調整パラメータ λ を適切に選択することで，ラッソは目的関数を最小化することによりパラメータ推定を行うと同時に，変数選択も行うことができる手法として知られている．ここで，変数選択とは，データを説明するのに不要な変数に対応する回帰係数を正確にゼロと推定することをいい，パラメータの一部を正確にゼロと推定するようなフレームワークを**スパース推定** (sparse estimation) と呼ぶ．なぜラッソがスパース推定可能かということを説明する前に，実例を通してラッソの推定値が正確にゼロとなることを確認しておこう．

図 1.3 は R のパッケージ `datasets` にあるデータ `LifeCycleSavings` の散布図であり，世界 50 ヶ国における貯蓄率 (個人貯蓄の総計を可処分所得で割ったもの) を集計したものである．データは，景気循環やその他の短期変動を取り除くために，1960 年から 1970 年の 10 年で平均化されている．各変数の意味は次の通りである．

- `sr`: 個人所得
- `pop15`: 15 歳以下の人口の割合
- `pop75`: 75 歳以上の人口の割合
- `dpi`: 一人当たりの可処分所得
- `ddpi`: `dpi` の成長率

個人所得 `sr` を目的変数とし，残りの 4 変数を説明変数とする線形回帰モデルの回帰係数を推定しよう．実装は R のパッケージ `glmnet` を用いて行う．`glmnet` のパラメータ $\alpha \in [0,1]$ を指定することで，$\alpha = 1$ ならばラッソ，$\alpha = 0$ ならばリッジ回帰，また，$\alpha \in (0,1)$ の場合は，後述する**エラスティックネット** (elastic net) によって回帰係数を推定できる．`glmnet` を用いてラッソを実行する場合，目

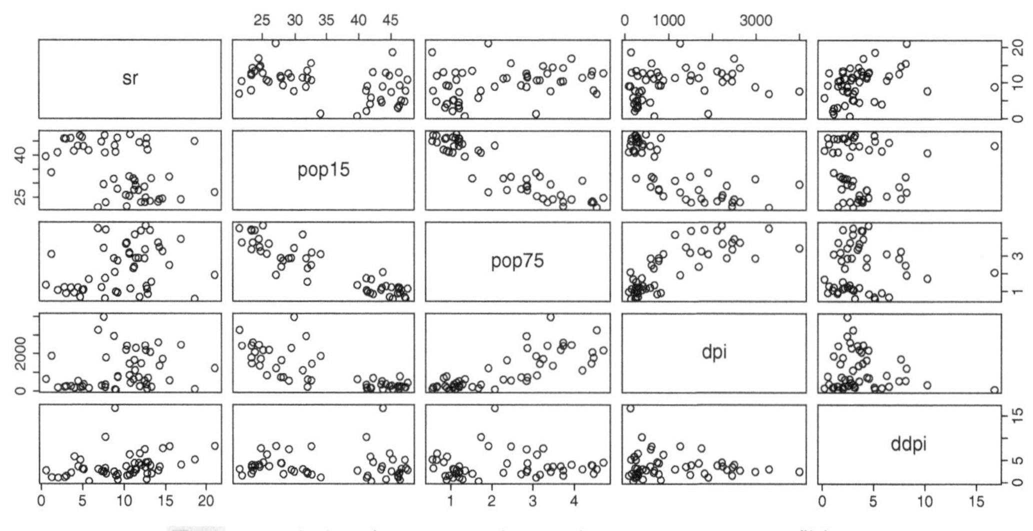

図 1.3　R のパッケージ `datasets` にあるデータ `LifeCycleSavings` の散布図．

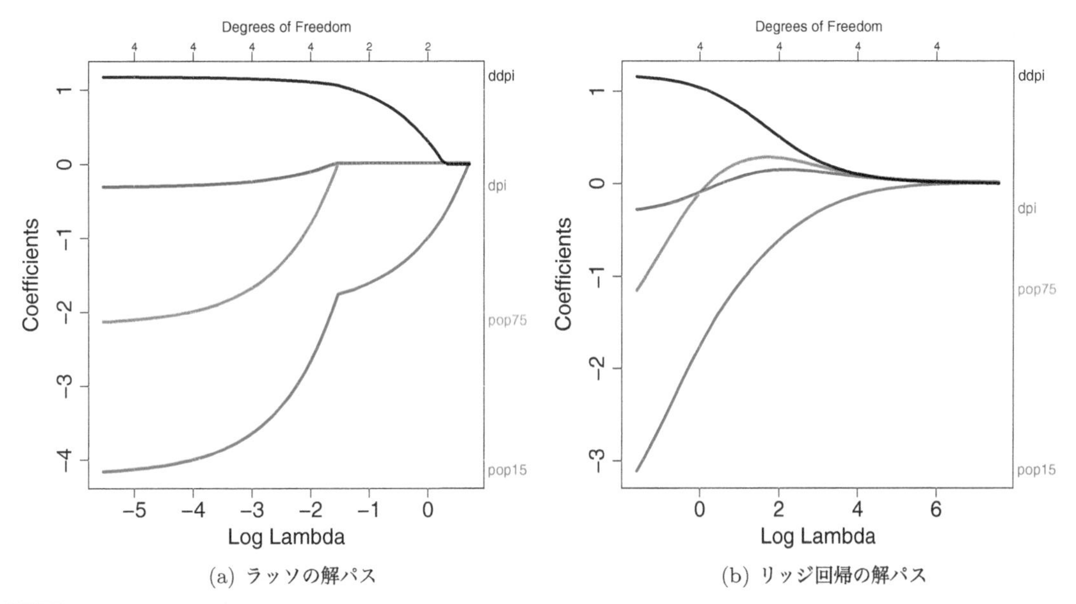

(a) ラッソの解パス　　(b) リッジ回帰の解パス

図 1.4　R のパッケージ glmnet によるパラメータ推定の解パス．横軸は調整パラメータ λ の対数値を表しており，実線はパラメータの推定値を示している．また，Degrees of Freedom は，各 λ における非ゼロパラメータの数である．リッジ回帰とは異なり，ラッソでは λ の値によって回帰係数が正確にゼロと推定されていることがわかる．

的関数は

$$\min_{\boldsymbol{\beta}\in\mathbb{R}^d} \frac{1}{2n}\|\boldsymbol{y} - X\boldsymbol{\beta}\|_2^2 + \lambda\|\boldsymbol{\beta}\|_1$$

であり，第 1 項が $2n$ で割られていることに注意する．これは，λ ではなく $2n\lambda$ を罰則項にかかる係数と考えた場合に相当する *8．

図 1.4 は λ の値をいろいろと動かしたときに，回帰係数の推定値がどのように変化するかを表したものであり，**解パス** (solution path) と呼ばれる．横軸は調整パラメータ λ の対数スケールであり，右に行くほど λ の値が大きくなっている．また，Degrees of Freedom は，回帰係数の推定値の非ゼロ要素の個数を表している．例えば，図 1.4(a) のラッソの解パスを見ると，$\log\lambda = 0$，つまり $\lambda = 1$ の場合には，変数 `pop75` および `dpi` に対応する回帰係数は正確にゼロと推定され，`pop15` と `ddpi` は非ゼロとなっていることがわかる．このとき推定された回帰モデルは

$$\mathrm{sr} = -1.0161696 \times \mathrm{pop15} + 0 \times \mathrm{pop75} + 0 \times \mathrm{dpi} + 0.3068189 \times \mathrm{ddpi}$$

であり，ラッソを用いて `sr` を予測するためには，`pop15` と `ddpi` があれば十分と判断されたことになる．また，λ が大きくなるほど，正確にゼロと推定される変数の数が増えることが見てとれる．

一方，図 1.4(b) のリッジ回帰の解パスでは，どの λ で見ても Degrees of Freedom の値が 4 となっており，回帰係数をスパースに推定できないことがわかる．また，λ の値が十分に大きい場合には，

*8 $2n$ で割る理由は理論的な背景による部分が大きい．なお，定数 2 は単に計算結果を簡単にするためであり，本質的ではない．

(正確にゼロと推定されるわけではないが) すべての変数が 0 に漸近する様子が見てとれる．例えば，$\log\lambda = 6$，つまり，$\lambda = \exp(6) \approx 403.4288$ であったとしても，pop15, pop75, dpi, ddpi の推定値はそれぞれ $-0.02195217, 0.01511142, 0.01044757, 0.01484922$ となり，正確にゼロと推定されたものはない．

コード 1.2 は glmnet を用いた回帰係数の推定および解パスをプロットするためのプログラムである．なお，glmnet によるパラメータ推定の結果を解パスとしてプロットするために，パッケージ plotmo を利用している．**LARS** (least angle regression) (Efron et al., 2004) や**座標降下法** (coordinate descent) (Friedman et al., 2007; Wright, 2015), **ADMM** (alternative direction method of multipliers) (Boyd et al., 2011) など，ラッソをはじめとするスパース推定のためのアルゴリズムは数多く提案されており，これらの詳細については川野ら (2018) を参照されたい．

コード 1.2　R の関数 glmnet による実行例

```
1  # パッケージの呼び出し
2  library(glmnet)
3  library(plotmo)
4
5  # データの基準化
6  x <- scale(LifeCycleSavings[, 2:5])
7  y <- LifeCycleSavings[, 1] - mean(LifeCycleSavings[, 1])
8
9  # ラッソとリッジ回帰によるパラメータの推定
10 lasso <- glmnet(x, y, family = "gaussian", alpha=1)
11 ridge <- glmnet(x, y, family = "gaussian", alpha=0)
12
13 # 各推定法における解パスのプロット
14 plot_glmnet(lasso, xvar="lambda", label=TRUE)
15 plot_glmnet(ridge, xvar="lambda", label=TRUE)
```

1.2.1　ラッソ推定値のスパース性

なぜラッソによるパラメータ推定を行うことで，いくつかの推定値が正確にゼロとなるのかを説明しよう．まず，直感的な理解を得るために，幾何的な説明を行う．次に，どのような場合に解がスパースになるかを解析的な観点から述べる．

まず，ラッソの最適化問題

$$\min_{\boldsymbol{\beta}\in\mathbb{R}^d} \|\boldsymbol{y} - X\boldsymbol{\beta}\|_2^2 + \lambda\|\boldsymbol{\beta}\|_1$$

が，次の制約付き最小化問題

$$\min_{\boldsymbol{\beta}\in\mathbb{R}^d} \|\boldsymbol{y}-X\boldsymbol{\beta}\|_2^2 \quad \text{subject to} \quad \|\boldsymbol{\beta}\|_1 \le t$$

と等価であることに注意する．このことは，リッジ回帰の場合と同様に，制約付き最適化問題の KKT 条件から容易に確認することができる．ラッソとリッジ回帰の違いは，制約部分がパラメータ $\boldsymbol{\beta}$ に関する ℓ_1 ノルムか ℓ_2 ノルムかという点である．式 (1.5) ですでに述べたように，$\boldsymbol{\beta}$ の関数 $\|\boldsymbol{y}-X\boldsymbol{\beta}\|_2^2$ は，

$$\|\boldsymbol{y}-X\boldsymbol{\beta}\|_2^2 = (\boldsymbol{\beta}-\hat{\boldsymbol{\beta}})^\top X^\top X(\boldsymbol{\beta}-\hat{\boldsymbol{\beta}}) + \boldsymbol{y}^\top(I_n - P_X)\boldsymbol{y} = \|X(\boldsymbol{\beta}-\hat{\boldsymbol{\beta}})\|_2^2 + \|\boldsymbol{e}\|_2^2$$

と書き換えることができる．ただし，$\hat{\boldsymbol{\beta}} = (X^\top X)^{-1}X^\top \boldsymbol{y}$ は最小 2 乗推定量であり，P_X および $\boldsymbol{e}$ は 1.1.1 節で述べた X の列空間への直交射影と残差である．したがって，$\|\boldsymbol{e}\|_2^2$ がパラメータ $\boldsymbol{\beta}$ に依存しない定数であることに注意すれば，ラッソは次の制約付き最適化問題とも等価となる．

$$\min_{\boldsymbol{\beta}\in\mathbb{R}^d} \|X(\boldsymbol{\beta}-\hat{\boldsymbol{\beta}})\|_2^2 \quad \text{subject to} \quad \|\boldsymbol{\beta}\|_1 \le t$$

つまり，最小 2 乗推定量 $\hat{\boldsymbol{\beta}}$ を中心とする楕円 $\|X(\boldsymbol{\beta}-\hat{\boldsymbol{\beta}})\|_2^2$ の高さ (等高線) を，制約 $\|\boldsymbol{\beta}\|_1 \le t$ のもとで最小化する問題となる．一方，リッジ回帰は最小 2 乗推定量 $\hat{\boldsymbol{\beta}}$ を中心とする楕円 $\|X(\boldsymbol{\beta}-\hat{\boldsymbol{\beta}})\|_2^2$ の高さを，制約 $\|\boldsymbol{\beta}\|_2 \le t$ のもとで最小化する．

図 1.5 はラッソの推定値と制約付き最適化問題の解としてのリッジ回帰の推定値の違いを，2 次元の図として表したものである．いずれも凸最適化問題であるため，楕円の等高線が制約の境界に触れたときに最適解が得られる．ラッソの制約は図 1.5(a) の赤色の領域で表されるひし形になるため，ひし形の頂点に等高線が触れたときに推定値が正確にゼロに縮小される．例えば，図 1.5(a) では β_2 の推定値が正確にゼロとなっている．一方，図 1.5(b) からわかるように，リッジ回帰の制約は円であるため，ラッソのように推定値のいくつかを正確にゼロと縮小できるわけではない．より正確には，す

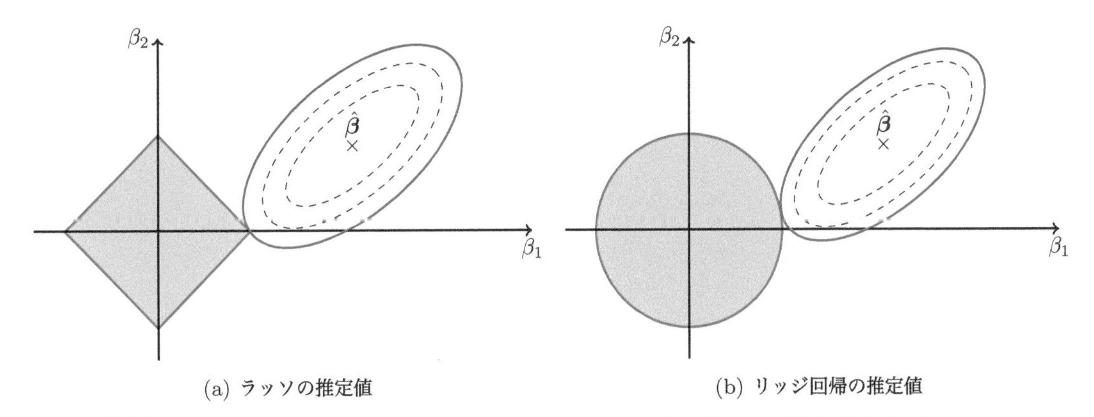

(a) ラッソの推定値　　(b) リッジ回帰の推定値

図 1.5　ラッソの推定値とリッジ回帰の推定値の違い．赤色の領域はそれぞれの問題の制約を表している．

べての $j = 1, \ldots, d$ に対して，リッジ推定量 $\hat{\beta}_j^{\mathrm{Ridge}}$ は確率 1 で非ゼロとなることが簡単に示せる．

どのような場合に，ラッソの推定値が正確にゼロと推定されるかを説明するために，$X^\top X = I_d$ である場合を考えよう．簡単のため調整パラメータを 2λ とすれば，ラッソ推定値は

$$\min_{\boldsymbol{\beta} \in \mathbb{R}^d} \|\boldsymbol{\beta} - \hat{\boldsymbol{\beta}}\|_2^2 + 2\lambda \|\boldsymbol{\beta}\|_1 = \sum_{j=1}^{d} \min_{\beta_j \in \mathbb{R}} \left\{ (\beta_j - \hat{\beta}_j)^2 + 2\lambda |\beta_j| \right\}$$

で計算できる．ただし，$\hat{\boldsymbol{\beta}}$ は $\boldsymbol{\beta}$ の最小 2 乗推定量であり，$X^\top X = I_d$ に注意すれば $\hat{\boldsymbol{\beta}} = X^\top \boldsymbol{y}$ である．注目すべきは，元の最適化問題が，部分最適化問題に分解できるということであり，これによって，座標ごとに最適解が計算できる [*9]．$L(\beta_j) = (\beta_j - \hat{\beta}_j)^2 + 2\lambda|\beta_j|$ の最小値は次のように計算できる．

定理 1.2　軟しきい値作用素 (Donoho and Johnstone, 1994)

a および $\lambda\ (> 0)$ を定数とする．このとき，2 次関数 $f(x) = (x - a)^2 + 2\lambda|x|$ の最小化点は

$$x = S_\lambda(a) = \begin{cases} a - \lambda, & a > \lambda \\ 0, & |a| \le \lambda \\ a + \lambda, & a < -\lambda \end{cases}$$

となる．ここで，写像 $S_\lambda(\cdot)$ は軟しきい値作用素と呼ばれる．

証明 x の正負で場合分けすれば，$f(x)$ は

$$f(x) = \begin{cases} f_+(x) = \{x - (a - \lambda)\}^2 - (a - \lambda)^2 + a^2, & x \ge 0 \\ f_-(x) = \{x - (a + \lambda)\}^2 - (a + \lambda)^2 + a^2, & x \le 0 \end{cases}$$

と書き換えることができる．2 次関数 $f(x)$ の頂点の位置に関する場合分けを行おう．

1. $a > \lambda$ の場合: $f_+(x)$ は $x = a - \lambda$ で最小値 $-(a - \lambda)^2 + a^2$ をとる．一方，$a - \lambda > 0$ であるから，$f_-(x)$ は $x = 0$ で最小値 a^2 をとる．したがって，$-(a - \lambda)^2 + a^2 < a^2$ に注意すれば，$f(x)$ は $x = a - \lambda$ で最小となる．
2. $a < -\lambda$ の場合: 1 と同じように考えれば，$f(x)$ は $x = a + \lambda$ で最小となる．
3. $|a| \le \lambda$ の場合: $a - \lambda \le 0$ であるから，$f_+(x)$ は $x = 0$ で最小となる．一方，$a + \lambda \le 0$ でもあるから，$f_-(x)$ も $x = 0$ で最小となる．したがって，$f(x)$ も $x = 0$ で最小となる．

以上より，$f(x)$ の最小化点は $x = S_\lambda(a)$ で与えられる．■

定理 1.2 より，$X^\top X = I_d$ の場合のラッソ推定量は，最小 2 乗推定量 $\hat{\beta}_j$ を用いて

[*9] この性質を利用してラッソ推定値を求めるアルゴリズムは，座標降下法やシューティングアルゴリズムと呼ばれる．

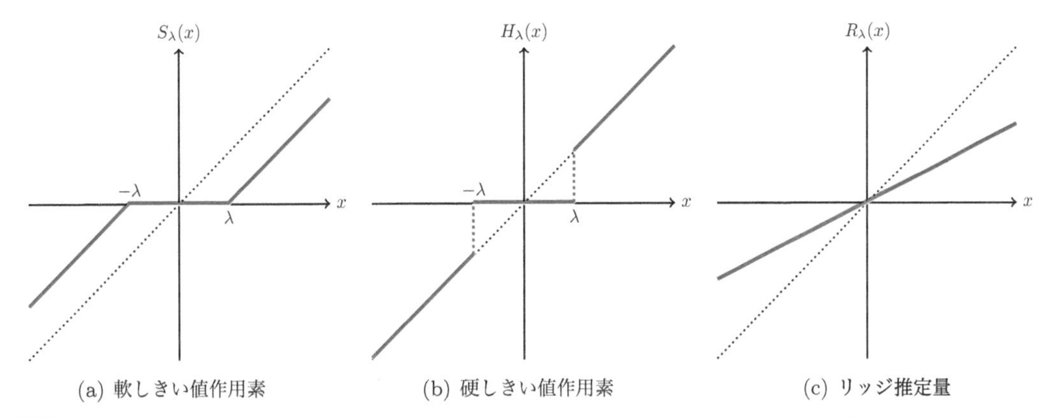

(a) 軟しきい値作用素　(b) 硬しきい値作用素　(c) リッジ推定量

図 1.6　軟しきい値作用素 (a), 硬しきい値作用素 (b) およびリッジ推定量 (c) の縮小の程度を表すグラフ．点線は最小 2 乗推定量を表しており，対角線に近い値をとる関数ほど，最小 2 乗推定量に近い統計的性質を有する．

$$\hat{\beta}_j^{\mathrm{Lasso}} = S_\lambda(\hat{\beta}_j) = \begin{cases} \hat{\beta}_j - \lambda, & \hat{\beta}_j > \lambda \\ 0, & |\hat{\beta}_j| \leq \lambda \\ \hat{\beta}_j + \lambda, & \hat{\beta}_j < -\lambda \end{cases}$$

と求めることができる．このことから，ラッソ推定量は，$|\hat{\beta}_j| > \lambda$ である場合には，最小 2 乗推定量 $\hat{\beta}_j$ を λ だけ縮小したものとなることがわかる．したがって，ラッソ推定量はパラメータの真値 β_j に対して，一般にバイアスを持っている．ところで，定理 1.1 で述べたように，最小 2 乗推定量は BLUE であるというよい性質を持つ．そこで，軟しきい値作用素で $|\hat{\beta}_j|$ がしきい値 λ を超えたとしても $\hat{\beta}_j$ を縮小しない推定量

$$H_\lambda(\hat{\beta}_j) = \begin{cases} \hat{\beta}_j, & |\hat{\beta}_j| > \lambda \\ 0, & |\hat{\beta}_j| \leq \lambda \end{cases}$$

を考えることもできる．写像 $H_\lambda(\cdot)$ は硬しきい値作用素とも呼ばれる．$X^\top X = I_d$ の場合のリッジ推定量を $R_\lambda(x) = x/(1+\lambda)$ として，$S_\lambda(x), H_\lambda(x), R_\lambda(x)$ をプロットしたものを図 1.6 に示す．ここで，関数値が x となる点は最小 2 乗推定量に対応していることに注意する．したがって，図 1.6 で対角線に近いほど，最小 2 乗推定量との誤差が小さい．

まず，図 1.6(a) と図 1.6(b) からわかるように，$S_\lambda(x)$ と $H_\lambda(x)$ はしきい値 λ を境に，関数値が正確にゼロとなることがわかる．これにより，軟しきい値作用素や硬しきい値作用素によるパラメータ推定は，いくつかの係数をスパースに推定することができる．また，$S_\lambda(x)$ は連続的に変化する一方で，$H_\lambda(x)$ は $x = \pm\lambda$ で不連続である [*10]．しかし，$H_\lambda(x)$ は $|x| > \lambda$ で最小 2 乗推定量と同じものが得られるため，軟しきい値作用素を用いた場合よりもよい統計的性質を持つ推定量が得られることが期待される．また，図 1.6(c) より，軟しきい値作用素や硬しきい値作用素とは異なり，リッジ推定

[*10] $H_\lambda(x)$ の不連続性は理論解析やアルゴリズムの設計において，場合によっては障害となることもある．

量が正確にゼロと推定されるのは $x=0$ の場合に限り，しきい値によって正確にゼロ値に縮小されることはない．さらに，リッジ推定量は x に対して傾き $1/(1+\lambda)$ の直線であることから，大きな x に対しては軟しきい値作用素や硬しきい値作用素と比べて，最小 2 乗推定量との乖離が大きくなることが見てとれる．

1.2.2 ラッソ推定値の性質

以降，表記の煩雑さを避けるため，ラッソ推定値 $\hat{\boldsymbol{\beta}}^{\mathrm{Lasso}}$ を単に $\hat{\boldsymbol{\beta}}$ と表すことにする．また，最小 2 乗推定値を $\hat{\boldsymbol{\beta}}^{\mathrm{OLS}}$ と表す [*11]．一般の X に対して，推定されたラッソ推定値 $\hat{\boldsymbol{\beta}}$ がどのような性質を持つのかについて説明する．本節では，ラッソの目的関数を $L(\boldsymbol{\beta})=\|\boldsymbol{y}-X\boldsymbol{\beta}\|_2^2/2+\lambda\|\boldsymbol{\beta}\|_1$ とする．

a 推定値の一意性

一般にラッソ推定値は一意ではない．具体的には，次の定理が成り立つ．

定理 1.3　ラッソ推定値の性質 (Tibshirani, 2013, 補題 1)

ラッソ推定値は以下の性質を持つ．

(1) ラッソ推定値は一意に定まるか，非可算無限個の解を持つ．
(2) 任意のラッソ推定値 $\hat{\boldsymbol{\beta}}_1, \hat{\boldsymbol{\beta}}_2$ に対して，$X\hat{\boldsymbol{\beta}}_1 = X\hat{\boldsymbol{\beta}}_2$.
(3) 任意のラッソ推定値 $\hat{\boldsymbol{\beta}}_1, \hat{\boldsymbol{\beta}}_2$ に対して，$\|\hat{\boldsymbol{\beta}}_1\|_1 = \|\hat{\boldsymbol{\beta}}_2\|_1$.

証明は章末問題とする．定理 1.3(2) はラッソ推定値が一意に定まらなかったとしても，回帰モデルの予測値が同じ値を返すことを意味している．このことは，正則化法を用いない通常の最小 2 乗法でも起こりうる．例えば，説明変数間に多重共線性がある場合や，$n<d$ である場合には，最小 2 乗推定値は一意に定まらない．このとき，任意の最小 2 乗推定量 $\hat{\boldsymbol{\beta}}_1^{\mathrm{OLS}}, \hat{\boldsymbol{\beta}}_2^{\mathrm{OLS}}$ に対して，$X\hat{\boldsymbol{\beta}}_1^{\mathrm{OLS}} = X\hat{\boldsymbol{\beta}}_2^{\mathrm{OLS}}$ となることを示すことができる．(2) のような性質は，予測値そのものではなく予測に寄与する変数に興味がある場合，結果の解釈が困難になるという問題が生じてしまう．そのため，どのような場合にラッソ推定値の一意性が成立するかということを調べることは重要である．

ℓ_1 ノルムは原点で微分不可能であるが，以下の劣微分を用いることによって，ラッソ推定値の性質を調べることができる．

定義 1.1　劣微分と劣勾配

$g:\mathbb{R}^d \to \mathbb{R}$ を凸関数 [*12] とする．このとき，

$$\partial g(\boldsymbol{x}) = \{\boldsymbol{v}\in\mathbb{R}^d \mid g(\boldsymbol{y}) \geq g(\boldsymbol{x}) + \boldsymbol{v}^\top(\boldsymbol{y}-\boldsymbol{x}),\quad \forall \boldsymbol{y}\in\mathbb{R}^d\}$$

[*11] OLS は “ordinary least squares” の略である．

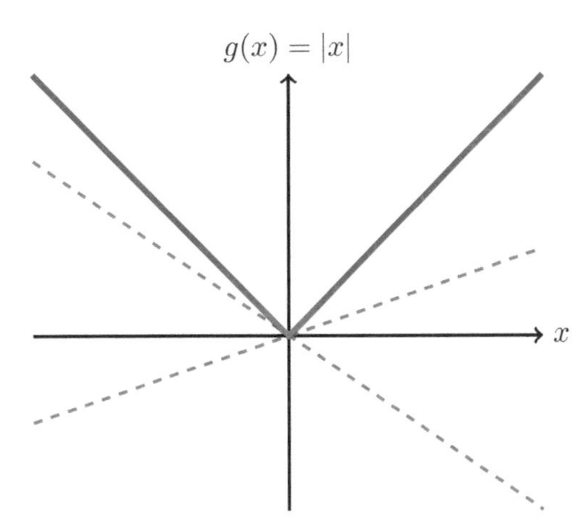

図 1.7　関数 $g(x) = |x|$ に対する劣勾配のイメージ．赤線は関数 $g(x)$ を示しており，灰色の破線は，微分不可能な点 $(x = 0)$ において，傾きが劣勾配の値であるような直線を表している．

を関数 g の点 $\boldsymbol{x}$ における**劣微分** (subderivative) と呼び，劣微分の要素 $\boldsymbol{v} \in \partial g(\boldsymbol{x})$ を**劣勾配** (subgradient) と呼ぶ．

$d = 1$ の場合，劣微分の定義における不等式の右辺は，点 $(\boldsymbol{x}, g(\boldsymbol{x}))$ を通る直線を表している．そのため，劣微分は点 $(\boldsymbol{x}, g(\boldsymbol{x}))$ を通る直線のうち，関数 g の下側にあるものの傾き $\boldsymbol{v}$ の集合と解釈できる．よって，関数 g が点 $\boldsymbol{x}$ で微分可能であれば $\partial g(\boldsymbol{x}) = \nabla g(\boldsymbol{x})$ となる．図 1.7 は関数 $g(x) = |x|$ の劣勾配のイメージである．$g(x)$ は $x = 0$ において微分不可能なので，$x = 0$ における劣微分は閉区間 $[-1, 1]$ となる．また，$x \neq 0$ ならば $\partial g(x) = \mathrm{sgn}(x)$ となる．ここで，$\mathrm{sgn}(x)$ は x の符号を表す．

さて，ラッソの目的関数の劣微分は

$$\partial L(\boldsymbol{\beta}) = -X^\top(\boldsymbol{y} - X\boldsymbol{\beta}) + \lambda \partial \|\boldsymbol{\beta}\|_1$$

となる．KKT 条件より，任意のラッソ推定値 $\hat{\boldsymbol{\beta}}$ は

$$-X^\top(\boldsymbol{y} - X\hat{\boldsymbol{\beta}}) + \lambda \boldsymbol{v} = \boldsymbol{0} \tag{1.8}$$

を満たす．特に，$L(\boldsymbol{\beta})$ は凸関数であるから，$L(\boldsymbol{\beta})$ はこの点で最小となる．ここで，$\boldsymbol{v} \in \partial \|\hat{\boldsymbol{\beta}}\|_1$ は最適解 $\hat{\boldsymbol{\beta}}$ における，ℓ_1 ノルムの劣勾配である．したがって，X の列ベクトルを $\mathbf{x}_1, \ldots, \mathbf{x}_d$ と表せば，式 (1.8) より，

$$-\mathbf{x}_j^\top(\boldsymbol{y} - X\hat{\boldsymbol{\beta}}) + \lambda v_j = 0, \qquad v_j \in \begin{cases} \mathrm{sgn}(\hat{\beta}_j), & \hat{\beta}_j \neq 0 \\ [-1, 1], & \hat{\beta}_j = 0 \end{cases} \tag{1.9}$$

[*12] 関数 $g : \mathbb{R}^d \to \mathbb{R}$ が凸関数であるとは，任意の $\boldsymbol{x}, \boldsymbol{y} \in \mathbb{R}^d$ と任意の $\alpha \in [0, 1]$ に対して，不等式

$$g(\alpha \boldsymbol{x} + (1 - \alpha)\boldsymbol{y}) \leq \alpha g(\boldsymbol{x}) + (1 - \alpha) g(\boldsymbol{y})$$

が成り立つことをいう．また，$\boldsymbol{x} = \boldsymbol{y}$ のときかつそのときに限り等号が成立する場合，g を狭義凸関数と呼ぶ．

となる．式 (1.9) を用いることで，以下のように，ラッソ推定値の非ゼロ要素数を評価できる．

定理 1.4　ラッソ推定値の非ゼロ成分の個数

非ゼロ成分の個数が高々 $\min\{n,d\}$ 個であるようなラッソ推定値 $\hat{\boldsymbol{\beta}}$ が存在する．つまり，$J=\{j \mid \hat{\beta}_j \neq 0\}$ としたとき，$|J| \leq \min\{n,d\}$ である．

証明は章末問題とする．定理 1.4 は任意のラッソ推定値の非ゼロ成分の個数が高々 $\min\{n,d\}$ 個であるということを主張しているわけではなく，高々 $\min\{n,d\}$ 個の非ゼロ成分を持つラッソ推定値を具体的に構成できるということを主張していることに注意する．しかし，次に述べるように，適当な条件のもとでラッソ推定値は一意に定まり，このとき，その非ゼロ成分の個数は高々 $\min\{n,d\}$ 個である．

式 (1.9) より，任意のラッソ推定値 $\hat{\boldsymbol{\beta}}$ は

$$
\begin{aligned}
|\mathbf{x}_j^\top(\boldsymbol{y}-X\hat{\boldsymbol{\beta}})| &= \lambda, \qquad \hat{\beta}_j \neq 0 \\
|\mathbf{x}_j^\top(\boldsymbol{y}-X\hat{\boldsymbol{\beta}})| &\leq \lambda, \qquad \hat{\beta}_j = 0
\end{aligned}
$$

を満たす．したがって $\hat{\boldsymbol{\beta}}=\mathbf{0}$ ならば，すべての j に対して $|\mathbf{x}_j^\top \boldsymbol{y}| \leq \lambda$ である．そのため，

$$
\lambda_{\max} = \min\{\lambda > 0 \mid \text{任意の } j \text{ に対して} \hat{\beta}_j = 0\} = \max_j |\mathbf{x}_j^\top \boldsymbol{y}|
$$

は，すべてのラッソ推定値を正確にゼロと推定する最小の λ となることがわかる．このことから，いろいろな λ に対してラッソを解く際には，$\lambda \in (0, \lambda_{\max}]$ の範囲で λ を動かせば十分である．

$\mathcal{E}=\{j \mid |\mathbf{x}_j^\top(\boldsymbol{y}-X\hat{\boldsymbol{\beta}})|=\lambda\}$ とすれば，$\mathcal{E}$ は残差 $\boldsymbol{y}-X\hat{\boldsymbol{\beta}}$ と相関の等しい列ベクトル $\mathbf{x}_j$ の添え字集合であり，**等相関集合** (equicorrelation set) と呼ばれる．任意のベクトル $\boldsymbol{v} \in \mathbb{R}^d$ と，集合 $I \subseteq \{1,\ldots,d\}$ に対して，$\boldsymbol{v}$ の部分ベクトルを $\boldsymbol{v}_I=(v_j)_{j\in I}$ で定義する．また，X の部分行列 X_I を $\mathbf{x}_j$ のうち $j \in I$ であるものを並べた $n \times |I|$ 次元の行列とする．このとき，式 (1.9) より，

$$
\hat{\boldsymbol{\beta}}_{\mathcal{E}^c}=\mathbf{0}, \qquad X_{\mathcal{E}}^\top(\boldsymbol{y}-X\hat{\boldsymbol{\beta}})=\lambda \boldsymbol{v}_{\mathcal{E}}
$$

となる．ただし，$\mathcal{E}^c$ は $\mathcal{E}$ の補集合である．定理 1.3(2) より，任意のラッソ推定値 $\hat{\boldsymbol{\beta}}$ に対して $X\hat{\boldsymbol{\beta}}$ は一意に定まるので，$\mathcal{E}$ および $\boldsymbol{v}_{\mathcal{E}}$ もまた一意に定まる．したがって，$\mathrm{rank}(X_{\mathcal{E}})=|\mathcal{E}|$，つまり，$X_{\mathcal{E}}$ が列フルランクならば，ラッソ推定値もまた一意に定まり，

$$
\hat{\boldsymbol{\beta}}_{\mathcal{E}}=(X_{\mathcal{E}}^\top X_{\mathcal{E}})^{-1}(X_{\mathcal{E}}^\top \boldsymbol{y}-\lambda \boldsymbol{v}_{\mathcal{E}})
$$

となる．ここで，$X\hat{\boldsymbol{\beta}}=X_{\mathcal{E}}\hat{\boldsymbol{\beta}}_{\mathcal{E}}$ であることを用いた．このとき，定理 1.4 より，ラッソ推定値 $\hat{\boldsymbol{\beta}}$ の非ゼロ成分の個数は高々 $\min\{n,d\}$ 個である．ところで，等相関集合 $\mathcal{E}$ は $\hat{\boldsymbol{\beta}}$ に依存して定まるものであるから，$\hat{\boldsymbol{\beta}}_{\mathcal{E}}$ がこのように計算できることは循環論法のように感じるかもしれない．しかし，X の各成分が連続型の確率分布に従う確率変数の実現値であれば，任意の $\boldsymbol{y}, X$ に対して，確率 1 で $X_{\mathcal{E}}$ は

列フルランクになることが知られている (Tibshirani, 2013). したがって，よほど病的な状況でない限り，説明変数が連続値をとるならばラッソ推定値は一意に定まる.

b 相関の強い変数とラッソ推定値の関係

次に，ラッソ推定値は相関の高い変数，例えば列ベクトル $\mathbf{x}_i, \mathbf{x}_j$ が存在するときに，$\hat{\beta}_i, \hat{\beta}_j$ のうちの一方のみが非ゼロとなる場合があるということについて説明する．これは，直感的には，相関の高い変数がある場合，いずれか一方を用いれば予測に関しては十分であるためと解釈できる.

このことを説明するため，$\mathbf{x}_i = \mathbf{x}_j$ としよう．ラッソ推定値 $\hat{\boldsymbol{\beta}}$ と任意の $\gamma \in [0,1]$ を用いて，

$$\tilde{\beta}_k = \begin{cases} \hat{\beta}_k, & k \neq i, j \\ (\hat{\beta}_i + \hat{\beta}_j)\gamma & k = i \\ (\hat{\beta}_i + \hat{\beta}_j)(1-\gamma) & k = j \end{cases}$$

とする．このとき，$X\hat{\boldsymbol{\beta}} = X\tilde{\boldsymbol{\beta}}$ である．一方,

$$\|\tilde{\boldsymbol{\beta}}\|_1 = \sum_{k \neq i,j} |\hat{\beta}_k| + |\hat{\beta}_i + \hat{\beta}_j|$$

となるが，$\hat{\beta}_i\hat{\beta}_j < 0$ ならば $|\hat{\beta}_i + \hat{\beta}_j| < |\hat{\beta}_i| + |\hat{\beta}_j|$ となり，$\hat{\boldsymbol{\beta}}$ がラッソ推定値であることに反する．したがって $\hat{\beta}_i\hat{\beta}_j \geq 0$ であり，このとき $|\hat{\beta}_i + \hat{\beta}_j| = |\hat{\beta}_i| + |\hat{\beta}_j|$ であるから，$\|\tilde{\boldsymbol{\beta}}\|_1 = \|\hat{\boldsymbol{\beta}}\|_1$，つまり $\tilde{\boldsymbol{\beta}}$ もラッソ推定値となる．このことから，特に，$\gamma = 0$ または 1 ならば，いずれか一方の変数のみが非ゼロと推定されることがわかる．また，$\gamma \in (0,1)$ の場合，$\tilde{\beta}_i, \tilde{\beta}_j$ はいずれも非ゼロとなるが，推定値の符号は一致し $\mathrm{sgn}(\tilde{\beta}_i) = \mathrm{sgn}(\tilde{\beta}_j)$ となる.

なお，先に述べたように，等相関集合 $\mathcal{E}$ に対して，$i, j \in \mathcal{E}$ である場合，つまり，$\gamma \in (0,1)$ ならば，$\mathrm{rank}(X_{\mathcal{E}}) < |\mathcal{E}|$ なので，ラッソ推定値は一意に定まらない．しかし，i または j のうちの一方を取り除き $\mathrm{rank}(X_{\mathcal{E}}) = |\mathcal{E}| - 1$ であれば，ラッソ推定値は一意に定まり，このとき，$\hat{\beta}_i$ と $\hat{\beta}_j$ のうち，一方のみが非ゼロとなることがわかる.

1.2.3* ラッソ推定量の統計的性質

ラッソの統計的な性質について説明するため，以降，ラッソの目的関数を

$$L(\boldsymbol{u}) = \frac{1}{2}\|\boldsymbol{y} - X\boldsymbol{u}\|_n^2 + \lambda_n\|\boldsymbol{u}\|_1 \tag{1.10}$$

とし，$L(\boldsymbol{u})$ の最小値を達成する d 次元ベクトルとしてラッソ推定量 $\hat{\boldsymbol{\beta}}$ が得られるとしよう．ここで，任意の自然数 m と，m 次元ベクトル $\boldsymbol{v}$ に対して，$\|\boldsymbol{v}\|_m^2 = \sum_{i=1}^m v_i^2/m$ とする．調整パラメータ λ_n はサンプルサイズ n に依存してもよいことに注意する．回帰係数の真値 $\boldsymbol{\beta}$ と区別するため，最適化すべき変数を $\boldsymbol{u}$ としている．以下では，ラッソ推定量の分布について述べる．まず，$X^\top X = nI_d$ の場合にラッソ推定量がどのように確率的に振る舞うかを述べる．次に，$n < d$ であるような設定でラッ

ソ推定量の一致性と漸近分布について説明する．

a $X^\top X = nI_d$ の場合のラッソ推定量の分布

簡単のため，誤差 $\varepsilon_1, \ldots, \varepsilon_n$ は互いに独立に正規分布 $\mathrm{N}(0,1)$ に従うとする．また，$n > d$ であるような状況を考え，説明変数は $X^\top X = nI_d$ を満たすとする．このとき，最小 2 乗推定量は

$$\hat{\boldsymbol{\beta}}^{\mathrm{OLS}} = (X^\top X)^{-1} X^\top \boldsymbol{y} = \frac{1}{n} X^\top \boldsymbol{y}$$

となり，誤差分布の仮定から，$\hat{\boldsymbol{\beta}}^{\mathrm{OLS}}$ は正規分布 $\mathrm{N}(\boldsymbol{\beta}, I_d/n)$ に従うことがわかる．したがって，$\hat{\boldsymbol{\beta}}^{\mathrm{OLS}}$ の各成分 $\hat{\beta}_j^{\mathrm{OLS}}$ は互いに独立に正規分布 $\mathrm{N}(\beta_j, 1/n)$ に従い，特に，$\sqrt{n}(\hat{\beta}_j^{\mathrm{OLS}} - \beta_j)$ は互いに独立に標準正規分布 $\mathrm{N}(0,1)$ に従う確率変数である．さらに，定理 1.2 より，ラッソ推定量 $\hat{\boldsymbol{\beta}}$ の第 j 成分は，

$$\hat{\beta}_j = S_{\lambda_n}(\hat{\beta}_j^{\mathrm{OLS}}) = \begin{cases} \hat{\beta}_j^{\mathrm{OLS}} - \lambda_n, & \hat{\beta}_j^{\mathrm{OLS}} > \lambda_n \\ 0, & |\hat{\beta}_j^{\mathrm{OLS}}| \leq \lambda_n \\ \hat{\beta}_j^{\mathrm{OLS}} + \lambda_n, & \hat{\beta}_j^{\mathrm{OLS}} < -\lambda_n \end{cases}$$

となる．以下，簡単のため，添え字 j を省略する．

まず，ラッソ推定量が正確にゼロと推定される確率を計算すると，

$$\begin{aligned} \mathrm{P}(\hat{\beta} = 0) &= \mathrm{P}(|\hat{\beta}^{\mathrm{OLS}}| \leq \lambda_n) \\ &= \mathrm{P}(\sqrt{n}(-\lambda_n - \beta) \leq \sqrt{n}(\hat{\beta}^{\mathrm{OLS}} - \beta) \leq \sqrt{n}(\lambda_n - \beta)) \\ &= \Phi(\sqrt{n}(\lambda_n - \beta)) - \Phi(\sqrt{n}(-\lambda_n - \beta)) \end{aligned}$$

となることがわかる．ただし，$\Phi(x)$ は標準正規分布の累積分布関数である．したがって，$\beta = 0$，つまりパラメータの真値がゼロである場合には以下が成り立つ．

定理 1.5　推定量のサンプルサイズへの依存性

$\beta = 0$ とする．このとき，$n \to \infty$ の極限で，以下が成り立つ．

(1) $\sqrt{n}\lambda_n \to \infty$ ならば，$\mathrm{P}(\hat{\beta} = 0) \to 1$
(2) $\sqrt{n}\lambda_n \to \lambda_0\ (> 0)$ ならば，$\mathrm{P}(\hat{\beta} = 0) \to \Phi(\lambda_0) - \Phi(-\lambda_0)$
(3) $\sqrt{n}\lambda_n \to 0$ ならば，$\mathrm{P}(\hat{\beta} = 0) \to 0$

定理 1.5 より，$\sqrt{n}\lambda_n$ が十分に大きな場合，ラッソ推定量はパラメータの真値がゼロであるようなパラメータをほとんど確実にゼロと推定することがわかる．一方で，$\sqrt{n}\lambda_n$ が小さすぎると，たとえパラメータの真値がゼロであったとしても，ラッソ推定量が正確にゼロと推定されることはない，つまり，パラメータをスパースに推定しない．ただし，これらの場合は，パラメータの真値が非ゼロである状況を考慮していないことに注意する．つまり，後で説明するように，$\sqrt{n}\lambda_n$ が十分に大きな場合，

パラメータの真値が非ゼロであってもラッソ推定量はほとんど確実にゼロと推定されてしまい，推定量としては使い物にならない．したがって，実質的には，$\sqrt{n}\lambda_n \to \lambda_0$，つまり，$\sqrt{n}$ が発散する速さと同じくらいの速さで λ_n がゼロに収束するような状況が望ましい．

ラッソ推定量の有限標本分布に関して，以下の事実が知られている．

定理 1.6　ラッソ推定量の有限標本分布

ラッソ推定量 $\hat{\beta}$ に対して，$\sqrt{n}(\hat{\beta}-\beta)$ の累積分布関数は

$$\begin{aligned}F(x) &= \mathrm{P}(\sqrt{n}(\hat{\beta}-\beta) \le x)\\ &= \Phi(x+\sqrt{n}\lambda_n)\mathbf{1}\{x \ge -\sqrt{n}\beta\} + \Phi(x-\sqrt{n}\lambda_n)\mathbf{1}\{x < -\sqrt{n}\beta\}\end{aligned}$$

で与えられる．ただし，集合 A に対して，$\mathbf{1}\{A\}$ は A が真なら 1, それ以外で 0 を返す指示関数である．さらに，$F(x)$ の確率密度関数は以下で与えられる．

$$\begin{aligned}f(x) = \frac{\mathrm{d}F(x)}{\mathrm{d}x} &= \{\Phi(\sqrt{n}(-\beta+\lambda_n)) - \Phi(\sqrt{n}(-\beta-\lambda_n))\}\mathbf{1}\{x=-\sqrt{n}\beta\}\\ &\quad + \phi(x+\sqrt{n}\lambda_n)\mathbf{1}\{x > -\sqrt{n}\beta\} + \phi(x-\sqrt{n}\lambda_n)\mathbf{1}\{x < -\sqrt{n}\beta\}\end{aligned}$$

ただし，$\phi(x)$ は標準正規分布の確率密度関数である．

証明は Pötscher and Leeb (2009) を参照されたい．また，後で述べる適応的ラッソ推定量の有限標本分布については Pötscher and Schneider (2009) で導出されている．

図 1.8 はラッソ推定量の有限標本分布を $\beta = 0$ と $\beta = 0.16$ の場合でプロットしたものである．ただし，サンプルサイズと調整パラメータはそれぞれ $n = 40$ および $\lambda_n = 0.05$ とした．図 1.8(a) および (c) はそれぞれ，$\beta = 0.16$ とした場合のラッソ推定量の累積分布関数と確率密度関数を示している．破線は，関数の不連続点，つまり $x = -\sqrt{n}\beta \approx -1.012$ であり，いずれの曲線もこの点で不連続となっていることがわかる．また，黒点は $x = -\sqrt{n}\beta$ における累積分布関数と確率密度関数の値を表している．図 1.8(b) および (d) はそれぞれ，$\beta = 0$ の場合のラッソ推定量の累積分布関数と確率密度関数をそれぞれ示している．$\beta = 0$ の場合，確率密度関数は

$$\begin{aligned}f(x) &= \{\Phi(\sqrt{n}\lambda_n) - \Phi(-\sqrt{n}\lambda_n)\}\mathbf{1}\{x=0\}\\ &\quad + \phi(x+\sqrt{n}\lambda_n)\mathbf{1}\{x>0\} + \phi(x-\sqrt{n}\lambda_n)\mathbf{1}\{x<0\}\end{aligned}$$

となるが，$\phi(x)$ の対称性から，図 1.8(c) とは異なり $x = 0$ における右極限と左極限は一致し，$\phi(\sqrt{n}\lambda_n)$ となる．なお，図 1.8(c) および (d) の黒点の値 $\mathrm{d}F(-\sqrt{n}\beta)$ は $\sqrt{n}(\hat{\beta}-\beta) = -\sqrt{n}\beta$，つまり，ラッソ推定量 $\hat{\beta}$ が正確にゼロと推定される確率を表していることに注意する．

次に，$\sqrt{n}\lambda_n$ の値によってラッソ推定量の分布がどう変化するかを見てみよう．図 1.9(a), (b) および (c) は，パラメータの真値が $\beta = 0$ である場合のラッソ推定量の有限標本分布を，異なる λ_n で比較したものである．ただし，サンプルサイズは $n = 1000$ とした．それぞれの設定で $\sqrt{n}\lambda_n \approx 0, 1, 15.849$

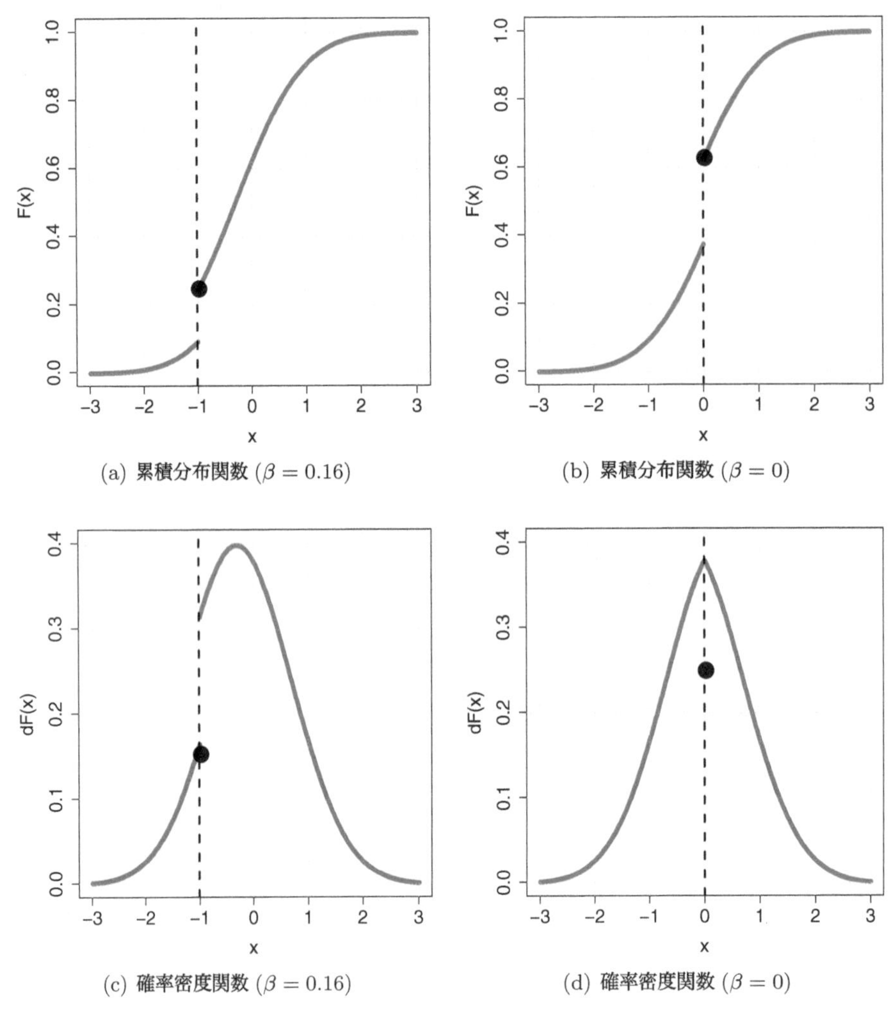

(a) 累積分布関数 ($\beta = 0.16$)

(b) 累積分布関数 ($\beta = 0$)

(c) 確率密度関数 ($\beta = 0.16$)

(d) 確率密度関数 ($\beta = 0$)

図 1.8　ラッソ推定量の有限標本分布. (a) と (c) は $\beta = 0.16$ の場合の累積分布関数と確率密度関数，(b) と (d) は $\beta = 0$ の場合の累積分布関数と確率密度関数を表している．なお，サンプルサイズと調整パラメータはそれぞれ $n = 40$ および $\lambda_n = 0.05$ である．破線は $x = -\sqrt{n}\beta$ を表しており，黒点はそのときの累積分布関数や確率密度関数の値を示している．

となっており，定理 1.5 の (1), (2) および (3) の状況に対応している．図 1.9(a), (b) および (c) でそれぞれ，$\mathrm{d}F(-\sqrt{n}\beta) \approx 0, 0.683, 1$ であるため，定理 1.5 の結果を反映していることがわかる．

図 1.9(d), (e) および (f) は，パラメータの真値が $\beta = 0.05$ の場合の結果を示しており，それぞれの設定で $\mathrm{d}F(-\sqrt{n}\beta) \approx 0, 0.276, 1$ となる．したがって，$\sqrt{n}\lambda_n$ が十分に小さい場合には，ラッソ推定量が非ゼロと推定される確率は 1 となる．一方で，$\sqrt{n}\lambda_n$ が非常に大きな値をとる場合，パラメータの真値が非ゼロであるにもかかわらず，ラッソ推定量はほとんど確実にゼロと推定されてしまう．この点からも，λ_n は $1/\sqrt{n}$ 程度で減衰するように調整すべきであることが示唆される．

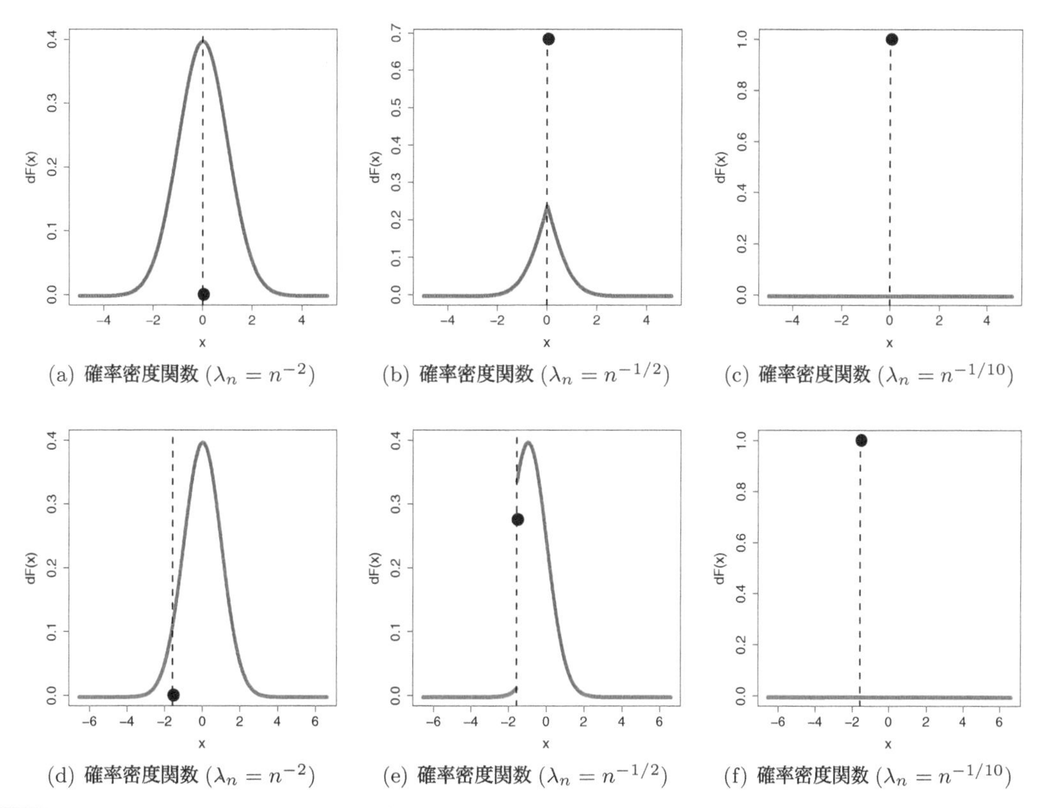

(a) 確率密度関数 ($\lambda_n = n^{-2}$)　(b) 確率密度関数 ($\lambda_n = n^{-1/2}$)　(c) 確率密度関数 ($\lambda_n = n^{-1/10}$)

(d) 確率密度関数 ($\lambda_n = n^{-2}$)　(e) 確率密度関数 ($\lambda_n = n^{-1/2}$)　(f) 確率密度関数 ($\lambda_n = n^{-1/10}$)

図 1.9　ラッソ推定量の有限標本分布．サンプルサイズは $n = 1000$ であり，図の上段，下段はそれぞれ，$\beta = 0, 0.05$ とした場合のラッソ推定量の有限標本分布の確率密度関数を示している．また，左から順に $\lambda_n = n^{-2}, n^{-1/2}, n^{-1/10}$ である．なお，それぞれの λ_n に対して，$\sqrt{n}\lambda_n \approx 0, 1, 15.849$ である．

b ラッソ推定量の漸近的性質

1.2.3a 節では，$X^\top X = nI_d$ かつ，誤差が独立に正規分布 N(0, 1) に従う場合のラッソ推定量の性質について述べた．本節では，もう少し一般的な状況でのラッソ推定量の性質について説明する．ただし，1.2.3a 節で述べたラッソ推定量の性質はほとんどそのまま継承される．

はじめに，誤差の分布と説明変数に関して，標準的な条件を仮定する．誤差は独立に平均 0, 分散 σ^2 の分布に従うとし，サンプルサイズ n と変数の次元数 d は $n > d$ を満たすとする．なお，誤差に相関がある場合にも同様の結果が成立することが知られている (Gupta, 2012)．以下，ラッソ推定量の漸近的な性質について述べるため，以下を仮定する．

$$C_n = \frac{1}{n}\sum_{i=1}^{n} \boldsymbol{x}_i \boldsymbol{x}_i^\top \to C, \qquad \frac{1}{n}\max_{i=1,\dots,n} \|\boldsymbol{x}_i\|_2^2 \to 0$$

ただし，C は $d \times d$ 次元の正定値行列である．なお，C が半正定値行列であっても，以下の結果は多少の修正で成立する (Knight and Fu, 2000)．

以下の定理は，サンプルサイズが十分に大きな場合に，ラッソ推定量がどのようなベクトルに収束するかを示したものである．

定理 1.7　ラッソ推定量の収束先 (Knight and Fu, 2000, 定理 1)

$\lambda_n \to \lambda_0 \geq 0$ とする．このとき，ラッソ推定量 $\hat{\boldsymbol{\beta}}$ は

$$Z(\boldsymbol{u}) = \frac{1}{2}(\boldsymbol{u} - \boldsymbol{\beta})^\top C(\boldsymbol{u} - \boldsymbol{\beta}) + \lambda_0 \|\boldsymbol{u}\|_1$$

の最小化点に確率収束する．特に，$\lambda_n \to 0$ ならば，$\hat{\boldsymbol{\beta}}$ は $\boldsymbol{\beta}$ の一致推定量である．

証明の詳細は Knight and Fu (2000) を参照されたい．ここでは，やや直感的に，ラッソ推定量の収束先がなぜ $Z(\boldsymbol{u})$ の最小化点として得られるのかを説明する．まず，ラッソ推定量が式 (1.10) で定義される目的関数 $L(\boldsymbol{u})$ の最小化点として与えられたことを思い出そう．まず，十分大きな n に対して，$\lambda_n \|\boldsymbol{u}\|_1 \approx \lambda_0 \|\boldsymbol{u}\|_1$ である．次に，$\boldsymbol{y} = X\boldsymbol{\beta} + \boldsymbol{\varepsilon}$ であることを用いて，第 1 項を

$$\frac{1}{2}\|\boldsymbol{y} - X\boldsymbol{u}\|_n^2 = \frac{1}{2}(\boldsymbol{u} - \boldsymbol{\beta})^\top C_n(\boldsymbol{u} - \boldsymbol{\beta}) - (\boldsymbol{u} - \boldsymbol{\beta})^\top \left(\frac{1}{n}X^\top \boldsymbol{\varepsilon}\right) + \frac{1}{2}\|\boldsymbol{\varepsilon}\|_n^2$$

と書き換える．説明変数に関する仮定により，n が十分に大きい場合，第 1 項は $(\boldsymbol{u} - \boldsymbol{\beta})^\top C(\boldsymbol{u} - \boldsymbol{\beta})/2$ で近似できる．次に，中心極限定理より $X^\top \boldsymbol{\varepsilon}/\sqrt{n}$ は正規分布に従う確率変数 W で近似できるから，n が十分に大きな場合，

$$X^\top \boldsymbol{\varepsilon}/n \approx W/\sqrt{n} \approx 0$$

と近似できる．また大数の法則より，

$$\|\boldsymbol{\varepsilon}\|_n^2 = \frac{1}{n}\sum_{i=1}^n \varepsilon_i^2 \approx \mathbb{E}[\varepsilon_i^2] = \sigma^2$$

と近似できる．したがって n が十分に大きな場合，$\boldsymbol{u}$ の各点で

$$\frac{1}{2}\|\boldsymbol{y} - X\boldsymbol{u}\|_n^2 + \lambda_n \|\boldsymbol{u}\|_1 \approx \frac{1}{2}(\boldsymbol{u} - \boldsymbol{\beta})^\top C(\boldsymbol{u} - \boldsymbol{\beta}) + \frac{\sigma^2}{2} + \lambda_0 \|\boldsymbol{u}\|_1 = Z(\boldsymbol{u}) + \frac{\sigma^2}{2}$$

となることがわかる．左辺の $\boldsymbol{u}$ に関する最小化点はラッソ推定量 $\hat{\boldsymbol{\beta}}$ である．σ^2 は定数であるから，右辺の最小化点は $Z(\boldsymbol{u})$ の最小化点である．そのため，両辺の目的関数が近似的に近い値をとることを考えれば，それぞれの関数の最小化点も近い値をとることが期待され，実際にこのことは，推定量の確率収束の観点から正しい．特に，$\lambda_0 = 0$ ならば，$Z(\boldsymbol{u}) = (\boldsymbol{u} - \boldsymbol{\beta})^\top C(\boldsymbol{u} - \boldsymbol{\beta})/2$ となるが，C が正定値行列であることから，この関数は $\boldsymbol{u} = \boldsymbol{\beta}$ で最小となる．つまり，$\lambda_n \to 0$ ならば，ラッソ推定量 $\hat{\boldsymbol{\beta}}$ はパラメータの真値 $\boldsymbol{\beta}$ の一致推定量である．

$\boldsymbol{u}$ の各点でラッソの目的関数が $Z(\boldsymbol{u}) + \sigma^2/2$ に確率収束することは直感的にもわかりやすいが，ラッソの目的関数の最小化点，つまり，ラッソ推定量が $Z(\boldsymbol{u})$ の最小化点へ確率収束するということは，それほど自明ではない．これは，収束先の $Z(\boldsymbol{u}) + \sigma^2/2$ が局所的に小さな値をとるような状況がないこ

とを考慮しなければならないためである．したがって，目的関数の $\boldsymbol{u}$ に関する各点収束ではなく，$\boldsymbol{u}$ の任意のコンパクト集合上での一様収束が要求される．なお，$\boldsymbol{u}$ の任意のコンパクト集合上での一様収束は，凸解析の理論を用いることで正当化できる (Rockafellar, 1970; Pollard, 1991).

定理 1.7 は，ラッソ推定量が適当なベクトルに確率収束することを示しているものの，そのベクトルの周りで，どのように確率的に振る舞うかという情報は得られない．ラッソ推定量の極限分布に関する以下の定理が知られている．

定理 1.8　ラッソ推定量の極限分布 (Knight and Fu, 2000, 定理 2)

$\sqrt{n}\lambda_n \to \lambda_0 \geq 0$ とする．このとき，ラッソ推定量 $\hat{\boldsymbol{\beta}}$ に対して，$\sqrt{n}(\hat{\boldsymbol{\beta}} - \boldsymbol{\beta})$ は

$$V(\boldsymbol{u}) = -\boldsymbol{u}^\top W + \frac{1}{2}\boldsymbol{u}^\top C\boldsymbol{u} + \lambda_0 \sum_{j=1}^{d} [u_j \mathrm{sgn}(\beta_j)\mathbf{1}\{\beta_j \neq 0\} + |u_j|\mathbf{1}\{\beta_j = 0\}]$$

の最小化点に分布収束する．ただし，$\mathrm{sgn}(\beta_j)$ は β_j の符号であり，W は正規分布 $\mathrm{N}(\mathbf{0}, \sigma^2 C)$ に従う確率変数である．

証明は Knight and Fu (2000) を参照されたい．定理 1.8 より，$\lambda_0 = 0$ ならば，$\sqrt{n}(\hat{\boldsymbol{\beta}} - \boldsymbol{\beta})$ は $V(\boldsymbol{u}) = -\boldsymbol{u}^\top W + \boldsymbol{u}^\top C\boldsymbol{u}/2$ の最小化点，つまり，$C^{-1}W \sim \mathrm{N}(\mathbf{0}, \sigma^2 C^{-1})$ に分布収束する．したがって，十分大きな n に対してラッソ推定量が正確にゼロと縮小される確率はゼロである．一方，$\lambda_0 = \infty$ の場合は，$V(\boldsymbol{u})$ が有界でなくなるため，第 2 項の和は 0，つまり，すべての j に対して $u_j = 0$ でなければならない．したがって，回帰係数の真値がゼロか否かにかかわらず，ラッソ推定量はゼロベクトルに確率収束する．

$\lambda_0 \in (0, \infty)$ である場合に，ラッソ推定量がどのような分布に収束するかを，具体例を通して説明しよう．簡単のため $d = 2$ の場合を考え，真の回帰係数ベクトルは $\beta_1 = 2, \beta_2 = 0$ であるとする．まず，$\boldsymbol{z}_1 = (z_{11}, z_{12})^\top, \ldots, \boldsymbol{z}_n = (z_{n1}, z_{n2})^\top$ を独立に正規分布 $\mathrm{N}(\mathbf{0}, C)$ からサンプリングする．ただし，

$$C = \begin{pmatrix} 2 & 1 \\ 1 & 2 \end{pmatrix}$$

であるとする．次に，各 i, j に対して $\bar{z}_j = \sum_{i=1}^n z_{ij}/n$ として説明変数を $x_{ij} = z_{ij} - \bar{z}_j$ と中心化し，$\boldsymbol{x}_i = (x_{i1}, x_{i2})^\top$ とする．さらに，各 $i = 1, \ldots, n$ に対して独立に $w_i \sim \mathrm{N}(\boldsymbol{x}_i^\top \boldsymbol{\beta}, 1)$ をサンプリングし，目的変数を $y_i = w_i - \bar{w}$ とする．ただし，$\bar{w} = \sum_{i=1}^n w_i/n$ である．このとき，ラッソ推定量は

$$\min_{\beta_1, \beta_2} \frac{1}{2n} \sum_{i=1}^{n} (y_i - \beta_1 x_{i1} - \beta_2 x_{i2})^2 + \lambda_n(|\beta_1| + |\beta_2|)$$

の最小化点 $(\hat{\beta}_1, \hat{\beta}_2)^\top$ である．データの構成法より，$\sum_{i=1}^n \boldsymbol{x}_i \boldsymbol{x}_i^\top/n \to C$ であることに注意すれば，定理 1.8 より，$\sqrt{n}(\hat{\beta}_1 - \beta_1, \hat{\beta}_2)^\top$ は

$$V(u_1, u_2) = -u_1 W_1 - u_2 W_2 + u_1^2 + u_1 u_2 + u_2^2 + \lambda_0(u_1 + |u_2|)$$

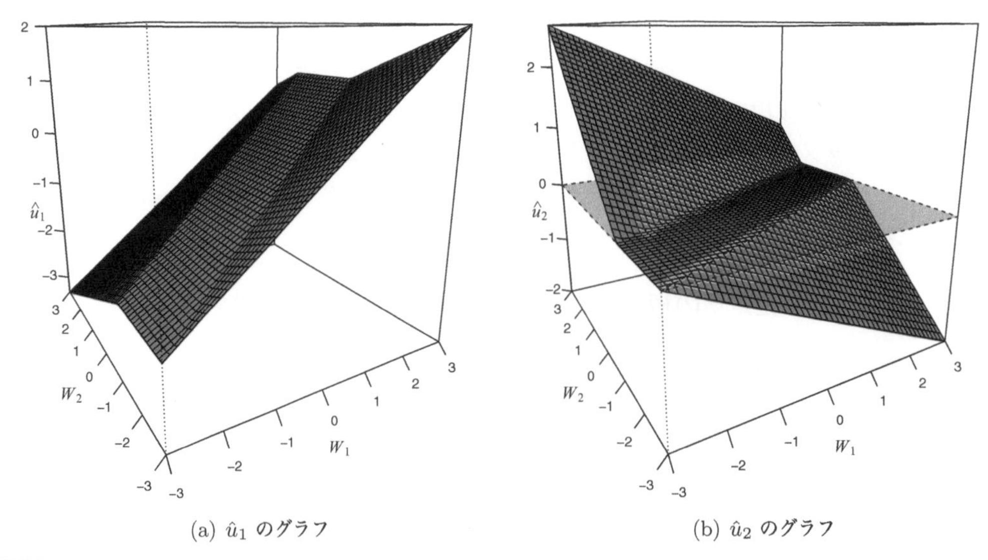

(a) $\hat{u}_1$ のグラフ　　(b) $\hat{u}_2$ のグラフ

図 1.10　$\lambda_0 = 1$ **としたときの，関数** $V(u_1, u_2)$ **の最小化点** $\hat{u}_1, \hat{u}_2$ **のグラフ．(b) において，破線内の灰色の領域は** $\hat{u}_2 = 0$ **の平面を表しており，** $-\lambda_0 \leq W_1 - 2W_2 < 3\lambda_0$ **の領域で推定量は正確にゼロとなることが見てとれる．**

の最小化点に分布収束する．ただし，$(W_1, W_2)^\top \sim \mathrm{N}(\mathbf{0}, C)$ である．このとき，定理 1.2 の軟しきい値作用素を用いることで，$V(u_1, u_2)$ は

$$\hat{u}_1 = -\frac{1}{2}(\hat{u}_2 - W_1 + \lambda_0), \quad \hat{u}_2 = S_{2\lambda_0/3}(-(W_1 - 2W_2 - \lambda_0)/3) \tag{1.11}$$

で最小となる．図 1.10 は $\lambda_0 = 1$ とした場合の，解 $\hat{u}_1, \hat{u}_2$ のグラフである．特に，図 1.10(b) では，$-\lambda_0 \leq W_1 - 2W_2 < 3\lambda_0$ の領域において，$\hat{u}_2 = 0$ となる．一方，図 1.10(a) では，たとえラッソを用いて推定したとしても，真値が非ゼロの係数に対するラッソ推定量 $\sqrt{n}(\hat{\beta}_1 - \beta_1)$ がゼロとなってしまう確率は漸近的にゼロであることがわかる．

次に，推定量 $\hat{u}_1, \hat{u}_2$ が (u_1, u_2) 平面上でどのように分布するかについて述べる．詳細は章末問題としたが，$\hat{u}_1, \hat{u}_2$ の周辺密度 $g_1(u_1), g_2(u_2)$ はそれぞれ

$$\begin{aligned} g_1(u_1) &= \sqrt{2}\phi\left(\frac{2u_1 + \lambda_0}{\sqrt{2}}\right)\left\{\Phi\left(\frac{3\lambda_0}{\sqrt{6}}\right) - \Phi\left(-\frac{\lambda_0}{\sqrt{6}}\right)\right\} \\ &\quad + \frac{3}{\sqrt{6}}\phi\left(\frac{3u_1 + \lambda_0}{\sqrt{6}}\right)\Phi\left(-\frac{u_1 + \lambda_0}{\sqrt{2}}\right) \\ &\quad + \frac{3}{\sqrt{6}}\phi\left(\frac{3u_1 + 3\lambda_0}{\sqrt{6}}\right)\Phi\left(\frac{u_1 - \lambda_0}{\sqrt{2}}\right) \\ g_2(u_2) &= \left\{\Phi\left(\frac{3\lambda_0}{\sqrt{6}}\right) - \Phi\left(-\frac{\lambda_0}{\sqrt{6}}\right)\right\}\mathbf{1}\{u_2 = 0\} \\ &\quad + \frac{3}{\sqrt{6}}\phi\left(-\frac{3u_2 + \lambda_0}{\sqrt{6}}\right)\mathbf{1}\{u_2 > 0\} \end{aligned} \tag{1.12}$$

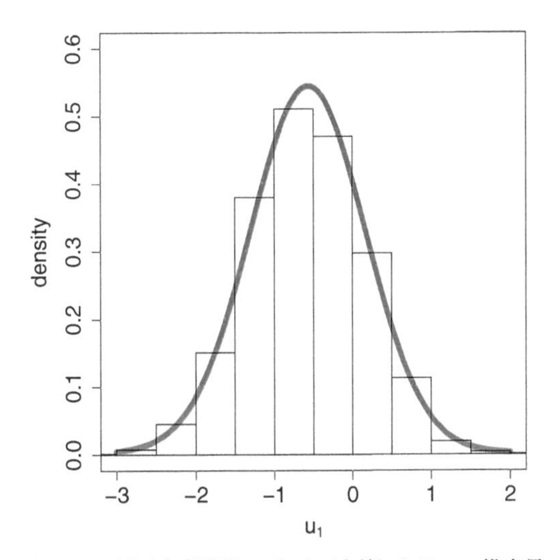

(a) $\hat{u}_1$ の周辺密度関数 $g_1(u_1)$ (赤線) とラッソ推定量 $\sqrt{n}(\hat{\beta}_1 - \beta_1)$ のヒストグラム.

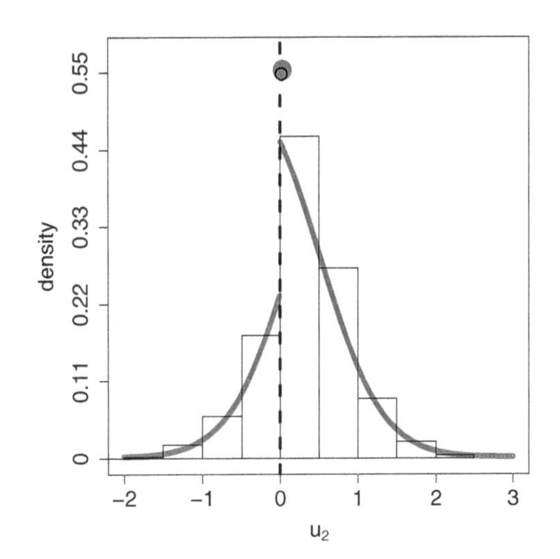

(b) $\hat{u}_2$ の周辺密度関数 $g_2(u_2)$ (赤線) とラッソ推定量 $\sqrt{n}\hat{\beta}_2$ のヒストグラム.

図 1.11　$\lambda_0 = 1, n = 500$ **として推定したラッソ推定値** $u_1 = \sqrt{n}(\hat{\beta}_1 - \beta_1), u_2 = \sqrt{n}\hat{\beta}_2$ **の周辺分布．(a)** $\hat{u}_1$ **の周辺密度関数** $g_1(u_1)$ **(赤線) とラッソ推定量** u_1 **のヒストグラム，および (b)** $\hat{u}_2$ **の周辺密度関数** $g_2(u_2)$ **(赤線) とラッソ推定量** u_2 **のヒストグラム．(b) において，赤点は理論値** $\Phi(3\lambda_0/\sqrt{6}) - \Phi(-\lambda_0/\sqrt{6}) \approx 0.54812$**, 黒丸は** 10000 **回の繰り返しのうち，** $\sqrt{n}\hat{\beta}_2$ **が** 0 **と推定されたものの割合** $= 0.549$ **を示している．**

$$+ \frac{3}{\sqrt{6}}\phi\left(\frac{-3u_2 + 3\lambda_0}{\sqrt{6}}\right)\mathbf{1}\{u_2 < 0\} \tag{1.13}$$

で与えられる．式 (1.13) より，真の係数がゼロである部分に対応するラッソ推定量 $\sqrt{n}\hat{\beta}_2$ が正確にゼロと推定される確率は，漸近的に $\Phi(3\lambda_0/\sqrt{6}) - \Phi(-\lambda_0/\sqrt{6})$ となる．

図 1.11 は，$\lambda_0 = 1, n = 500$ として推定した 10000 個のラッソ推定値 $u_1 = \sqrt{n}(\hat{\beta}_1 - \beta_1), u_2 = \sqrt{n}\hat{\beta}_2$ のヒストグラムと，$\hat{u}_1$ および $\hat{u}_2$ の周辺分布をプロットしたものである．10000 個の推定値のうち，$u_2 = 0$ となったものの割合は 54.9% であるが，図 1.11(b) の漸近的な理論値 $\Phi(3/\sqrt{6}) - \Phi(-1/\sqrt{6}) \approx 0.54812$ とよく整合していることがわかる．また，$V(u_1, u_2)$ には β_1 に関する正則化項 $\lambda_0 u_1$ が含まれている．そのため，1.1.3 節でリッジ推定について述べたことと同様に，図 1.11(a) での非ゼロ成分に対応する推定値は，たとえ n が大きくてもバイアスが生じていることが見てとれる．なお，図 1.11(a) の赤線は，一見その中心 ≈ -0.577 に関して対称に見えるが，$g_1(u_1)$ が正規分布と歪正規分布の混合分布になっていることから，実際には非対称であることに注意する [*13]．

➤ 1.3* 高次元データに対するラッソ推定量の非漸近的性質

前節までは，$n > d$ かつ n が十分大きな場合におけるラッソ推定量の漸近的な性質，特にその分布

[*13] $g_1(u_1)$ に従う確率変数の期待値は解析的に評価できる．

について述べた．一方で，遺伝子発現量データなどに代表されるような，$d > n$ の場合にもラッソはうまく働くのかという疑問が残る．そこで，本節では，高次元データ解析において，説明変数がどのような条件を満たせばラッソがうまく働くのかということについて述べる．

そもそも，なぜ高次元で最小 2 乗推定量が意味のある推定を行えないのだろうか．一つは，1.1.2 節で述べたように，$d > n$ の場合には，$X^\top X$ に逆行列が存在せず，最小 2 乗推定量 $\hat{\boldsymbol{\beta}}^{\mathrm{OLS}}$ が一意に定まらないためである．ところが，仮に逆行列が存在する場合 [*14] であっても，予測誤差が

$$\mathbb{E}[\|X\hat{\boldsymbol{\beta}}^{\mathrm{OLS}} - X\boldsymbol{\beta}\|_n^2] = \mathrm{tr}(\mathbb{V}[\hat{\boldsymbol{\beta}}^{\mathrm{OLS}}]) = \sigma^2\frac{d}{n}$$

となることから，d/n が大きい場合には推定精度が保証されないという問題が生じる．

一方，$\boldsymbol{\beta}$ がスパース，つまり，$\boldsymbol{\beta}$ の $s\ (< n)$ 個が非ゼロであるような場合には，最小 2 乗推定量の平均 2 乗誤差が s/n 程度になることが期待できる．これは，もし $\boldsymbol{\beta}$ の非ゼロ成分の位置 $S = \{j \mid \beta_j \neq 0\}$ をあらかじめ知っていれば正しい．つまり，$\tilde{\boldsymbol{\beta}}$ を，$\tilde{\boldsymbol{\beta}}_{S^c} = \mathbf{0}, \tilde{\boldsymbol{\beta}}_S = (X_S^\top X_S)^{-1}X_S^\top \boldsymbol{y}$ とすれば，

$$\mathbb{E}[\|X\tilde{\boldsymbol{\beta}} - X\boldsymbol{\beta}\|_n^2] = \mathbb{E}[\|X_S\tilde{\boldsymbol{\beta}}_S - X_S\boldsymbol{\beta}_S\|_n^2] = \mathrm{tr}(\mathbb{V}[\tilde{\boldsymbol{\beta}}_S]) = \sigma^2\frac{s}{n} \tag{1.14}$$

であるから，たとえ $d > n$ であったとしても，$s < n$ であれば推定精度を改善することができる．そのため，本質的に重要な s 個の成分に関する情報を上手に抽出できれば，高次元データ解析においても有効に働く推定量を構成できると考えられる．もちろん，実際には非ゼロ成分の位置 S をあらかじめ知ることは一般には不可能なので，何らかの方法で S を推定する必要がある．これまでに述べたように，ラッソは $\hat{\boldsymbol{\beta}}$ の推定と同時に，$\hat{S} = \{j \mid \hat{\beta}_j \neq 0\}$ によって変数選択も行うことができる．このことから，ラッソは通常の最小 2 乗推定量よりも推定精度を改善できることが期待できる．

以下，計画行列 $X = (x_{ij})$ と誤差 $\boldsymbol{\varepsilon} = (\varepsilon_i)$ に対して，次の 2 つの条件を仮定する．

仮定 1 $\max_{i,j}|X_{ij}| \leq 1$.

仮定 2 各 ε_i は独立な確率変数であり，ある定数 $\sigma^2\ (> 0)$ が存在して $\mathbb{E}[e^{t\varepsilon_i}] \leq e^{\sigma^2 t^2/2}$ が任意の $t \in \mathbb{R}$ に対して成り立つ．

また，1.1.3 節で述べたように，X はあらかじめ基準化されているとする．さらに，真の回帰係数 $\boldsymbol{\beta}$ の s 個の成分のみが非ゼロであるものとし，$S = \{j \mid \beta_j \neq 0\}$ とする．ここで，仮定 2 は誤差 ε_i が劣ガウス的であるための必要十分条件である．なお，確率変数 ε が劣ガウス的であるとは，ある正定数 C, v が存在して，任意の $t > 0$ に対して

$$\mathrm{P}(|\varepsilon| > t) \leq Ce^{-vt^2}$$

が成り立つことをいう．したがって，**劣ガウス的な確率変数** (sub-Gaussian random variable) の確率分布は正規分布よりも裾確率が小さい [*15]．劣ガウス的な確率変数としては，例えば，一様分布や二

[*14] 例えば，$X^\top X = nI_d$ である場合が挙げられる．

[*15] 劣ガウス的な確率変数は正規分布よりも裾が軽いともいう．

項分布などのサポートが有界な確率分布や，正規分布に従う確率変数などが挙げられる．また，仮定 1 は本質的なものではなく，計画行列 X の最大要素が有界であればよい．

1.3.1　推定精度の確率的評価

ラッソの推定精度について述べるために，いくつかの準備をしておく．

定理 1.9　ヘフディングの不等式

$Z_1, \ldots, Z_n$ を期待値 μ の独立な劣ガウス的確率変数，つまり，ある定数 $\sigma^2\ (>0)$ が存在して，$\mathbb{E}[e^{tZ_i}] \leq e^{\sigma^2 t^2/2}$ が任意の $t \in \mathbb{R}$ で成り立つとする．このとき，任意の $\varepsilon\ (>0)$ に対して

$$\mathrm{P}\left(\left|\frac{1}{n}\sum_{i=1}^{n} Z_i - \mu\right| > \varepsilon\right) \leq 2\exp\left(-\frac{n\varepsilon^2}{2\sigma^2}\right) \tag{1.15}$$

が成り立つ．

証明 一般性を失うことなく $\mu = 0$ とし，$S_n = \sum_{i=1}^{n} Z_i$ とする．マルコフの不等式と Z_i の独立性より，任意の $t > 0$ に対して

$$\mathrm{P}(S_n/n > \varepsilon) = \mathrm{P}(e^{tS_n} > e^{nt\varepsilon}) \leq e^{-nt\varepsilon}\prod_{i=1}^{n}\mathbb{E}[e^{tZ_i}] \leq e^{-nt\varepsilon + n\sigma^2 t^2/2}$$

が成り立つ．最後の式を $t\ (>0)$ に関して最小化し $t = \varepsilon/\sigma^2$ とすれば，$\mathrm{P}(S_n/n > \varepsilon) \leq e^{-n\varepsilon^2/(2\sigma^2)}$ を得る．$t < 0$ に対して同様の議論を行えば，$\mathrm{P}(S_n/n < -\varepsilon) \leq e^{-n\varepsilon^2/(2\sigma^2)}$ も成り立つから，

$$\mathrm{P}(|S_n/n| > \varepsilon) = \mathrm{P}(S_n/n > \varepsilon) + \mathrm{P}(S_n/n < -\varepsilon)$$

より，主張が得られる．■

定理 1.9 のように，興味のある確率変数がその中心からどの程度離れるかを確率的に評価する不等式を**大偏差不等式** (large deviation inequality) あるいは**確率集中不等式** (concentration inequality) と呼び，確率論や関数解析をはじめとして重要な役割を果たすものである．なお，式 (1.15) は次のように書き換えることができる．つまり，右辺を δ，つまり，$\varepsilon = \sqrt{2\sigma^2\log(2/\delta)/n}$ とすれば，

$$\mathrm{P}\left(\left|\frac{1}{n}\sum_{i=1}^{n} Z_i - \mu\right| \leq \sqrt{\frac{2\sigma^2\log(2/\delta)}{n}}\right) \geq 1 - \delta$$

となる．したがって，ヘフディングの不等式は，任意の $\delta \in (0,1)$ に対して，確率 $1-\delta$ 以上で

$$\left|\frac{1}{n}\sum_{i=1}^{n} Z_i - \mu\right| \leq \sqrt{\frac{2\sigma^2\log(2/\delta)}{n}}$$

が成り立つと言い換えてもよい．次の制限固有値条件，あるいはそれと類似するものは，高次元のスパース推定において課される本質的な条件である．これらの条件の詳細については，van de Geer and Bühlmann (2009) や Bühlmann and van de Geer (2011) の 6.13.7 節を参照されたい

定義 1.2　制限固有値条件 (restricted eigenvalue condition) (Bickel et al., 2009)

$\hat{\Sigma} = X^\top X/n \in \mathbb{R}^{d\times d}$ とする．また，$J \subseteq \{1,\ldots,d\}$ と d 次元ベクトル $\boldsymbol{v}$ に対して，$\boldsymbol{v}_J = (v_j)_{j\in J}$ とする．このとき，適当な $k \in \mathbb{N}$ と $c > 0$ に対して，

$$\kappa^2(k,c) = \min_{J:|J|\le k} \min_{\boldsymbol{v}:\|\boldsymbol{v}_{J^c}\|_1 \le c\|\boldsymbol{v}_J\|_1} \frac{\boldsymbol{v}^\top \hat{\Sigma}\boldsymbol{v}}{\|\boldsymbol{v}_J\|_2^2} > 0$$

ならば，行列 $\hat{\Sigma}$ は (k,c) に対して**制限固有値条件**を満たすという．

制限固有値条件の有用な点は，意味のある量で $\boldsymbol{v}^\top\hat{\Sigma}\boldsymbol{v} = \|X\boldsymbol{v}\|_n^2$ を下から評価できる点にある．つまり，$d > n$ の場合に，J や $\boldsymbol{v}$ に何の制限も課さなければ $\|X\boldsymbol{v}\|_n^2 \ge 0$ という自明な不等式しか得られないが，適当な k と c に対して制限固有値条件が成立すれば，$\|X\boldsymbol{v}\|_n^2 \ge \kappa^2(k,c)\|\boldsymbol{v}_J\|_2^2$ とできる．

注 制限固有値条件は，ラッソ推定値が一意であるための条件と考えることができる．つまり，2 つのラッソ推定量 $\hat{\boldsymbol{\beta}}_1, \hat{\boldsymbol{\beta}}_2$ が得られているとし，それらの非ゼロ部分を $J_1 = \{j \mid \hat{\beta}_{1j} \ne 0\}, J_2 = \{j \mid \hat{\beta}_{2j} \ne 0\}$ としよう．さらに，$J = J_1 \cup J_2$ とし，一般性を失うことなく，$|J_1| \le k, |J_2| \le k$ とする [*16]．したがって，$|J| \le 2k$ であり，$\hat{\boldsymbol{\beta}}_{1J^c} = \hat{\boldsymbol{\beta}}_{2J^c} = \boldsymbol{0}$ である．もし，$(2k,c)$ に対して制限固有値条件が成立すれば，

$$\|X(\hat{\boldsymbol{\beta}}_1 - \hat{\boldsymbol{\beta}}_2)\|_n^2 \ge \kappa^2(2k,c)\|\hat{\boldsymbol{\beta}}_{1J} - \hat{\boldsymbol{\beta}}_{2J}\|_2^2 = \kappa^2(2k,c)\|\hat{\boldsymbol{\beta}}_1 - \hat{\boldsymbol{\beta}}_2\|_2^2$$

となるが，定理 1.3(2) より，$X\hat{\boldsymbol{\beta}}_1 = X\hat{\boldsymbol{\beta}}_2$ である．したがって，$\kappa^2(2k,c)\|\hat{\boldsymbol{\beta}}_1 - \hat{\boldsymbol{\beta}}_2\|_2^2 \le 0$ となり，$\hat{\boldsymbol{\beta}}_1 = \hat{\boldsymbol{\beta}}_2$ でなければならない．

以上の準備のもと，以下の定理が成り立つ．

定理 1.10　ラッソの性質 (Bickel et al., 2009; Bühlmann and van de Geer, 2011)

任意の $\delta \in (0,1)$ に対して $\lambda_n \ge 2\sigma\sqrt{2\log(2d/\delta)/n}$ とし，$X^\top X/n$ は $(k,c) = (2s,3)$ に対して制限固有値条件を満たすと仮定する．このとき，$\kappa = \kappa(2s,3)$ とすれば，28 ページの仮定 1, 仮定 2 のもと，$1-\delta$ 以上の確率で，以下の不等式が成り立つ．

$$\|X\hat{\boldsymbol{\beta}} - X\boldsymbol{\beta}\|_n^2 \le \frac{32\lambda_n^2 s}{\kappa^2}, \tag{1.16}$$

$$\|\hat{\boldsymbol{\beta}} - \boldsymbol{\beta}\|_1 \le \frac{16\lambda_n s}{\kappa^2}, \tag{1.17}$$

$$\|\hat{\boldsymbol{\beta}} - \boldsymbol{\beta}\|_2^2 \le \frac{32(1+\sqrt{6})^2\lambda_n^2 s}{\kappa^4}. \tag{1.18}$$

[*16] $|J_1|$ と $|J_2|$ の大きいほうを k とすればよい．

証明は章末問題とする．式 (1.16), (1.17) および (1.18) より，適当な正定数 c_1, c_2 および c_3 を用いて，

$$\|X\hat{\boldsymbol{\beta}} - X\boldsymbol{\beta}\|_n^2 \leq c_1 \frac{s \log d}{n}, \quad \|\hat{\boldsymbol{\beta}} - \boldsymbol{\beta}\|_1 \leq c_2 s \sqrt{\frac{\log d}{n}}, \quad \|\hat{\boldsymbol{\beta}} - \boldsymbol{\beta}\|_2^2 \leq c_3 \frac{s \log d}{n}$$

のように誤差を評価できることがわかる．つまり，$\log(d)/n$ が十分に小さければ，誤差も十分に小さくなることが期待される．実は，式 (1.16) と (1.18) の収束レート $\log(d)/n$ は適当な条件のもとでミニマックス最適であり (Raskutti et al., 2011)，このオーダーよりも早く誤差を小さくできないことが知られている．また，上記の予測誤差は理想的なリスク (1.14) と対応していることがわかる．ただし，あらかじめ回帰係数の非ゼロ部分 S が未知であるため，収束レートに $\log d$ なる項が現れることに注意する．

1.3.2　オラクル不等式

定理 1.10 では，λ_n の条件に確率 δ が現れていた．そのため，たとえ $\lambda_n \geq 2\sigma\sqrt{2\log(2d/\delta)/n}$ であったとしても，あらかじめ定めた δ が非常に小さな場合，λ_n は十分に大きくなっていなければならない．したがって，結果としてラッソ推定量は非常にスパースになってしまい，より大きな誤差が生じてしまうのではないかという疑問が残る．そこで，本節では λ_n の条件が δ に依存しない場合にもラッソ推定量の誤差が小さくなりうることを説明する．

以下では誤差 $\varepsilon_1, \ldots, \varepsilon_n$ は独立に正規分布 $\mathrm{N}(0, \sigma^2)$ に従うものとし，$d \geq 2$ であるとする．まず，正規分布に従う確率変数の性質として，次の不等式が成り立つ．

定理 1.11　ガウス型等周不等式 (Lifshits, 2012, 定理 6.1)

$\boldsymbol{Z} = (Z_1, \ldots, Z_m) \sim \mathrm{N}(\boldsymbol{0}, I_m)$ とし，集合 $E \subset \mathbb{R}^m$ に対して，$\gamma(E) = \mathrm{P}(\boldsymbol{Z} \in E)$ とする．任意の集合 $A \subset \mathbb{R}^m$ と $h > 0$ に対して $A^h = \{\boldsymbol{z} \in \mathbb{R}^m \mid \|\boldsymbol{z} - \boldsymbol{a}\|_2 \leq h, \ \exists \boldsymbol{a} \in A\}$ とする．このとき，次の**ガウス型等周不等式** (Gaussian isoperimetric inequality) が成り立つ．

$$\Phi^{-1}(\gamma(A^h)) \geq \Phi^{-1}(\gamma(A)) + h \tag{1.19}$$

証明は Lifshits (2012) を参照されたい．定理 1.11 より，次の主張が成り立つ．

定理 1.12　中央値に関する確率集中不等式

$\boldsymbol{Z} = (Z_1, \ldots, Z_m) \sim \mathrm{N}(\boldsymbol{0}, I_m)$, $f : \mathbb{R}^m \to \mathbb{R}$ を L–リプシッツ連続関数，つまり，任意の $\boldsymbol{x}, \boldsymbol{y} \in \mathbb{R}^m$ に対して $|f(\boldsymbol{x}) - f(\boldsymbol{y})| \leq L\|\boldsymbol{x} - \boldsymbol{y}\|_2$ が成り立つとする．M を $f(\boldsymbol{Z})$ の中央値，つまり，

$$\mathrm{P}(f(\boldsymbol{Z}) \leq M) \geq \frac{1}{2}, \qquad \mathrm{P}(f(\boldsymbol{Z}) \geq M) \geq \frac{1}{2}$$

とする．このとき，任意の $t>0$ に対して，次の不等式が成り立つ．

$$\mathrm{P}(f(\boldsymbol{Z})>M+Lt)\leq 1-\Phi(t) \tag{1.20}$$

証明 $A=\{\boldsymbol{z}\in\mathbb{R}^m \mid f(\boldsymbol{z})\leq M\}$ とする．f は L–リプシッツ連続関数なので，A は閉集合である．したがって，任意の $\boldsymbol{y}\in A^t$ に対して，ある $\boldsymbol{x}\in A$ が存在して $\|\boldsymbol{y}-\boldsymbol{x}\|_2\leq t$ となる．$\boldsymbol{x}\in A$ より $f(\boldsymbol{x})\leq M$ であることに注意する．このとき，再び f のリプシッツ性より

$$f(\boldsymbol{y})-M=\{f(\boldsymbol{y})-f(\boldsymbol{x})\}+\{f(\boldsymbol{x})-M\}\leq L\|\boldsymbol{y}-\boldsymbol{x}\|_2\leq Lt$$

が成り立つ．$\mathrm{P}(f(\boldsymbol{Z})\leq M)\geq 1/2$ および $\Phi^{-1}(1/2)=0$ に注意すれば，定理 1.11 より

$$\mathrm{P}(f(\boldsymbol{Z})-M\leq Lt)\geq \mathrm{P}(\boldsymbol{Z}\in A^t)\geq \Phi(\Phi^{-1}(1/2)+t)=\Phi(t)$$

なので，$\Phi(t)=1-\delta$ とすれば，主張が成り立つ． ■

定理 1.12 では M が確率変数 $f(\boldsymbol{Z})$ の中央値であることを仮定しているが，実際には，$f(\boldsymbol{Z})$ の中央値 $\mathrm{med}[f(\boldsymbol{Z})]$ が $\mathrm{med}[f(\boldsymbol{Z})]\leq M$ を満たせば，式 (1.20) は成り立つことに注意する．

定理 1.12 を用いてラッソ推定量の性質を述べるため，次の補題を用いる．

補題 1.1

任意の $\boldsymbol{u}\in\mathbb{R}^d$ に対して，次の不等式が成り立つ．

$$\begin{aligned}\|X\hat{\boldsymbol{\beta}}-X\boldsymbol{\beta}\|_n^2-\|X\boldsymbol{u}-X\boldsymbol{\beta}\|_n^2\leq{}&\frac{2}{n}\boldsymbol{\varepsilon}^\top X(\hat{\boldsymbol{\beta}}-\boldsymbol{u})+2\lambda_n\|\boldsymbol{u}\|_1\\&-2\lambda_n\|\hat{\boldsymbol{\beta}}\|_1-\|X(\hat{\boldsymbol{\beta}}-\boldsymbol{u})\|_n^2\end{aligned} \tag{1.21}$$

証明 KKT 条件より，ラッソ推定量 $\hat{\boldsymbol{\beta}}$ は

$$-\frac{1}{n}X^\top(\boldsymbol{y}-X\hat{\boldsymbol{\beta}})+\lambda_n\boldsymbol{v}=\boldsymbol{0}$$

を満たす．ここで，$\boldsymbol{v}\in\partial\|\hat{\boldsymbol{\beta}}\|_1$ は ℓ_1 ノルムの $\hat{\boldsymbol{\beta}}$ における劣勾配であり，劣微分の定義より，任意の $\boldsymbol{u}$ に対して $\|\boldsymbol{u}\|_1\geq\|\hat{\boldsymbol{\beta}}\|_1+\boldsymbol{v}^\top(\boldsymbol{u}-\hat{\boldsymbol{\beta}})$ が成り立つ．よって，

$$-\frac{1}{n}(\hat{\boldsymbol{\beta}}-\boldsymbol{u})^\top X^\top(\boldsymbol{y}-X\hat{\boldsymbol{\beta}})=-\lambda_n(\hat{\boldsymbol{\beta}}-\boldsymbol{u})^\top\boldsymbol{v}\leq\lambda_n\|\boldsymbol{u}\|_1-\lambda_n\|\hat{\boldsymbol{\beta}}\|_1$$

を得る．この不等式と，$\boldsymbol{y}=X\boldsymbol{\beta}+\boldsymbol{\varepsilon}$ であることに注意すれば，所望の不等式が得られる． ■

任意の $J\subseteq\{1,\ldots,d\}$ に対して，

$$\kappa(J) = \min_{\boldsymbol{v}:\|\boldsymbol{v}_{J^c}\|_1 \le 3\|\boldsymbol{v}_J\|_1} \frac{\|X\boldsymbol{v}\|_n}{\|\boldsymbol{v}_J\|_2} \tag{1.22}$$

を定義する．このとき，$\|\boldsymbol{v}_{J^c}\|_1 \le 3\|\boldsymbol{v}_J\|_1$ ならば $\|\boldsymbol{v}_J\|_2 \le \|X\boldsymbol{v}\|_n/\kappa(J)$ となる．ただし，$\kappa(J)=0$ ならば $\|X\boldsymbol{v}\|_n/\kappa(J)=\infty$ とする．

式 (1.21) の右辺を R とし，任意の J に対して $\boldsymbol{u}_{J^c}=\boldsymbol{0}$ とし，$\boldsymbol{\delta}=\hat{\boldsymbol{\beta}}-\boldsymbol{u}, \boldsymbol{\eta}=\boldsymbol{\delta}/\|X\boldsymbol{\delta}\|_n$ とすれば，

$$\begin{aligned} R &\le 2\|X\boldsymbol{\delta}\|_n \left\{ \frac{1}{n}\boldsymbol{\varepsilon}^\top X\boldsymbol{\eta} + \lambda_n\|\boldsymbol{\eta}_J\|_1 - \lambda_n\|\boldsymbol{\eta}_{J^c}\|_1 \right\} - \|X\boldsymbol{\delta}\|_n^2 \\ &\le 2\|X\boldsymbol{\delta}\|_n f(\boldsymbol{\varepsilon}) - \|X\boldsymbol{\delta}\|_n^2 \le f(\boldsymbol{\varepsilon})^2 \end{aligned}$$

が成り立つ．ただし，

$$f(\boldsymbol{\varepsilon}) = \max_{\boldsymbol{\eta}:\|X\boldsymbol{\eta}\|_n=1} \left\{ \frac{1}{n}\boldsymbol{\varepsilon}^\top X\boldsymbol{\eta} + \lambda_n\|\boldsymbol{\eta}_J\|_1 - \lambda_n\|\boldsymbol{\eta}_{J^c}\|_1 \right\}$$

である．$f(\boldsymbol{\varepsilon})$ を評価し，定理 1.12 を適用することで，次の定理が成り立つ．

定理 1.13　ラッソのオラクル不等式

$\lambda_n \ge 2\sigma\sqrt{2\log(d)/n}$ および

$$M = \min_J \left\{ \min_{\boldsymbol{u}:\boldsymbol{u}_{J^c}=\boldsymbol{0}} \|X\boldsymbol{u} - X\boldsymbol{\beta}\|_n^2 + \frac{9\lambda_n^2|J|}{2\kappa^2(J)} \right\}$$

とする．このとき，28 ページの仮定 1 および $\boldsymbol{\varepsilon} \sim \mathrm{N}(\boldsymbol{0}, \sigma^2 I_n)$ のもと，任意の $\delta \in (0,1)$ に対して $1-\delta$ 以上の確率で

$$\|X\hat{\boldsymbol{\beta}} - X\boldsymbol{\beta}\|_n^2 \le M + \frac{2\sigma^2}{n}\Phi^{-1}(1-\delta)^2 \tag{1.23}$$

が成立する．さらに，期待値に関して以下の不等式が成り立つ．

$$\mathbb{E}[\|X\hat{\boldsymbol{\beta}} - X\boldsymbol{\beta}\|_n^2] \le M + \frac{\sigma^2}{n} \tag{1.24}$$

証明は 1.6.1 節を参照されたい．M の J に関する最小値は，適応的にモデルの大きさ，つまり $|J|$ を選びながら目的関数 $\|X\boldsymbol{u} - X\boldsymbol{\beta}\|_n^2$ を最小にするという意味で，モデル選択を含む理想的なリスクの最小値を与えていると解釈できる．したがって，定理 1.13 の主張は，第 2 項によってラッソによる推定がどの程度悪化しうるかを確率あるいは期待値で評価している．もちろん，理想的なリスクは我々が観測できない，神のみぞ知る値である．そのため，期待値に関する不等式は，**オラクル不等式** (oracle inequality) と呼ばれる．

定理 1.13 では，誤差に正規性を仮定しているため，28 ページの仮定 2 よりも強い条件を必要とする．また式 (1.22) はゼロになりうるが，この場合，いずれの式でも右辺は無限大となり自明な不等式

が得られる．そのため，$\kappa(J) > 0$ である場合に，定理の主張は意味のある不等式評価が行えることも示している．

式 (1.24) より，J として集合 $S = \{j \mid \beta_j \neq 0\}$ $(|S| = s)$ を考えれば，適当な正定数 c, c' が存在して

$$\mathbb{E}[\|X\hat{\boldsymbol{\beta}} - X\boldsymbol{\beta}\|_n^2] \leq c\frac{s\log d}{n} + \frac{c'}{n}$$

が成り立つ．したがって，定理 1.10 と同様に，理想的なリスク (1.14) と対応していることがわかる．

1.3.3 高次元データへのラッソの適用に関する注意

ここまで，$d > n$ である場合におけるラッソ推定量の推定誤差やオラクル不等式について述べた．高次元の設定では，通常，$\hat{\Sigma} = X^\top X/n$ が退化するため，制限固有値条件を導入することによってラッソに関する理論の正当性を与えた．現実的な問題として，制限固有値条件や，それに類似する条件をチェックすることは一般に困難である．しかしながら，制限固有値条件はデータ解析の際にチェックすることは難しいものの，以下のように，説明変数の背後にある共分散行列 Σ が制限固有値条件を満たせば，$\hat{\Sigma}$ も高い確率で制限固有値条件を満たすことが知られている．

定理 1.14 制限固有値条件の成り立ちやすさ (Raskutti et al., 2010, 定理 1)

$\Sigma \in \mathbb{R}^{d\times d}$ を半正定値対称行列とし，$J \subseteq \{1, \ldots, d\}$ に対して

$$\gamma = \min_{\boldsymbol{v}:\|\boldsymbol{v}_{J^c}\|_1 \leq c\|\boldsymbol{v}_J\|_1} \frac{\|\Sigma^{1/2}\boldsymbol{v}\|_2}{\|\boldsymbol{v}\|_2} > 0 \tag{1.25}$$

が成り立つとする．さらに，計画行列 $X \in \mathbb{R}^{n\times d}$ の行ベクトル $\boldsymbol{x}_1, \ldots, \boldsymbol{x}_n \in \mathbb{R}^d$ は互いに独立に正規分布 $\mathrm{N}(\mathbf{0}, \Sigma)$ に従うとする．このとき，適当な正の定数 c_1, c_2 が存在して，任意の $\boldsymbol{v} \in \mathbb{R}^d$ に対して $1 - c_1 e^{-c_2 n}$ 以上の確率で

$$\|X\boldsymbol{v}\|_n \geq \frac{1}{4}\|\Sigma^{1/2}\boldsymbol{v}\|_2 - 9\rho(\Sigma)\sqrt{\frac{\log d}{n}}\|\boldsymbol{v}\|_1$$

が成り立つ．ただし，$\rho(\Sigma) = \max_{i,j=1,\ldots,d} \Sigma_{ij}$ である．

詳しい証明は Raskutti et al. (2010) を参照されたい．式 (1.25) が成り立てば，$\|\boldsymbol{v}_J\|_2 \leq \|\boldsymbol{v}\|_2$ より $|J| = k$ および c に対して Σ は制限固有値条件を満たすことに注意する．$J \subseteq \{1, \ldots, d\}$ に対して $\|\boldsymbol{v}_{J^c}\|_1 \leq c\|\boldsymbol{v}_J\|_1$ ならば

$$\|\boldsymbol{v}\|_1 = \|\boldsymbol{v}_J\|_1 + \|\boldsymbol{v}_{J^c}\|_1 \leq (1+c)\sqrt{k}\|\boldsymbol{v}_J\|_2 \leq (1+c)\sqrt{k}\|\boldsymbol{v}\|_2$$

が成り立つ．このとき，式 (1.25) より任意の $\boldsymbol{v} \in \mathbb{R}^d$ に対して $\|\Sigma^{1/2}\boldsymbol{v}\|_2 \geq \gamma\|\boldsymbol{v}\|_2$ なので，

$$\frac{\|X\boldsymbol{v}\|_n}{\|\boldsymbol{v}_J\|_2} \geq \frac{\|X\boldsymbol{v}\|_n}{\|\boldsymbol{v}\|_2} \geq \frac{\gamma}{4} - 9(1+c)\rho(\Sigma)\sqrt{\frac{k\log d}{n}}$$

となる．したがって，

$$n > \frac{5184(1+c)^2}{\gamma^2}\rho(\Sigma)^2 k \log d$$

ならば，$\|X\boldsymbol{v}\|_n/\|\boldsymbol{v}_{J^c}\|_2 \geq \gamma/8 > 0$，つまり，$1 - c_1 e^{-c_2 n}$ 以上の確率で $\hat{\Sigma} = X^\top X/n$ が (k, c) に対して制限固有値条件を満たすことがわかる．

これまでラッソの理論的な側面について触れてきたが，実際にデータ解析を行う場合には，誤差の上界そのものが必要となる場合は少なく，$\mathbb{E}[\|X\hat{\boldsymbol{\beta}} - X\boldsymbol{\beta}\|_n^2]$ の値が小さくなるように λ_n を選択しなければならない．これは，モデル選択の問題であり，どのように λ_n を選択するかということについては，1.5 節で述べる．

1.4　ラッソ型の正則化法

ラッソはその定義上，凸最適化問題として定式化されるため，実用上は効率的に推定値を得ることができる．一方で，1.2.2 節で述べたように，ラッソ推定値は

(1) $n < d$ の場合，ラッソにより選択される変数は高々 n 個である
(2) 相関の高い変数があるとき，ラッソによる推定ではそのうちの一方しか選択されない

という問題が生じる．また，図 1.6(a) からも想像できるように，ラッソ推定量は常に最小 2 乗推定量に対してバイアスが生じていることがわかる．そこで，少なくとも漸近的にはバイアスが消えるように推定を行うことができれば，よりよい推定量が得られることが期待される．これらの問題に対処するため，ラッソにはさまざまな拡張がなされてきた．本節では特に，エラスティックネットおよび適応的ラッソを通して，どのように上記の問題が解消されるかを説明する．なお，その他のラッソの拡張については川野ら (2018) を参照されたい．

1.4.1　エラスティックネット

上記の問題 (1) および (2) を解消するための**エラスティックネット** (elastic net)(Zou and Hastie, 2005) は，

$$\min_{\boldsymbol{\beta}\in\mathbb{R}^d} \frac{1}{2}\|\boldsymbol{y} - X\boldsymbol{\beta}\|_n^2 + \lambda_1\|\boldsymbol{\beta}\|_1 + \frac{\lambda_2}{2}\|\boldsymbol{\beta}\|_2^2 \tag{1.26}$$

によりパラメータを推定する手法である．式 (1.26) の最小化点 $\hat{\boldsymbol{\beta}}^{\mathrm{EN}}$ をエラスティックネット推定値と呼ぶ．ラッソとの違いは，ℓ_1 ノルム $\|\boldsymbol{\beta}\|_1$ に加え，ℓ_2 ノルム $\|\boldsymbol{\beta}\|_2$ も罰則項として用いる点にある．なお，

$$\lambda_1\|\boldsymbol{\beta}\|_1 + \frac{\lambda_2}{2}\|\boldsymbol{\beta}_2\|_2^2 = (\lambda_1+\lambda_2)\left\{\frac{\lambda_1}{\lambda_1+\lambda_2}\|\boldsymbol{\beta}\|_1 + \frac{1}{2}\left(1 - \frac{\lambda_1}{\lambda_1+\lambda_2}\right)\|\boldsymbol{\beta}\|_2^2\right\}$$

であるから，$\lambda = \lambda_1 + \lambda_2, \alpha = \lambda_1/(\lambda_1 + \lambda_2) \in [0, 1]$ として，

$$\min_{\boldsymbol{\beta} \in \mathbb{R}^d} \frac{1}{2}\|\boldsymbol{y} - X\boldsymbol{\beta}\|_n^2 + \lambda \left\{ \alpha\|\boldsymbol{\beta}\|_1 + \frac{1-\alpha}{2}\|\boldsymbol{\beta}\|_2^2 \right\}$$

と定義されることもある[*17]．したがって，$\alpha = 1$ ならばラッソ，$\alpha = 0$ ならばリッジ回帰となる．

a エラスティックネットの特徴

まず，$X^\top X/n = I_d$ の場合に，エラスティックネット推定値がどのようにかけるかについて説明する．エラスティックネットの目的関数を $L(\boldsymbol{\beta})$ とすれば，簡単な計算により

$$\begin{aligned} L(\boldsymbol{\beta}) &= \frac{1+\lambda_2}{2}\|\boldsymbol{\beta}\|_2^2 - \boldsymbol{\beta}^\top\left(\frac{1}{n}X^\top\boldsymbol{y}\right) + \frac{1}{2}\|\boldsymbol{y}\|_n^2 + \lambda_1\|\boldsymbol{\beta}\|_1 \\ &= \frac{1+\lambda_2}{2}\|\boldsymbol{\beta} - \hat{\boldsymbol{\beta}}^{\mathrm{Ridge}}\|_2^2 + \lambda_1\|\boldsymbol{\beta}\|_1 - \frac{1}{1+\lambda_2}\|\hat{\boldsymbol{\beta}}^{\mathrm{Ridge}}\|_2^2 + \frac{1}{2}\|\boldsymbol{y}\|_n^2 \end{aligned}$$

と書き換えることができる．ただし，

$$\hat{\boldsymbol{\beta}}^{\mathrm{Ridge}} = \left(\frac{1}{n}X^\top X + \lambda_2 I_d\right)^{-1}\frac{1}{n}X^\top\boldsymbol{y} = \frac{1}{1+\lambda_2}\hat{\boldsymbol{\beta}}^{\mathrm{OLS}}$$

はリッジ推定値である．したがって，第 3 項と第 4 項が $\boldsymbol{\beta}$ に依存しない定数であることに注意すれば，定理 1.2 より，エラスティックネット推定値は

$$\hat{\beta}_j^{\mathrm{EN}} = S_{\lambda_1/(1+\lambda_2)}(\hat{\beta}_j^{\mathrm{Ridge}}) = \begin{cases} (\hat{\beta}_j^{\mathrm{OLS}} - \lambda_1)/(1+\lambda_2), & \hat{\beta}_j^{\mathrm{OLS}} > \lambda_1 \\ 0, & |\hat{\beta}_j^{\mathrm{OLS}}| \le \lambda_1 \\ (\hat{\beta}_j^{\mathrm{OLS}} + \lambda_1)/(1+\lambda_2), & \hat{\beta}_j^{\mathrm{OLS}} < -\lambda_1 \end{cases}$$

つまり，$\hat{\boldsymbol{\beta}}^{\mathrm{EN}} = \hat{\boldsymbol{\beta}}/(1+\lambda_2)$ となり，エラスティックネットではラッソ推定値を $1/(1+\lambda_2)$ だけ縮小した推定値が得られる．ラッソでは $|\hat{\beta}_j^{\mathrm{OLS}}| \le \lambda$ であるものが正確にゼロと推定されるが，$\lambda_1 = \lambda\alpha \le \lambda$ であるため，同じ λ を用いた場合，エラスティックネットのほうがラッソよりも非ゼロ推定値の個数は多くなることに注意する．なお，ラッソの調整パラメータを λ' とした場合，$\lambda_1 = \lambda'/\alpha$ とすれば，ラッソとエラスティックネットの非ゼロ成分の個数はだいたい同じくらいになることが期待される[*18]．

図 1.12(a) の緑の実線は，$X^\top X/n = I_d$ におけるエラスティックネット推定値をプロットしたものである．赤と青の破線はそれぞれリッジ推定値およびラッソ推定値，さらに黒の点線は最小 2 乗推定値を表している．グラフからもわかるように，エラスティックネットもラッソと同様に，大きさが λ_1 以下の最小 2 乗推定値は正確にゼロと推定することが見てとれる．一方で，エラスティックネットではラッソの ℓ_1 ノルムによる罰則項に加え，リッジ回帰の ℓ_2 ノルムも罰則項として用いているため，

[*17] 1.2 節で述べた R のパッケージ `glmnet` では，λ_1, λ_2 の代わりに，λ と α を指定する．

[*18] "だいたい" というのは，実際には $X^\top X/n = I_d$ であるような状況はほとんどないことと，定理 1.4 より，解が一意に定まる限り，ラッソでは高々 $\min\{n, d\}$ 個の変数しか非ゼロと推定されないためである．

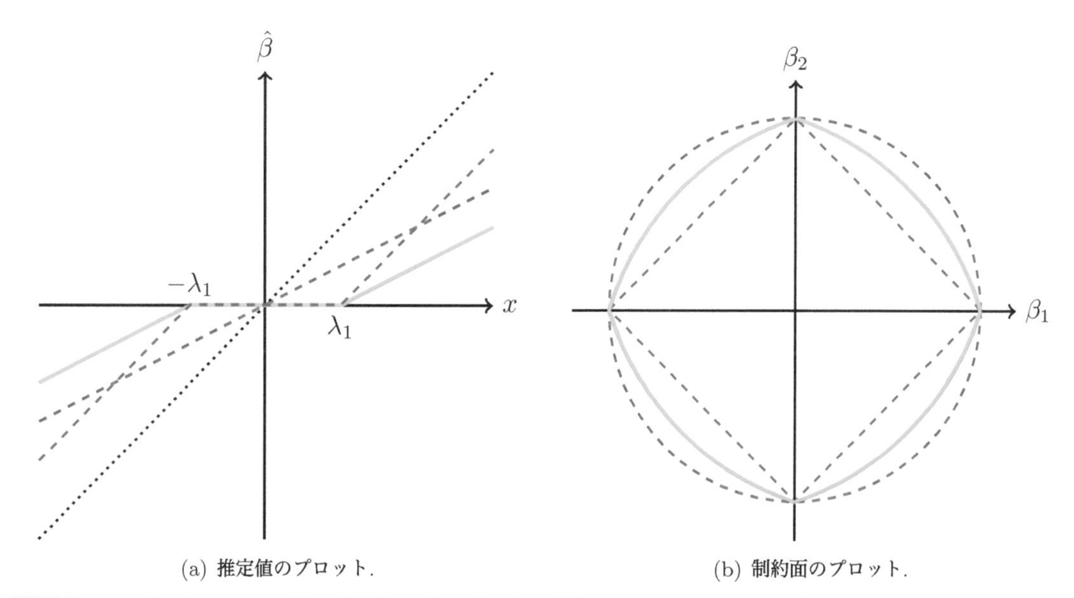

(a) 推定値のプロット．　(b) 制約面のプロット．

図 1.12　(a) $X^\top X/n = I_d$ の場合の推定値のプロット．緑の実線はエラスティックネット推定値，赤と青の破線はそれぞれリッジ推定値およびラッソ推定値を表している．また，黒の点線は最小 2 乗推定値を示している．(b) 制約領域のプロット．緑の実線はエラスティックネットの制約面，赤と青の破線はそれぞれリッジ回帰およびラッソの制約面を表している．

ラッソやリッジ回帰よりも，大きなバイアスが生じている．そのため，エラスティックネットは，ℓ_2 ノルムも罰則項に加えることで，推定値のバイアスを犠牲にして冒頭の問題 (1), (2) を解消しているといえる．

図 1.12(b) の緑の実線はエラスティックネットの制約 $\alpha\|\boldsymbol{\beta}\|_1 + (1-\alpha)\|\boldsymbol{\beta}\|_2^2$ を $\alpha = 0.7$ として 2 次元平面にプロットしたものである．また，赤と青の破線はそれぞれ，リッジ回帰の制約 $\|\boldsymbol{\beta}\|_2^2$ およびラッソの制約 $\|\boldsymbol{\beta}\|_1$ を示している．エラスティックネットはラッソとリッジ回帰の中間的な制約を課しているものの，ラッソと同様に $\beta_1 = 0$ または $\beta_2 = 0$ で微分不可能である．

b エラスティックネット推定値の非ゼロ要素の個数とグループ効果

エラスティックネットによって，冒頭の問題 (1) および (2) が解消されることを述べよう．まず (1) について説明する．$\tilde{\boldsymbol{y}} = (\boldsymbol{y}^\top, \boldsymbol{0}^\top)^\top, \tilde{X} = (X^\top, \sqrt{d\lambda_2}I_d)^\top$ とすれば，

$$\|\tilde{\boldsymbol{y}} - \tilde{X}\boldsymbol{\beta}\|_{n+d}^2 = \|\boldsymbol{y} - X\boldsymbol{\beta}\|_n^2 + \left\|\boldsymbol{0} - \sqrt{d\lambda_2}\boldsymbol{\beta}\right\|_d^2 = \|\boldsymbol{y} - X\boldsymbol{\beta}\|_n^2 + \lambda_2\|\boldsymbol{\beta}\|_2^2$$

であるから，

$$L(\boldsymbol{\beta}) = \frac{1}{2}\|\tilde{\boldsymbol{y}} - \tilde{X}\boldsymbol{\beta}\|_{n+d}^2 + \lambda_1\|\boldsymbol{\beta}\|_1$$

とかける．したがって，$\alpha \neq 0$ ならば，$L(\boldsymbol{\beta})$ は $\tilde{\boldsymbol{y}}, \tilde{X}$ をデータとしたときのラッソの目的関数と考えることができる．$\tilde{\boldsymbol{y}} \in \mathbb{R}^{n+d}$ であるから，定理 1.4 より，たとえ $n < d$ であったとしても，エラス

ティックネットでは高々 $\min\{n+d, d\} = d$ 個の非ゼロ成分を持つ推定量が得られる.

注 エラスティックネットでは，罰則項 $\lambda_1\|\boldsymbol{\beta}\|_1 + 2^{-1}\lambda_2\|\boldsymbol{\beta}\|_2^2$ が厳密に凸関数であることから，解の一意性は常に保障される．例えば2つの解 $\hat{\boldsymbol{\beta}}_1, \hat{\boldsymbol{\beta}}_2$ がエラスティックネットの目的関数 $L(\boldsymbol{\beta})$ の最小値を達成するとしよう．つまり，$L^* = L(\hat{\boldsymbol{\beta}}_1) = L(\hat{\boldsymbol{\beta}}_2)$ であるとする．さて，任意の $\alpha \in (0,1)$ に対して，$\hat{\boldsymbol{\beta}}_\alpha = \alpha\hat{\boldsymbol{\beta}}_1 + (1-\alpha)\hat{\boldsymbol{\beta}}_2$ とすると，$L(\boldsymbol{\beta})$ の凸性から

$$L(\hat{\boldsymbol{\beta}}_\alpha) < \alpha L(\hat{\boldsymbol{\beta}}_1) + (1-\alpha)L(\hat{\boldsymbol{\beta}}_2) = L^*$$

となってしまい，$\hat{\boldsymbol{\beta}}_1, \hat{\boldsymbol{\beta}}_2$ が目的関数の最小値を達成することに矛盾する．つまり，$\hat{\boldsymbol{\beta}}_1 = \hat{\boldsymbol{\beta}}_2$ でなければならない.

次に (2) について説明しよう．エラスティックネットは以下の**グループ効果** (grouping effect) と呼ばれる性質を持つ.

定理 1.15　エラスティックネットのグループ効果 (Zhou, 2013, 定理 3)

エラスティックネット推定値を $\hat{\boldsymbol{\beta}}^{\mathrm{EN}}$ とする．このとき，任意の $i, j \in \{1, \ldots, d\}$ に対して，

$$|\hat{\beta}_i^{\mathrm{EN}} - \hat{\beta}_j^{\mathrm{EN}}| \leq \frac{1}{\lambda_2}\|\mathbf{x}_i - \mathbf{x}_j\|_n \sqrt{2L(\hat{\boldsymbol{\beta}}^{\mathrm{EN}})}$$

が成り立つ.

証明 KKT 条件より，任意の j に対して，エラスティックネット推定値 $\hat{\boldsymbol{\beta}}^{\mathrm{EN}}$ は

$$-\frac{1}{n}\mathbf{x}_j^\top(\boldsymbol{y} - X\hat{\boldsymbol{\beta}}^{\mathrm{EN}}) + \lambda_1 v_j + \lambda_2\hat{\beta}_j^{\mathrm{EN}} = 0$$

を満たす．ただし，$v_j \in \partial|\hat{\beta}_j^{\mathrm{EN}}|$ は $|\beta_j|$ の $\hat{\beta}_j^{\mathrm{EN}}$ における劣勾配，つまり，$\hat{\beta}_j^{\mathrm{EN}} \neq 0$ ならば $v_j = \mathrm{sgn}(\hat{\beta}_j^{\mathrm{EN}})$，$\hat{\beta}_j^{\mathrm{EN}} = 0$ ならば $v_j \in [-1, 1]$ である．したがって，$\hat{\beta}_j^{\mathrm{EN}} = 0$ ならば

$$\left|\frac{1}{n}\mathbf{x}_j^\top(\boldsymbol{y} - X\hat{\boldsymbol{\beta}}^{\mathrm{EN}})\right| \leq \lambda_1 \tag{1.27}$$

であり，$\hat{\beta}_j^{\mathrm{EN}} \neq 0$ ならば

$$\frac{1}{n}\mathbf{x}_j^\top(\boldsymbol{y} - X\hat{\boldsymbol{\beta}}^{\mathrm{EN}}) = \lambda_1\mathrm{sgn}(\hat{\beta}_j^{\mathrm{EN}}) + \lambda_2\hat{\beta}_j^{\mathrm{EN}} = \mathrm{sgn}(\hat{\beta}_j^{\mathrm{EN}})\{\lambda_1 + \lambda_2|\hat{\beta}_j^{\mathrm{EN}}|\} \tag{1.28}$$

となることがわかる．以下，$i, j \in \{1, \ldots, d\}$ として，4つの場合分けを行う.

- $\hat{\beta}_i^{\mathrm{EN}} = \hat{\beta}_j^{\mathrm{EN}} = 0$ の場合: 主張は自明である.

- $\hat{\beta}_i^{\mathrm{EN}} \neq 0, \hat{\beta}_j^{\mathrm{EN}} = 0$ の場合: 式 (1.27) および (1.28) より，

$$\left|\frac{1}{n}\mathbf{x}_i^\top(\boldsymbol{y} - X\hat{\boldsymbol{\beta}}^{\mathrm{EN}})\right| = \lambda_1 + \lambda_2|\hat{\beta}_i^{\mathrm{EN}}| \geq \left|\frac{1}{n}\mathbf{x}_j^\top(\boldsymbol{y} - X\hat{\boldsymbol{\beta}}^{\mathrm{EN}})\right| + \lambda_2|\hat{\beta}_i^{\mathrm{EN}}|$$

となる．したがって，三角不等式とコーシー・シュワルツの不等式より，

$$\begin{aligned}\lambda_2|\hat{\beta}_i^{\mathrm{EN}} - \hat{\beta}_j^{\mathrm{EN}}| &\leq \left|\frac{1}{n}\mathbf{x}_i^\top(\boldsymbol{y} - X\hat{\boldsymbol{\beta}}^{\mathrm{EN}})\right| - \left|\frac{1}{n}\mathbf{x}_j^\top(\boldsymbol{y} - X\hat{\boldsymbol{\beta}}^{\mathrm{EN}})\right| \\ &\leq \frac{1}{n}|(\mathbf{x}_i - \mathbf{x}_j)^\top(\boldsymbol{y} - X\hat{\boldsymbol{\beta}}^{\mathrm{EN}})| \leq \|\mathbf{x}_i - \mathbf{x}_j\|_n \|\boldsymbol{y} - X\hat{\boldsymbol{\beta}}^{\mathrm{EN}}\|_n\end{aligned}$$

を得る．$\|\boldsymbol{y} - X\hat{\boldsymbol{\beta}}^{\mathrm{EN}}\|_n^2 \leq 2L(\hat{\boldsymbol{\beta}}^{\mathrm{EN}})$ に注意すれば所望の不等式が得られる．

- $\hat{\beta}_i^{\mathrm{EN}}\hat{\beta}_j^{\mathrm{EN}} > 0$ の場合: $\mathrm{sgn}(\hat{\beta}_i^{\mathrm{EN}}) = \mathrm{sgn}(\hat{\beta}_j^{\mathrm{EN}})$ だから，(1.28) より

$$\lambda_2(\hat{\beta}_i^{\mathrm{EN}} - \hat{\beta}_j^{\mathrm{EN}}) = \frac{1}{n}(\mathbf{x}_i - \mathbf{x}_j)^\top(\boldsymbol{y} - X\hat{\boldsymbol{\beta}}^{\mathrm{EN}})$$

となる．したがって，上と同じ理由で主張の不等式が成立する．

- $\hat{\beta}_i^{\mathrm{EN}}\hat{\beta}_j^{\mathrm{EN}} < 0$ の場合: $\mathrm{sgn}(\hat{\beta}_j^{\mathrm{EN}}) = -\mathrm{sgn}(\hat{\beta}_i^{\mathrm{EN}})$ より $\mathrm{sgn}(\hat{\beta}_i^{\mathrm{EN}} - \hat{\beta}_j^{\mathrm{EN}}) = \mathrm{sgn}(\hat{\beta}_i^{\mathrm{EN}})$ なので，(1.28) から

$$\begin{aligned}\lambda_2(\hat{\beta}_i^{\mathrm{EN}} - \hat{\beta}_j^{\mathrm{EN}}) + 2\lambda_1\mathrm{sgn}(\hat{\beta}_i^{\mathrm{EN}}) &= \mathrm{sgn}(\hat{\beta}_i^{\mathrm{EN}})\{\lambda_2|\hat{\beta}_i^{\mathrm{EN}} - \hat{\beta}_j^{\mathrm{EN}}| + 2\lambda_1\} \\ &= \frac{1}{n}(\mathbf{x}_i - \mathbf{x}_j)^\top(\boldsymbol{y} - X\hat{\boldsymbol{\beta}}^{\mathrm{EN}})\end{aligned}$$

となる．したがって，

$$\lambda_2|\hat{\beta}_i^{\mathrm{EN}} - \hat{\beta}_j^{\mathrm{EN}}| \leq \lambda_2|\hat{\beta}_i^{\mathrm{EN}} - \hat{\beta}_j^{\mathrm{EN}}| + 2\lambda_1 = \frac{1}{n}|(\mathbf{x}_i - \mathbf{x}_j)^\top(\boldsymbol{y} - X\hat{\boldsymbol{\beta}}^{\mathrm{EN}})|$$

より，主張の不等式が成立する．■

各 i に対して，$\mathbf{x}_i$ は基準化されているから，$\mathbf{x}_i^\top\mathbf{x}_j = \rho$ は $\mathbf{x}_i, \mathbf{x}_j$ の相関を表している．このとき，$\|\mathbf{x}_i - \mathbf{x}_j\|_2 = \sqrt{2(1-\rho)}$ である．したがって，定理 1.15 より，$\mathbf{x}_i$ と $\mathbf{x}_j$ の相関が高い，つまり，$\rho \approx 1$ ならば $\hat{\beta}_i^{\mathrm{EN}} \approx \hat{\beta}_j^{\mathrm{EN}}$ となる．つまり，ラッソとは異なりエラスティックネットでは，相関の高い変数がある場合に，対応する推定値を同程度の値に推定することがわかる．

1.4.2　適応的ラッソ

先に述べたように，ラッソ推定量は一般に，最小 2 乗推定量に対して常にバイアスを持つ．そのため，硬しきい値作用素のように，推定値の値は縮小しないようにすることで，よりよい推定量を構成できることが期待される．ここで，“よりよい”というのは，少なくとも漸近的に，真の回帰係数 $\boldsymbol{\beta}$ の非ゼロ部分 $S = \{j \mid \beta_j \neq 0\}$ を正しく特定し，かつ，推定量が漸近正規性を持つものをいう．つまり，適当な推定量 $\hat{\boldsymbol{\beta}}$ と $\hat{S} = \{j \mid \hat{\beta}_j \neq 0\}$ を用いて，

スパース性: $\lim_{n\to\infty} \mathrm{P}(\hat{\boldsymbol{\beta}}_{S^c} = \mathbf{0}) = 1$

漸近正規性: $\sqrt{n}(\hat{\boldsymbol{\beta}}_S - \boldsymbol{\beta}_S)$ は漸近的に平均 $\mathbf{0}$ の正規分布に従う

が成り立つことをいう．この性質を**オラクル性** (oracle property) (Fan and Li, 2001) と呼ぶ．漸近正規性により，$\hat{\boldsymbol{\beta}}_S$ は $\boldsymbol{\beta}_S$ の漸近不偏推定量であることに注意する．なお，スパース性の代わりに，**モデル選択の一致性**：$\lim_{n\to\infty} \mathrm{P}(\hat{S} = S) = 1$ が要求されることもある (Zou, 2006)．以下，サンプルサイズ n が十分大きい，つまり $n > d$ である場合を考える．

適応的ラッソ (adaptive lasso) (Zou, 2006) は，ラッソの罰則項を若干修正し，

$$\min_{\boldsymbol{u}\in\mathbb{R}^d} \frac{1}{2}\|\boldsymbol{y} - X\boldsymbol{u}\|_n^2 + \lambda_n \sum_{j=1}^{d} \hat{w}_j |u_j|$$

として，パラメータ推定を行う手法である．ここで，適当な定数 $\gamma > 0$ を用いて，$\hat{w}_j = 1/|\hat{\beta}_j^{\mathrm{OLS}}|^\gamma$ とする．最小 2 乗推定量 $\hat{\boldsymbol{\beta}}^{\mathrm{OLS}}$ は一致推定量だから，β_j が小さい (大きい) ならば $\hat{w}_j$ は大きく (小さく) なることが期待される．つまり，大雑把にいえば，真値がゼロの部分には非常に大きな罰則をかけることで，推定値をゼロに縮小し，真値が非ゼロの部分にはほとんど罰則をかけずに，最小 2 乗推定値に近い値を推定できる．

適応的ラッソの持つ重要な性質である，オラクル性についてやや直感的に説明する．以下，1.2.3b 節と同じ仮定をおく．特に，$C_n = X^\top X/n \to C$ であり，このとき，中心極限定理より $X^\top \boldsymbol{\varepsilon}/\sqrt{n}$ は正規分布 $\mathrm{N}(\mathbf{0}, \sigma^2 C)$ に従う確率変数ベクトル W に分布収束する．適応的ラッソの目的関数を

$$L(\boldsymbol{u}) = \frac{1}{2}\|\boldsymbol{y} - X\boldsymbol{u}\|_n^2 + \lambda_n \sum_{j=1}^{d} \hat{w}_j |u_j| \tag{1.29}$$

とし，適応的ラッソ推定量を $\hat{\boldsymbol{\beta}}^{\mathrm{AL}}$ とする．さらに

$$\begin{aligned} G(\boldsymbol{u}) &= nL(\boldsymbol{\beta} + \boldsymbol{u}/\sqrt{n}) - nL(\boldsymbol{\beta}) \\ &= \underbrace{\frac{1}{2}\|\boldsymbol{y} - X(\boldsymbol{\beta} + \boldsymbol{u}/\sqrt{n})\|_2^2 - \frac{1}{2}\|\boldsymbol{y} - X\boldsymbol{\beta}\|_2^2}_{=G_1(\boldsymbol{u})} \\ &\quad \underbrace{+ n\lambda_n \sum_{j=1}^{d} \hat{w}_j |\beta_j + u_j/\sqrt{n}| - n\lambda_n \sum_{j=1}^{d} \hat{w}_j |\beta_j|}_{=G_2(\boldsymbol{u})} \end{aligned}$$

とすれば，G の最小化点は $\hat{\boldsymbol{u}} = \sqrt{n}(\hat{\boldsymbol{\beta}}^{\mathrm{AL}} - \boldsymbol{\beta})$ である．さて，$\boldsymbol{y} = X\boldsymbol{\beta} + \boldsymbol{\varepsilon}$ であるから，第 1 項は

$$G_1(\boldsymbol{u}) = -\frac{1}{\sqrt{n}}\boldsymbol{\varepsilon}^\top X\boldsymbol{u} + \frac{1}{2}\boldsymbol{u}^\top C_n \boldsymbol{u} \approx -W^\top \boldsymbol{u} + \frac{1}{2}\boldsymbol{u}^\top C\boldsymbol{u}$$

と近似できる．一方，第 2 項は

$$G_2(\boldsymbol{u}) = n\lambda_n \sum_{j\in S} \hat{w}_j(|\beta_j + u_j/\sqrt{n}| - |\beta_j|) + \sqrt{n}\lambda_n \sum_{j\in S^c} \hat{w}_j |u_j|$$

と書き換えることができる.

オラクル性を意識しながら, 罰則項がどのように近似できるとよいかについて考えよう. まず, 推定量の S に対応する部分の漸近正規性を考慮すると, $G_2(\boldsymbol{u})$ の第 1 項は $n \to \infty$ で消えればよい. そうでなければ, 定理 1.8 で述べたように, 漸近的にバイアスが残ってしまう. したがって, 最小 2 乗推定量の一致性より $j \in S$ に対して $\hat{w}_j \to 1/|\beta_j|^\gamma > 0$ であることと, n が十分に大きなとき $\mathrm{sgn}(\beta_j + u_j/\sqrt{n}) = \mathrm{sgn}(\beta_j)$ であることに注意すれば, $G_2(\boldsymbol{u})$ の第 1 項は

$$n\lambda_n \sum_{j \in S} \hat{w}_j(|\beta_j + u_j/\sqrt{n}| - |\beta_j|) \approx \sqrt{n}\lambda_n \sum_{j \in S} |\beta_j|^{-\gamma}\mathrm{sgn}(\beta_j)u_j$$

となるから, $\sqrt{n}\lambda_n \to 0$ であればよい.

一方, $G_2(\boldsymbol{u})$ の第 2 項はどのような性質を持つべきだろうか. $j \in S^c$ に対して $\hat{w}_j \to \infty$ であるため, $\sum_{j \in S^c} \hat{w}_j |u_j|$ は発散してしまい, 意味のある近似が得られないように思われる. ところが, 最小 2 乗推定量の漸近正規性より $\sqrt{n}\hat{\beta}_j^{\mathrm{OLS}}$ は確率的に有界なので,

$$\sqrt{n}\lambda_n \sum_{j \in S^c} \hat{w}_j |u_j| = n^{(1+\gamma)/2}\lambda_n \sum_{j \in S^c} |\sqrt{n}\hat{\beta}_j^{\mathrm{OLS}}|^{-\gamma}|u_j|$$

の $j \in S^c$ に関する和の部分もやはり確率的に有界である. いま, $n^{(1+\gamma)/2}\lambda_n$ が有限の値に収束するならば, 近似後の関数に $\boldsymbol{u}_{S^c}$ に関する罰則項が残ってしまうため, $n^{(1+\gamma)/2}\lambda_n \to \infty$ でなければならない. このとき, $X_S^\top X_S/n \to C_{SS}$ とすれば, $\sqrt{n}\lambda_n \to 0$ と合わせて

$$G(\boldsymbol{u}) \approx \begin{cases} -W_S^\top \boldsymbol{u}_S + \dfrac{1}{2}\boldsymbol{u}_S^\top C_{SS}\boldsymbol{u}_S, & \boldsymbol{u}_{S^c} = \boldsymbol{0} \\ \infty, & \boldsymbol{u}_{S^c} \neq \boldsymbol{0} \end{cases}$$

より, 近似後の関数を最小化することで, $\hat{\boldsymbol{u}}_S \approx C_{SS}^{-1}W_S, \hat{\boldsymbol{u}}_{S^c} \approx \boldsymbol{0}$ となることが期待され, 特に, $C_{SS}^{-1}W_S \sim \mathrm{N}(\boldsymbol{0}, \sigma^2 C_{SS}^{-1})$ である. さらに, $\sqrt{n}\lambda_n \to 0, n^{(1+\gamma)/2}\lambda_n \to \infty$ ならば

$$G_2(\hat{\boldsymbol{u}}) \approx n^{(1+\gamma)/2}\lambda_n \sum_{j \in S^c} |\sqrt{n}\hat{\beta}_j^{\mathrm{OLS}}|^{-\gamma}|\hat{u}_j|$$

は $\hat{u}_j \neq 0$ $(j \in S^c)$ である限り発散してしまう. そのため, そもそも $\hat{u}_j = 0$, つまり, $\hat{\beta}_j = 0$ でなければならない.

定理 1.16　適応的ラッソ推定量のオラクル性

$n\lambda_n \to \infty$ および $\sqrt{n}\lambda_n \to 0$ を仮定する. このとき, 適応的ラッソ推定量はオラクル性を持つ. つまり,

スパース性: $\lim_{n\to\infty} \mathrm{P}(\hat{\boldsymbol{\beta}}_{S^c} = \boldsymbol{0}) = 1$
漸近正規性: $\sqrt{n}(\hat{\boldsymbol{\beta}}_S - \boldsymbol{\beta}_S)$ は正規分布 $\mathrm{N}(\boldsymbol{0}, \sigma^2 C_{SS}^{-1})$ に分布収束する

が成り立つ.

注 定理 1.16 を用いることで，モデル選択の一致性 $\lim_{n\to\infty} \mathrm{P}(\hat{S} = S) = 1$ も示すことができる．実際，$\hat{S} = \{j \mid \hat{\beta}_j^{\mathrm{AL}} \neq 0\}$ とすると，推定量の漸近正規性より，任意の $j \in S$ に対して，$\hat{\beta}_j^{\mathrm{AL}}$ は漸近的に非ゼロ，つまり，$j \in \hat{S}$ が成り立つ．したがって，$\lim_{n\to\infty} \mathrm{P}(\hat{S} \supset S) = 1$ である．一方，スパース性より，任意の $j \in S^c$ に対して，n が十分に大きければ $j \in \hat{S}^c$，つまり $\lim_{n\to\infty} \mathrm{P}(\hat{S}^c \supset S^c) = 1$ となる．よって，$\lim_{n\to\infty} \mathrm{P}(\hat{S} \subset S) = 1$ なので，これらを合わせれば，適応的ラッソ推定量がモデル選択の一致性を持つことがわかる．

1.4.3 R による実行例

人工データを用いた数値実験を通して，エラスティックネットと適応的ラッソがラッソとどのように異なる振る舞いをするのかを確認しよう．

a エラスティックネット

はじめに，ラッソとエラスティックネットによる回帰係数の推定値の非ゼロ個数について説明する．真の回帰係数ベクトル $\boldsymbol{\beta} \in \mathbb{R}^d$ のうち，はじめの $d/2$ 個の変数は $\beta_j = 2$, それ以外は $\beta_j = 0$ であるとする．つまり，$S = \{j \mid \beta_j \neq 0\} = \{1, \ldots, d/2\}$ である．$n = 100$ として，d 次元の説明変数ベクトル $\boldsymbol{x}_1, \ldots, \boldsymbol{x}_n$ を互いに独立に正規分布 $\mathrm{N}(\mathbf{0}, \Sigma)$ からサンプリングする．ここで，$\Sigma = (\rho^{|i-j|})_{i,j=1,\ldots,d}$ とする．次に，目的変数 $y_1, \ldots, y_n$ を互いに独立に，正規分布 $\mathrm{N}(\boldsymbol{x}_i^\top \boldsymbol{\beta}, 1)$ から発生させる．コード 1.3 は，R のパッケージ glmnet を用いたエラスティックネットの実行例である．

コード 1.3　R の関数 glmnet によるエラスティックネットの実行例

```
1  # パッケージの呼び出し
2  library(glmnet)
3  library(MASS)
4
5  # データの生成 (d=100, rho=0.3とした場合)
6  ## 変数の設定
7  n<- 100; d<- 100; rho<- 0.3
8  s<- d/2
9
10 beta<- rep(0, d); beta[1:s]<- 2
11
12 ## エラスティックネットのパラメータ
13 lambda<- 4*sqrt(2*log(d)/n)
14 alpha<- 0.5
15
16 ## 説明変数ベクトルの平均と共分散行列の作成
17 m<- rep(0, d)
```

```
18  tmp<- outer(1:d, 1:d, "-")
19  Sigma<- rho^{abs(tmp)}
20
21  x <- mvrnorm(n, m, Sigma)
22  y <- x %*% beta + rnorm(n, 0, 1)
23
24  # エラスティックネットによるパラメータの推定
25  enet.fit <- glmnet(x, y, family = "gaussian", lambda = lambda ,
26                     alpha = alpha)
```

表 1.1 は，各 d と ρ に対して，推定値の非ゼロ成分 $\{j \mid \hat{\beta}_j \neq 0\}$ の個数を比べたものである．なお，各数値は，1000 回の実験の平均および標準偏差を示しており，定理 1.13 より，ラッソの調整パラメータは $\lambda' = 2\sqrt{2\log(d)/n}$ とした．また，1.4.1 節で述べたように，非ゼロ推定値の個数がある程度同じくらいになるように，エラスティックネットでは $\alpha = 0.5, \lambda = \lambda'/\alpha = 4\sqrt{2\log(d)/n}$ を用いた．

いずれの場合も，推定値の非ゼロ要素数は d が増加するにつれて増えているが，$d = 50, 100$ ならば，非ゼロ推定値の個数はラッソのエラスティックネットでそれほど大きな違いはないことがわかる．しかし，定理 1.4 で述べたように，解が一意に定まる場合には，ラッソでは高々 $\min\{n, d\}$ 個の要素のみが非ゼロと推定される．そのため，エラスティックネットとは異なり，ほとんどの場合，ラッソでは n 個以下の変数のみが非ゼロと推定されていることが見てとれる [*19]．

次に，エラスティックネットのグループ効果を，ラッソとエラスティックネットの解パスを通して比較しよう．Zou (2006) に従い，データの生成を以下のように行う．まず，Z_1, Z_2 を一様分布 $\mathrm{U}(0, 20)$ から独立にサンプリングする．$d = 6$ として，説明変数 $\boldsymbol{x} = (x_1, \ldots, x_6)^\top$ を

表 1.1　ラッソとエラスティックネットによる推定値の非ゼロ成分の個数の比較．各数値は 1000 回のシミュレーションの平均値を表しており，カッコ内の数値は標準偏差である．

ρ		d = 50	100	200	500	1000
0.0	ラッソ	27.099 (1.557)	50.046 (3.628)	69.792 (4.323)	86.281 (3.938)	94.154 (3.831)
	エラスティックネット	27.767 (1.708)	51.702 (3.706)	74.602 (4.720)	96.933 (4.821)	108.424 (5.096)
0.3	ラッソ	25.697 (0.899)	52.326 (2.912)	73.948 (4.076)	90.365 (3.770)	98.038 (4.059)
	エラスティックネット	26.055 (1.078)	53.834 (2.905)	79.393 (4.437)	100.832 (4.599)	111.739 (4.973)
0.6	ラッソ	25.137 (0.372)	50.441 (1.848)	75.650 (3.648)	93.684 (3.760)	102.981 (4.119)
	エラスティックネット	25.246 (0.517)	51.407 (1.747)	81.783 (3.923)	105.041 (4.725)	117.032 (4.994)
0.9	ラッソ	25.200 (0.469)	49.442 (1.191)	76.889 (3.871)	102.530 (5.502)	117.063 (7.058)
	エラスティックネット	25.343 (0.574)	50.328 (0.679)	87.069 (3.481)	119.652 (6.136)	135.682 (6.887)

*19 ただし，実際には数値誤差や，高次元では等相関集合が大きくなったりするので，n 個以上の成分が非ゼロと推定されることもある．

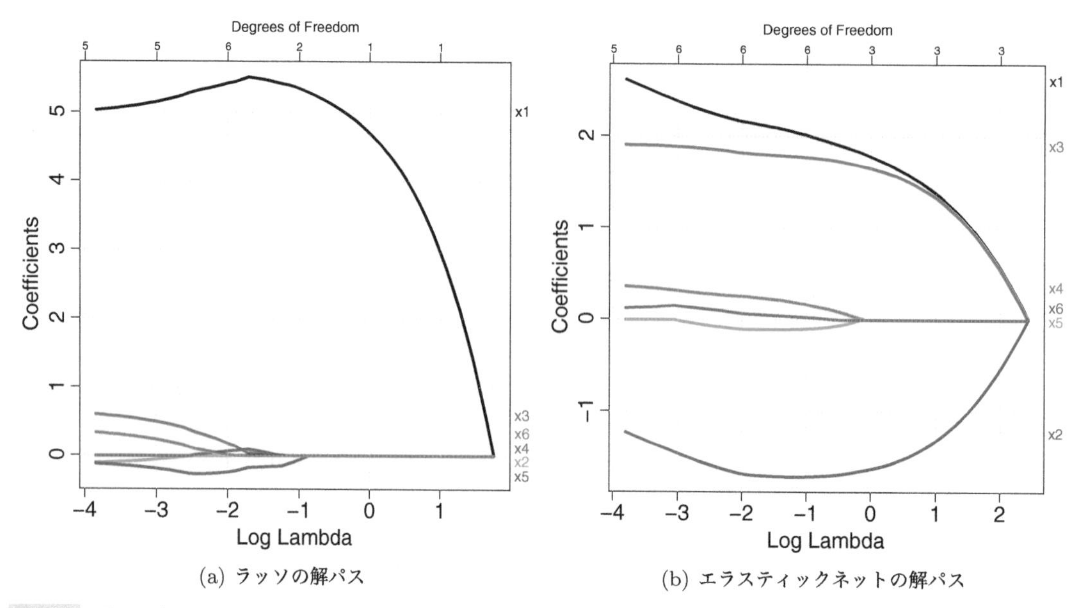

(a) ラッソの解パス　　(b) エラスティックネットの解パス

図 1.13　ラッソとエラスティックネットの解パス．定理 1.15 のグループ効果により，エラスティックネットではほぼ同じタイミングでいくつかの推定値がゼロとなることがわかる．

$$x_1 = Z_1 + \varepsilon_1, \quad x_2 = -Z_1 + \varepsilon_2, \quad x_3 = Z_1 + \varepsilon_3,$$
$$x_4 = Z_2 + \varepsilon_4, \quad x_5 = -Z_2 + \varepsilon_5, \quad x_6 = Z_2 + \varepsilon_6$$

とする．したがって，Z_1 を通して観測される x_1, x_2, x_3 と，Z_2 を通して観測される x_4, x_5, x_6 は，それぞれのグループ内で互いに相関が高い．ただし，各 ε_j は互いに独立に正規分布 $\mathrm{N}(0, 1/16)$ に従うとする．最後に，目的変数 y は $\mathrm{N}(Z_1 + 0.1Z_2, 1)$ から発生させる．このようにして発生させた $n = 100$ 個の $(y_i, \boldsymbol{x}_i)$ に対して，ラッソとエラスティックネットの解パスをプロットしたものが図 1.13 である．図 1.13(b) では，$\log\lambda = -0.08$ 程度でほぼ同時に x_4, x_5, x_6 の推定値がゼロになり，$\log\lambda = 2.43$ 程度で x_1, x_2, x_3 の推定値がゼロとなっている．一方，図 1.13(a) では，それぞれの係数がほぼ同時にゼロとなることはなく，ラッソには定理 1.15 で述べたグループ効果がないことが見てとれる．特に，x_2 から x_6 までの推定値がエラスティックネットの推定値と比べて比較的小さく，x_1 の推定値が比較的大きな値になっている．

b 適応的ラッソ

ラッソの漸近分布については，1.2.3b 節ですでに述べたため，ここでは適応的ラッソの結果についてのみ考察する．まず，適応的ラッソの推定精度について確認しよう．真の回帰係数を $\boldsymbol{\beta} = (-2, 1, -0.5, 0, 0)^\top$ とし，説明変数ベクトル $\boldsymbol{x}_1, \ldots, \boldsymbol{x}_n$ を互いに独立に正規分布 $\mathrm{N}(\boldsymbol{0}, I_5)$ から発生させる．さらに，目的変数 $y_i \sim \mathrm{N}(\boldsymbol{x}_i^\top \boldsymbol{\beta}, 0.3^2)$ は互いに独立であるとする．コード 1.4 は，R のパッケージ `glmnet` を用いた適応的ラッソの実行例である．パラメータ $\hat{w}_j$ は，`glmnet` の引数 `penalty.factor` を指定すればよい．

コード 1.4　R の関数 glmnet による適応的ラッソの実行例

```
# パッケージの呼び出し
library(glmnet)

# データの生成 (n=50とした場合)
## 変数の設定
n<- 50; d<- 5
beta<- c(-2, 1, -0.5, 0, 0)

## 説明変数ベクトルと目的変数の作成
x <- matrix( rnorm(n*d, 0, 1), n, d)
y <- x %*% beta + rnorm(n, 0, 0.3)

x<- scale(x); y<- y-mean(y)

## 適応的ラッソのパラメータ
lambda<- 5 / n^(3 / 4)
ols.fit <- lm(y ~ x)$coef[-1]

# 適応的ラッソによるパラメータの推定
al.fit <- glmnet(x, y, family = "gaussian", lambda = lambda ,
                       alpha = 1, penalty.factor = 1/abs( ols.fit ))
```

適応的ラッソの重みは $\gamma = 1$ として $\hat{w}_j = 1/|\hat{\beta}_j^{\mathrm{OLS}}|$ とする．調整パラメータ λ_n は，サンプルサイズ n に対して $\lambda_1 = 5n^{-2}, \lambda_2 = 5n^{-3/4}$ および $\lambda_3 = 5n^{1/2}$ の 3 通りを考える．なお，λ_1 は $\sqrt{n}\lambda_1 \to 0, n\lambda_1 \to 0$ を満たすため，推定量は一致性を持つが，オラクル性は持たない．また，λ_2 は $\sqrt{n}\lambda_2 \to 0, n\lambda_2 \to \infty$ を満たすため，推定量はオラクル性を持つ．さらに，λ_3 は $\sqrt{n}\lambda_3 \to \infty, n\lambda_3 \to \infty$ なので，推定量は一致性すら持たない．

表 1.2 は，10000 回のシミュレーションを通して得られた適応的ラッソ推定量のバイアスおよびその標準偏差を評価したものである．$\lambda_n = \lambda_1, \lambda_2$ の場合，適応的ラッソ推定量は一致推定量であるから，n が大きくなるにつれ，バイアスと標準偏差が小さくなっていることが見てとれる．$\lambda_n = \lambda_2$ の場合，$\hat{\beta}_1, \hat{\beta}_2, \hat{\beta}_3$ のバイアスは，$\lambda_n = \lambda_1$ の場合と比較するとやや大きくなっているが，これは λ_1 を用いた際の罰則項が非常に小さいことから，より早く最小 2 乗推定量に近づいているためであると考えられる．一方，$\lambda_n = \lambda_3$ の場合は，一致推定量ですらないため，他の 2 つと比べると $\hat{\beta}_1, \hat{\beta}_2, \hat{\beta}_3$ のバイアスが大きいことがわかる．いずれの λ_n に対しても，$\hat{\beta}_4, \hat{\beta}_5$ のバイアスはほとんど差がないよう

表 1.2　調整パラメータを変えたときの適応的ラッソによる推定精度の比較．各数値は 10000 回のシミュレーションの平均値を表しており，カッコ内の数値は標準偏差である．

λ_n	n	$\hat{\beta}_1 - \beta_1$	$\hat{\beta}_2 - \beta_2$	$\hat{\beta}_3 - \beta_3$	$\hat{\beta}_4 - \beta_4$	$\hat{\beta}_5 - \beta_5$
λ_1	50	0.009 (0.208)	−0.005 (0.111)	0.003 (0.067)	0.000 (0.042)	0.000 (0.042)
	100	0.006 (0.144)	−0.004 (0.077)	0.001 (0.047)	0.000 (0.030)	0.000 (0.030)
	1000	0.000 (0.046)	0.000 (0.024)	0.000 (0.015)	0.000 (0.009)	0.000 (0.010)
λ_2	50	0.018 (0.209)	−0.023 (0.113)	0.039 (0.076)	0.000 (0.007)	0.000 (0.007)
	100	0.010 (0.145)	−0.011 (0.078)	0.016 (0.050)	0.000 (0.006)	0.000 (0.006)
	1000	0.000 (0.046)	−0.001 (0.024)	0.001 (0.015)	0.000 (0.002)	0.000 (0.002)
λ_3	50	1.049 (0.672)	−0.879 (0.261)	0.486 (0.069)	0.000 (0.001)	0.000 (0.000)
	100	1.031 (0.649)	−0.877 (0.256)	0.486 (0.067)	0.000 (0.000)	0.000 (0.001)
	1000	1.039 (0.629)	−0.882 (0.250)	0.487 (0.065)	0.000 (0.000)	0.000 (0.000)

に見えるが，$\lambda_1, \lambda_2, \lambda_3$ の順に標準偏差が減っている．これはラッソの場合と同様に，調整パラメータが大きいほど，より多くの成分を正確にゼロと推定しているためであるといえる．

次に，それぞれの λ_n で得られる推定値のモデル選択の精度を確認しよう．いくつの成分が正しくゼロあるいは非ゼロと推定されたかを評価するため，

$$\mathrm{TP} = \frac{|\hat{S} \cap S|}{|S|}, \qquad \mathrm{TN} = \frac{|\hat{S}^c \cap S^c|}{|S^c|}$$

を指標とする．ここで，$S = \{j \mid \beta_j \neq 0\} = \{1, 2, 3\}, \hat{S} = \{j \mid \hat{\beta}_j^{\mathrm{AL}} \neq 0\}$ である．表 1.3 の TP は $\beta_j \neq 0$ であるものを正しく非ゼロ，つまり $\hat{\beta}_j^{\mathrm{AL}} \neq 0$ と推定したものの割合であり，TN は $\beta_j = 0$ であるものを正しくゼロ，つまり $\hat{\beta}_j^{\mathrm{AL}} = 0$ と推定したものの割合を示している．したがって，どちらも 1 に近いほどよいと解釈する [*20]．$\lambda_n = \lambda_1$ の場合，調整パラメータが小さすぎるため，すべての場合で $\mathrm{TP} = 1$ である一方で，$\mathrm{TN} \approx 0$ であるため，S^c を正しく特定できていないことが見てとれる．また，$\lambda_n = \lambda_3$ の場合，調整パラメータが大きいため，S^c はよく特定できている，つまり，$\mathrm{TN} \approx 1$ であるものの，$\mathrm{TP} \approx 0.05$ であるため，$j \in S$ であるものを誤ってゼロと推定してしまうことが多いことがわかる．なお，$\lambda_n = \lambda_2$ の場合は，オラクル性の条件を満たしているため，TP も TN も 1 に近い値をとっていることがわかる．

適応的ラッソでは，オラクル性を保証するために，重み $\hat{w}_j$ が $\hat{w}_j \to 0\ (j \in S^c)$, $\hat{w}_j \not\to 0\ (j \in S)$ を満たすことが重要であり，そのため，$n > d$ の場合には最小 2 乗推定量を用いればよい．ところが，$n < d$ の場合には，このような $\hat{w}_j$ の構成は自明ではない．つまり，一般には，$n < d$ の場合にオラクル性を保証することは困難である．なお，最適化は難しくなるが，**SCAD** (smoothly clipped absolute deviation) (Fan and Li, 2001) や **MCP** (minimax concave penalty) (Zhang, 2010), **bridge 推定** (bridge estimation) (Frank and Friedman, 1993) などの非凸正則化項を罰則項とすることでも推定量のオラクル性を保証することができる．このような非凸正則化項を用いて構成した推定量は，$n > d$ の関係を満たしながら変数 d が n とともに増加するような高次元大標本の設定でも，適当な条件のも

[*20] TP は “true positive”, TN は “true negative” の略である．

表 1.3　調整パラメータを変えたときの適応的ラッソによるモデル選択の精度の比較．各数値は 10000 回のシミュレーションの平均値を表しており，カッコ内の数値は標準偏差である．

		n		
λ_n		50	100	1000
λ_1	TP	1.000 (0.000)	1.000 (0.000)	1.000 (0.000)
	TN	0.004 (0.063)	0.000 (0.014)	0.000 (0.000)
λ_2	TP	1.000 (0.000)	1.000 (0.000)	1.000 (0.000)
	TN	0.947 (0.225)	0.932 (0.251)	0.882 (0.323)
λ_3	TP	0.055 (0.228)	0.057 (0.233)	0.053 (0.224)
	TN	1.000 (0.017)	1.000 (0.017)	1.000 (0.000)

とでオラクル性を持つことが知られている (例えば， Huang and Xie, 2007; Huang et al., 2008).

1.5　モデル選択

これまで，ラッソ (あるいは適応的ラッソ) がよい推定を行うための調整パラメータ λ_n に関する条件について述べた．例えば，$n > d$ の場合には $\sqrt{n}\lambda_n \to \lambda_0$ であれば，ラッソは意味のある漸近分布を持つし，$n < d$ の場合には $\lambda_n \geq 2\sigma\sqrt{2\log d/n}$ であればリスク評価を行うことができた．ところが，実際に解析を行う場合には，λ_n は上記の条件を満たせば何でもよいというわけではなく，λ_n に応じてラッソ推定値は変わるわけだから，適切に選択しなければならない．ただし，主観的に λ_n を選んでしまうと，解析結果に恣意性が残るから，何らかの意味で客観的に選択することが望ましい．以下，調整パラメータを $\lambda_n = \lambda$ とし，ラッソ推定量が λ に依存していることを明示するため，$\hat{\boldsymbol{\beta}}_\lambda$ と表す．

推定のよさの基準として，予測誤差が小さいものほどよいというものがある．つまり，観測データ $(\boldsymbol{y}, X)$ とは別に，同じ回帰モデルから得られるデータ $(\tilde{y}, X)$ があるとする．このとき，観測データから得られるラッソ推定量 $\hat{\boldsymbol{\beta}}_\lambda$ に対して，誤差 $\|\tilde{\boldsymbol{y}} - X\hat{\boldsymbol{\beta}}_\lambda\|_n^2$ が小さくなるようなものがよい推定量であるという考え方である．ここで，$(\tilde{\boldsymbol{y}}, X)$ は将来観測される可能性のあるデータを表している．したがって，上記の誤差は現在のデータを用いて将来のデータに対する当てはまりのよさを測っていると解釈できる．ただし，実際には将来観測されるであろうデータは，現時点では未観測であるから，代わりに予測誤差

$$\mathrm{PSE}(\lambda) = \mathbb{E}[\|\tilde{\boldsymbol{y}} - X\hat{\boldsymbol{\beta}}_\lambda\|_n^2] = \mathbb{E}\left[\frac{1}{n}\sum_{i=1}^{n}(\tilde{y}_i - \boldsymbol{x}_i^\top\hat{\boldsymbol{\beta}}_\lambda)^2\right] \tag{1.30}$$

を評価することで，その基準が最小となるような λ を選択することを考える．ここで，期待値は将来観測されるデータを含めた，全標本に関してとる．本節では，このような基準で調整パラメータ λ を選択するために，交差検証法と情報量規準を用いた λ の選択について述べる．

1.5.1 交差検証法

交差検証法 (cross validation) (Stone, 1974) は汎用的に用いられる手法で，観測データを**訓練集合** (training set) と**検証用集合** (validation set) に分割することで，擬似的に一部のデータを将来のデータとみなすものである．交差検証法による調整パラメータの選択法は次の通りである．

まず，観測データ $\{(y_i, \boldsymbol{x}_i) \mid i = 1, \ldots, n\}$ の添え字 $\{1, \ldots, n\}$ を，同じ大きさの互いに背反な K 個の部分集合 $I_1, \ldots, I_K$ にランダムに分割する [21]．ここで，それぞれの集合の大きさを $n_1, \ldots, n_K$ $(n = n_1 + \cdots + n_K)$ とする．次に，各 k に対して，$I^{(-k)} = \bigcup_{j \neq k} I_j$ を訓練集合，I_k を検証用集合とする．調整パラメータを固定し，訓練集合 $I^{(-k)}$ のみで

$$\min_{\boldsymbol{\beta} \in \mathbb{R}^d} \frac{1}{n - n_k} \sum_{i \in I^{(-k)}} (y_i - \boldsymbol{x}_i^\top \boldsymbol{\beta})^2 + \lambda \|\boldsymbol{\beta}\|_1$$

を解くことで，ラッソ推定値 $\hat{\boldsymbol{\beta}}_\lambda^{(-k)}$ を求める．最後に，検証用集合 I_k に対して，ラッソ推定値 $\hat{\boldsymbol{\beta}}_\lambda^{(-k)}$ の当てはまりのよさを

$$\mathrm{CV}_k(\lambda) = \frac{1}{n_k} \sum_{i \in I_k} (y_i - \boldsymbol{x}_i^\top \hat{\boldsymbol{\beta}}_\lambda^{(-k)})^2$$

で測る．各 k で同じことを繰り返し，交差検証法の誤差

$$\mathrm{CV}(\lambda) = \frac{1}{K} \sum_{k=1}^{K} \mathrm{CV}_k(\lambda)$$

を計算し，$\mathrm{CV}(\lambda)$ の最小値を達成する λ を $\hat{\lambda}$ として選択する．なお，$\mathrm{CV}(\lambda)$ は **CV 誤差** (cross validation error) と呼ばれる．このように，観測データを K 個の部分集合に分割して行う交差検証法は **K 分割交差検証法** (K-fold cross validation) と呼ばれる [22]．特に，$K = n$，つまり，データを一つずつ抜いて交差検証法を行う方法を**一つ抜き交差検証法** (leave-one-out cross validation) と呼ぶ．図 1.14 に，交差検証のイメージを示す．

a Rによる実行例

`glmnet` を用いた交差検証法の実行例を説明しよう．データは UCI のマシンラーニングリポジトリ [23] にあるスランプ試験のデータセット (Concrete Slump Test Data Set) を用いる．スランプ試験とは，凝固前の生コンクリートの流動性を示すスランプ値やスランプフローを求めるための試験であり，説明変数はセメント量，鉱滓(こうさい)量，飛散灰量，水分量，減水剤量，粗骨材量，細骨材量の 7 変数であり，いずれも測定単位は $\mathrm{kg/m^3}$ である．オリジナルのデータには，3 種類の目的変数があるが，ここではスランプフロー (`cm`) を目的変数として扱う．なお，サンプルサイズは $n = 103$ である．コード 1.5

[21] サンプルサイズ n が K で割り切れない場合，あまりの部分をランダムに $I_1, \ldots, I_K$ のいずれかに振り分ける．
[22] $K = 5$ や 10 がしばしば用いられる．
[23] `https://archive.ics.uci.edu/ml/index.php`

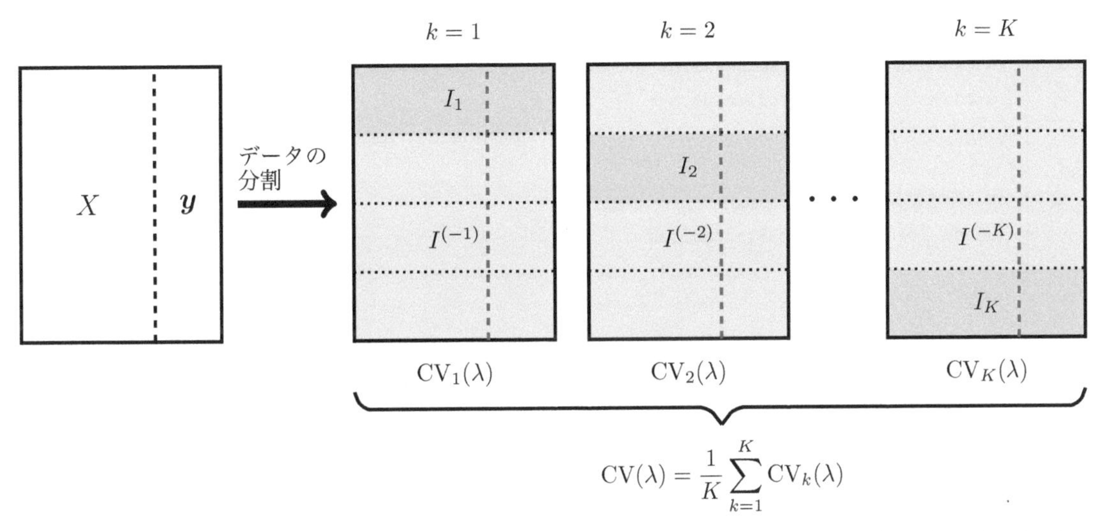

図 1.14　交差検証法のイメージ．分割したデータに対してそれぞれ CV_k を計算し，これらの平均が最も小さくなるような λ を調整パラメータとして用いる．

は，glmnet を用いた 10 分割交差検証法の実行例である．一つ抜き交差検証法を行う場合には，13 行目の nfolds=10 の部分を nfolds=nrow(x) などとすればよい．ただし，この場合は grouped=FALSE も引数に加える必要がある．なお，K 分割交差検証法では，ランダムにデータの添え字集合を分割するため，用いる乱数によって結果が変わりうるので注意する．

コード 1.5　R の関数 cv.glmnet による交差検証法の実行例

```
1  # パッケージの呼び出し
2  library(glmnet)
3
4  # データの読み込み（1行目はデータの番号なので，あらかじめ取り除く）
5  url<- "https://archive.ics.uci.edu/ml/machine-learning-databases/concrete/slump/slump_test
       .data"
6  data<- read.csv(url, header=TRUE)[, -1]
7
8  # 説明変数ベクトルと目的変数の作成
9  x <- data[, 1:7]; x <- scale(x)
10 y <- data$FLOW.cm; y <- y - mean(y)
11
12 # 10分割交差検証法によるCV 誤差のプロット
13 cv.lasso <- cv.glmnet(x, y, family = "gaussian", alpha = 1, nfolds = 10)
14 plot(cv.lasso)
15
```

```
16  # 選択したlambda を用いたラッソ推定値の計算
17  ## CV 誤差を最小にする lambda を用いた場合
18  lambda.min <- cv.lasso$lambda.min
19  glmnet(x, y, family = "gaussian", lambda = lambda.min , alpha = 1)$beta
20
21  ## 1標準誤差基準によるlambda を用いた場合
22  lambda.1se <- cv.lasso$lambda.1se
23  glmnet(x, y, family = "gaussian", lambda = lambda.1se , alpha = 1)$beta
```

関数 plot を用いることで，図 1.15 のように，CV 誤差をプロットすることができる．図 1.15(a) は 10 分割交差検証法を用いた場合のプロット，図 1.15(b) は一つ抜き交差検証法を用いた場合のプロットを示している．横軸は $\log\lambda$ の値，縦軸は CV 誤差を示しており，上側にある数字は各 λ に対応するラッソ推定値の非ゼロ成分の個数を表している．また，エラーバーは，各 λ における CV 誤差 $\pm$ 標準誤差を示している．なお，$\mathrm{CV}_1(\lambda), \dots, \mathrm{CV}_K(\lambda)$ の標本分散を

$$\hat{\sigma}(\lambda)^2 = \frac{1}{K-1}\sum_{k=1}^{K}(\mathrm{CV}_k(\lambda) - \mathrm{CV}(\lambda))^2$$

としたとき，CV 誤差の標準誤差は $\widehat{\mathrm{se}}(\lambda) = \hat{\sigma}(\lambda)/\sqrt{K}$ で定義される．さらに，左側の点線は CV 誤差 $\mathrm{CV}(\lambda)$ を最小にする $\hat{\lambda}$ を用いたときの $\log\hat{\lambda}$ の値を示しており，右側の点線は

$$\mathrm{CV}(\lambda) \leq \mathrm{CV}(\hat{\lambda}) + \widehat{\mathrm{se}}(\hat{\lambda})$$

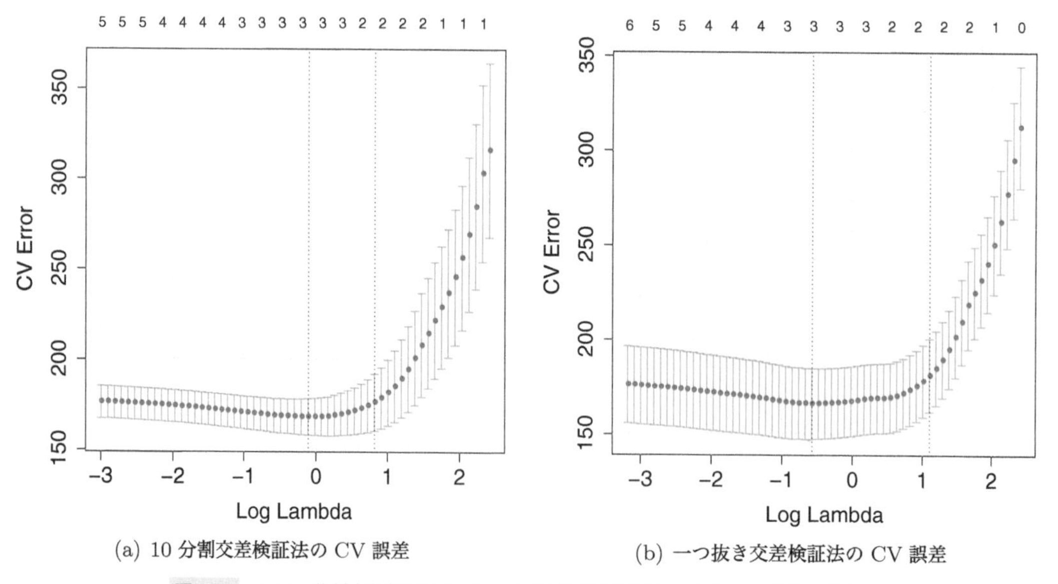

(a) 10 分割交差検証法の CV 誤差　(b) 一つ抜き交差検証法の CV 誤差

図 1.15　(a)10 分割交差検証法と (b) 一つ抜き交差検証法による CV 誤差の比較．

を満たす最大の λ に対応する $\log \lambda$ の値を示している．直感的には，CV 誤差が多少大きくなることを許して解釈のしやすい，よりシンプルな，つまり，よりスパースなモデルを選ぼうということである．この基準によって λ を選択することを**1 標準誤差基準** (one standard error rule) と呼ぶ．

10 分割交差検証法 (10-fold) と一つ抜き交差検証法 (loo) を用いて，CV 誤差を最小にする λ を選んだ場合 (min CV) と 1 標準誤差基準で選んだ場合 (1se 基準) のラッソ推定値を求めると，表 1.4 のようになった．なお，表に含まれない変数については，いずれの方法でも正確にゼロと推定されたため，省略している．図 1.15 の CV 誤差のプロットはやや異なるものの，10-fold と loo で選択した λ を用いて得られた推定値の非ゼロ成分は同じであることがわかる．推定値の値を見てみると，鉱滓量の符号は負，水分量の符号は正であるから，水分量が大きいとスランプフローの値は大きくなることがわかる [*24]．また，細骨材量が多いとスランプフローも大きくなるが，水分量と比べて推定値の値が小さいので，1se 基準を用いてよりシンプルなモデルを選ぶ場合には，ゼロと推定されることがわかる．

表 1.4　選択された λ を用いたときのラッソ推定値の比較．$\lambda, \mathrm{CV}(\lambda)$ は選択された調整パラメータと，対応する CV 誤差である．10-fold, loo はそれぞれ，10 分割交差検証法，一つ抜き交差検証法を表している．また，min CV は CV 誤差を最小とする λ を選択した場合，1se 基準は 1 標準誤差基準によって λ を選択することを意味している．

		λ	$\mathrm{CV}(\lambda)$	鉱滓量	水分量	細骨材量
10-fold	min CV	0.896	167.617	−4.494	10.029	0.470
	1se 基準	2.272	175.706	−3.232	8.734	0.000
loo	min CV	0.563	165.751	−4.775	10.328	0.719
	1se 基準	3.004	180.824	−2.516	8.018	0.000

b 交差検証法の性質

交差検証法が，訓練集合と検証用集合に分けることで擬似的に将来観測されるデータを模倣することで，予測誤差を近似できることは直感的にはわかりやすいが，ここではもう少し数理的な理解を深めよう．以降，回帰モデル $y_i = \boldsymbol{x}_i^\top \boldsymbol{\beta} + \varepsilon_i$ において，誤差は独立であり $\mathbb{E}[\varepsilon_i] = 0, \mathbb{V}[\varepsilon_i] = \sigma^2$ を満たすとする．また，将来観測されるデータ $\tilde{y}_i = \boldsymbol{x}_i^\top \boldsymbol{\beta} + \tilde{\varepsilon}_i$ についてもまた，$\mathbb{E}[\tilde{\varepsilon}_i] = 0, \mathbb{V}[\tilde{\varepsilon}_i] = \sigma^2$ を満たすとする．ただし，$\tilde{\varepsilon}_1, \ldots, \tilde{\varepsilon}_n$ は $\varepsilon_1, \ldots, \varepsilon_n$ とは互いに独立であるとする．

まず，CV 誤差の期待値 $\mathbb{E}[\mathrm{CV}(\lambda)]$ が予測誤差 (1.30) を近似していることを説明する．簡単のため，$K = n$，つまり一つ抜き交差検証の場合を考える．このとき，CV 誤差は

$$\mathrm{CV}(\lambda) = \frac{1}{n} \sum_{i=1}^{n} (y_i - \boldsymbol{x}_i^\top \hat{\boldsymbol{\beta}}_\lambda^{(-i)})^2$$

とかける．ただし，$\hat{\boldsymbol{\beta}}_\lambda^{(-i)}$ は i 番目の標本 $(y_i, \boldsymbol{x}_i)$ を除いた $n-1$ 個の観測データによるラッソ推定値である．このとき，CV 誤差の期待値は

[*24] スランプフローとは，試験前後で生コンクリートがどの程度広がったかを測るための尺度であり，水分が多いと流動性が高いのは当然と考えられる．

$$
\begin{aligned}
\mathbb{E}[\mathrm{CV}(\lambda)] &= \frac{1}{n}\sum_{i=1}^{n}\mathbb{E}[(y_i - \boldsymbol{x}_i^\top \hat{\boldsymbol{\beta}}_\lambda^{(-i)})^2] \\
&= \frac{1}{n}\sum_{i=1}^{n}\mathbb{E}[\varepsilon_i^2] - \frac{2}{n}\sum_{i=1}^{n}\mathbb{E}[\varepsilon_i \boldsymbol{x}_i^\top (\hat{\boldsymbol{\beta}}_\lambda^{(-i)} - \boldsymbol{\beta})] + \frac{1}{n}\sum_{i=1}^{n}\mathbb{E}[\{\boldsymbol{x}_i^\top (\hat{\boldsymbol{\beta}}_\lambda^{(-i)} - \boldsymbol{\beta})\}^2] \\
&= \sigma^2 + \frac{1}{n}\sum_{i=1}^{n}\mathbb{E}[\{\boldsymbol{x}_i^\top (\hat{\boldsymbol{\beta}}_\lambda^{(-i)} - \boldsymbol{\beta})\}^2]
\end{aligned}
$$

となる．ここで，第 2 項で

$$
\mathbb{E}[\varepsilon_i \boldsymbol{x}_i^\top (\hat{\boldsymbol{\beta}}_\lambda^{(-i)} - \boldsymbol{\beta})] = \mathbb{E}\left[\mathbb{E}[\varepsilon_i \boldsymbol{x}_i^\top (\hat{\boldsymbol{\beta}}_\lambda^{(-i)} - \boldsymbol{\beta}) \mid \varepsilon_j,\ j \neq i]\right] = 0
$$

となることを用いた．同様に，予測誤差は

$$
\mathrm{PSE}(\lambda) = \frac{1}{n}\sum_{i=1}^{n}\mathbb{E}[(\tilde{y}_i - \boldsymbol{x}_i^\top \hat{\boldsymbol{\beta}}_\lambda)^2] = \sigma^2 + \frac{1}{n}\sum_{i=1}^{n}\mathbb{E}[\{\boldsymbol{x}_i^\top (\hat{\boldsymbol{\beta}}_\lambda - \boldsymbol{\beta})\}^2]
$$

となる．したがって，データを 1 個抜いた程度ではラッソ推定値は大きく変わらない，つまり，$\hat{\boldsymbol{\beta}}_\lambda^{(-i)} \approx \hat{\boldsymbol{\beta}}_\lambda$ であると考えれば [*25]，$\mathbb{E}[\{\boldsymbol{x}_i^\top (\hat{\boldsymbol{\beta}}_\lambda^{(-i)} - \boldsymbol{\beta})\}^2] \approx \mathbb{E}[\{\boldsymbol{x}_i^\top (\hat{\boldsymbol{\beta}}_\lambda - \boldsymbol{\beta})\}^2]$ なので，

$$
\begin{aligned}
\mathbb{E}[\mathrm{CV}(\lambda)] &= \sigma^2 + \frac{1}{n}\sum_{i=1}^{n}\mathbb{E}[\{\boldsymbol{x}_i^\top (\hat{\boldsymbol{\beta}}_\lambda^{(-i)} - \boldsymbol{\beta})\}^2] \\
&\approx \sigma^2 + \frac{1}{n}\sum_{i=1}^{n}\mathbb{E}[\{\boldsymbol{x}_i^\top (\hat{\boldsymbol{\beta}}_\lambda - \boldsymbol{\beta})\}^2] = \mathrm{PSE}(\lambda)
\end{aligned}
$$

となる．この意味で，CV 誤差 $\mathrm{CV}(\lambda)$ は予測誤差 $\mathrm{PSE}(\lambda)$ の推定量であると解釈できる．

1.5.2 情報量規準

予測 2 乗誤差 $\mathrm{PSE}(\lambda)$ をデータ $(\boldsymbol{y}, X)$ から直接推定しようとした場合，その自然な推定量として，$\|\boldsymbol{y} - X\hat{\boldsymbol{\beta}}_\lambda\|_n^2$ を用いることが考えられる．しかし，実際にこの推定量を用いて予測 2 乗誤差を推定した場合，バイアスが生じてしまう．つまり，

$$
\mathrm{PSE}(\lambda) = \mathbb{E}[\|\boldsymbol{y} - X\hat{\boldsymbol{\beta}}_\lambda\|_n^2] + \mathbb{E}\left[\|\tilde{\boldsymbol{y}} - X\hat{\boldsymbol{\beta}}_\lambda\|_n^2 - \|\boldsymbol{y} - X\hat{\boldsymbol{\beta}}_\lambda\|_n^2\right]
$$

としたときの，第 2 項がバイアスの期待値となる．いま，$\boldsymbol{y}$ と $\tilde{\boldsymbol{y}}$ は同じ回帰モデルから独立に発生しているため，$\mathbb{E}[\boldsymbol{\varepsilon}] = \mathbb{E}[\tilde{\boldsymbol{\varepsilon}}]$ である．したがって，

$$
\mathbb{E}[\tilde{\boldsymbol{\varepsilon}}^\top (X\hat{\boldsymbol{\beta}}_\lambda - X\boldsymbol{\beta})] = \mathbb{E}[\mathbb{E}[\tilde{\boldsymbol{\varepsilon}}^\top (X\hat{\boldsymbol{\beta}}_\lambda - X\boldsymbol{\beta})] \mid \varepsilon_1, \ldots, \varepsilon_n] = 0
$$

であることに注意すれば，

[*25] サンプルサイズ n が十分に大きければこの近似は妥当である．一方，n が小さい場合や，d が大きな場合にはこの近似は保証されず，さらなるバイアス補正が要求される．

$$\mathbb{E}\left[\|\tilde{\boldsymbol{y}} - X\hat{\boldsymbol{\beta}}_\lambda\|_n^2 - \|\boldsymbol{y} - X\hat{\boldsymbol{\beta}}_\lambda\|_n^2\right] = \mathbb{E}\left[\|\tilde{\boldsymbol{\varepsilon}} - (X\hat{\boldsymbol{\beta}}_\lambda - X\boldsymbol{\beta})\|_n^2 - \|\boldsymbol{\varepsilon} - (X\hat{\boldsymbol{\beta}}_\lambda - X\boldsymbol{\beta})\|_n^2\right]$$
$$= \frac{2}{n}\mathbb{E}[\boldsymbol{\varepsilon}^\top (X\hat{\boldsymbol{\beta}}_\lambda - X\boldsymbol{\beta})]$$

であるから,

$$\mathrm{PSE}(\lambda) = \mathbb{E}\left[\|\boldsymbol{y} - X\hat{\boldsymbol{\beta}}_\lambda\|_n^2 + \frac{2}{n}\boldsymbol{\varepsilon}^\top (X\hat{\boldsymbol{\beta}}_\lambda - X\boldsymbol{\beta})\right]$$

となる．そこで，$\mathrm{df}(\lambda) = \mathbb{E}[\boldsymbol{\varepsilon}^\top (X\hat{\boldsymbol{\beta}}_\lambda - X\boldsymbol{\beta})]/\sigma^2$ を何らかの方法で推定し $\widehat{\mathrm{df}}(\lambda)$ とすれば,

$$\mathrm{C_p}(\lambda) = \|\boldsymbol{y} - X\hat{\boldsymbol{\beta}}_\lambda\|_n^2 + \frac{2\sigma^2}{n}\widehat{\mathrm{df}}(\lambda)$$

は予測 2 乗誤差の不偏推定量となる．モデルの評価基準として予測 2 乗誤差の不偏推定量を用いる場合，その基準は **$\mathbf{C_p}$ 型の情報量規準** ($\mathrm{C_p}$ type information criterion) と呼ばれる．**情報量規準** (information criterion) は，数理統計の分野では中心的な役割を果たすモデル選択基準の一つである[*26]．また，$\mathrm{df}(\lambda)$ は**自由度** (degrees of freedom) と呼ばれ，推定した $\hat{\boldsymbol{\beta}}_\lambda$ に対してモデルが複雑になりすぎないような罰則であると解釈される．情報量規準は予測 2 乗誤差の推定量なので，その値が小さなモデルほどよいと考える．

以下，誤差 $\varepsilon_1, \ldots, \varepsilon_n$ は互いに独立に正規分布 $\mathrm{N}(0, \sigma^2)$ に従うとする．$\lambda = 0$ の場合，$\hat{\boldsymbol{\beta}}_0$ は最小 2 乗推定量 $\hat{\boldsymbol{\beta}}^{\mathrm{OLS}}$ となり，$\mathrm{rank}(X) = d$，つまり，$X^\top X$ が逆行列を持てば，自由度 $\mathrm{df} = \mathrm{df}(0)$ は次のように評価できる．

定理 1.17　マローズの $\mathrm{C_p}$ 基準 (Mallows, 1973)

$\lambda = 0$ とする．$\mathrm{rank}(X) = d$ ならば，$\mathrm{df} = d$ が成り立つ．このとき，

$$\mathrm{C_p} = \|\boldsymbol{y} - X\hat{\boldsymbol{\beta}}^{\mathrm{OLS}}\|_n^2 + \frac{2\sigma^2}{n}d$$

は**マローズの $\mathbf{C_p}$ 基準** (Mallows's $\mathrm{C_p}$ criterion) と呼ばれ，予測誤差の不偏推定量となる．

証明 $\hat{\boldsymbol{\beta}}^{\mathrm{OLS}} = (X^\top X)^{-1}X^\top \boldsymbol{y} = \boldsymbol{\beta} + (X^\top X)^{-1}X^\top \boldsymbol{\varepsilon}$ だから，$P = X(X^\top X)^{-1}X^\top$ とすれば,

$$\mathbb{E}[\boldsymbol{\varepsilon}^\top (X\hat{\boldsymbol{\beta}}^{\mathrm{OLS}} - X\boldsymbol{\beta})] = \mathbb{E}[\boldsymbol{\varepsilon}^\top P\boldsymbol{\varepsilon}] = \mathrm{tr}\left(P\mathbb{E}[\boldsymbol{\varepsilon}\boldsymbol{\varepsilon}^\top]\right) = \sigma^2\mathrm{tr}(P) = \sigma^2 d$$

より主張が成立する． ■

$\mathrm{C_p}$ 基準を用いてモデル選択を行う場合，候補モデル $J \subseteq \{1, \ldots, d\}$ のそれぞれに対して $\mathrm{C_p}(J)$ を

[*26] より一般に，情報量規準とは確率モデルと真のモデルとのズレを評価する尺度である．例えば，**AIC** (Akaike's information criterion) はカルバック・ライブラー情報量の (漸近) 不偏推定量として定義され，**BIC** (Bayesian information criterion) はベイズ因子の最大化によって導出される．これらの情報量規準の詳細については小西・北川 (2004) を参照されたい．

計算し，その値が最小となる変数の組合せを最良のモデルとして選択する．つまり，J に含まれる変数のみを用いて構成した最小 2 乗推定量を $\hat{\boldsymbol{\beta}}_J^{\mathrm{OLS}}$ としたとき，

$$\mathrm{C_p}(J) = \|\boldsymbol{y} - X_J \hat{\boldsymbol{\beta}}_J^{\mathrm{OLS}}\|_n^2 + \frac{2\sigma^2}{n}|J|$$

を最小にする $\hat{J}$ を選択する．候補モデルの中から $\mathrm{C_p}(J)$ が最小となる変数の組合せを選択することから，この方法は**最良部分集合選択** (best subset selection) と呼ばれ，モデルに制限をおかない場合，2^d 個のモデルを比較することになる．さらに，$\mathrm{C_p}(J)$ を最小にするモデルから得られる最小 2 乗推定量は，

$$\min_{\boldsymbol{\beta} \in \mathbb{R}^d} \|\boldsymbol{y} - X\boldsymbol{\beta}\|_n^2 + \frac{2\sigma^2}{n}\|\boldsymbol{\beta}\|_0$$

の最小化点として与えられる．ここで，$\|\boldsymbol{\beta}\|_0 = \sum_{j=1}^d I\{\beta_j \neq 0\}$ は $\boldsymbol{\beta}$ の非ゼロ要素の個数 (ℓ_0 ノルム [*27] とも呼ばれる) を表しており，この最適化問題は ℓ_0 最適化とも呼ばれる．また，$\lambda_n = 2\sigma^2/n$ とすれば，ラッソとの違いは罰則項として ℓ_0 ノルムを用いるか ℓ_1 ノルムを用いるかである．

注 定理 1.17 では，実際には正規性の仮定は不要である．また，分散 σ^2 が未知の場合は，適当な推定量 $\hat{\sigma}^2$, 例えば，フルモデルの分散の推定量 $\|\boldsymbol{y} - X\hat{\boldsymbol{\beta}}^{\mathrm{OLS}}\|_n^2$ で置き換える．

a ラッソの自由度

ラッソの自由度は $\mathrm{df}(\lambda) = \mathbb{E}[|\hat{S}|]$ となる．ここで，$\hat{S} = \{j \mid \hat{\beta}_{\lambda,j} \neq 0\}$ は調整パラメータ λ におけるラッソ推定量の非ゼロ成分を表している．したがって，

$$\mathrm{C_p}(\lambda) = \|\boldsymbol{y} - X\hat{\boldsymbol{\beta}}_\lambda\|_n^2 + \frac{2\sigma^2}{n}|\hat{S}| \tag{1.31}$$

は予測 2 乗誤差の不偏推定量である．マローズの $\mathrm{C_p}$ 基準との違いは，ラッソの自由度が推定された非ゼロ成分の個数 $|\hat{S}|$ で与えられることである．これは定理 1.13 の M において，目的関数の罰則に候補モデル J の大きさ $|J|$ が現れたことと類似している．

ラッソの自由度が $\mathrm{df}(\lambda) = \mathbb{E}[|\hat{S}|]$ となることについて説明しよう．簡単のため，$z_i \sim \mathrm{N}(0,1)$ に対して，誤差項を $\varepsilon_i = \sigma z_i$ と変数変換し，$\boldsymbol{\mu} = X\boldsymbol{\beta}$ とする．また，$\hat{\boldsymbol{\beta}}_\lambda$ が $\boldsymbol{z}$ の関数であることに注意し，$\hat{\boldsymbol{\mu}}_\lambda(\boldsymbol{z}) = X\hat{\boldsymbol{\beta}}_\lambda$ とする．$\hat{\boldsymbol{\mu}}_\lambda(\boldsymbol{z})$ の，$\boldsymbol{z}$ に関する微小変化を評価することで，次の定理が得られる．

定理 1.18　ラッソの自由度 (Efron et al., 2004; Zou et al., 2007)

$\boldsymbol{z} \sim \mathrm{N}(\boldsymbol{0}, I_n)$ とする．このとき，$X_{\hat{S}}$ が列フルランクならば，

$$\mathrm{df}(\lambda) = \mathbb{E}[|\hat{S}|]$$

が成り立つ．ただし，$\hat{S} = \{j \mid \hat{\beta}_{\lambda,j} \neq 0\}$ である．

[*27] 正確には，任意の $\alpha \in \mathbb{R}$ に対して，$\|\alpha\boldsymbol{\beta}\|_0 \neq |\alpha|\|\boldsymbol{\beta}\|_0$ であるから，本来の意味でのノルムではない．

証明は 1.6.2 節を参照されたい．定理 1.18 より，$\hat{\mathrm{df}}(\lambda) = |\hat{S}|$ とすることで式 (1.31) を最小にする λ をモデル選択基準として用いる．

b R による実行例

情報量規準 (1.31) によるモデル選択のよさを検証するため，簡単な数値実験を行おう．まず，情報量規準 (1.31) と交差検証法による λ の選択の違いについて確認する．$\Sigma = (0.5^{|i-j|})_{i,j=1,\ldots,d}$ に対して，d 次元の説明変数を独立に $\boldsymbol{x}_i \sim \mathrm{N}(\boldsymbol{0}, \Sigma)$ として $n = 100$ 個発生させる．d 次元のパラメータ $\boldsymbol{\beta}$ は，はじめの s 個が非ゼロとし，独立に $\mathrm{U}(-1, 1)$ から発生させる．最後に，$\sigma = 2$ として，$y_i \sim \mathrm{N}(\boldsymbol{x}_i^\top \boldsymbol{\beta}, \sigma^2)$ を独立に発生させる．

R の関数 `glmnet` を用いて，情報量規準 (1.31) を計算する場合，`glmnet` の出力の `df`, `nulldev` および `dev.ratio` を用いると便利である．`df` は各 λ におけるラッソ推定値 $\hat{\boldsymbol{\beta}}_\lambda$ の非ゼロ成分の個数，つまり，$|\hat{S}|$ を出力する．また，線形回帰モデルの場合，`nulldev` と `dev.ratio` はそれぞれ

$$\texttt{nulldev} = \sum_{i=1}^{n} (y_i - \bar{y})^2, \qquad \texttt{dev.ratio} = 1 - \frac{\|\boldsymbol{y} - X\hat{\boldsymbol{\beta}}_\lambda\|_2^2}{\texttt{nulldev}}$$

を出力する．したがって，情報量規準 (1.31) は

$$\mathrm{C_p}(\lambda) = \|\boldsymbol{y} - X\hat{\boldsymbol{\beta}}_\lambda\|_n^2 + \frac{2\sigma^2}{n}|\hat{S}| = \frac{1}{n}(1 - \texttt{dev.ratio}) \times \texttt{nulldev} + \frac{2\sigma^2}{n}\texttt{df}$$

として計算できる．コード 1.6 は，情報量規準によるラッソのモデル選択の実行例である．

コード 1.6　R の関数 glmnet を用いた情報量規準によるモデル選択の実行例

```
1  # パッケージの呼び出し
2  library(glmnet)
3  library(MASS)
4  
5  # データの生成
6  ## 変数の設定
7  n<- 100; d<- 20; s<- 10
8  beta<- rep(0, d); beta[1:s]<- runif(s, -1, 1)
9  
10 ## 説明変数ベクトルと目的変数の作成
11 sig<- 2; tmp<- outer(1:d, 1:d, "-"); Sig<- 0.5^{abs(tmp)}
12 x <- mvrnorm(n, rep(0, d), Sig); x<- scale(x)
13 y <- x %*% beta + rnorm(n, 0, sig); y<- y - mean(y)
14 
15 # 情報量規準によるモデル選択
```

```
16  fit<- glmnet(x, y, family="gaussian", alpha=1)
17  cp<- (1 - fit$dev.ratio) * fit$nulldev / n + 2 * sig^2 / n * fit$df
18
19  # 結果のプロット
20  lambda<- fit$lambda
21  plot(log(lambda), cp, type="b")
```

図 1.16 は $\log\lambda$ に対して，情報量規準 (1.31) の値，一つ抜き交差検証法の CV 誤差および 5 分割交差検証法の CV 誤差をプロットしたものである．図 1.16(a) は $d=20, s=10$ の場合の結果を示しており，5 分割交差検証がやや大きな λ を選択しているものの，情報量規準 (1.31) と一つ抜き交差検証法の CV 誤差はだいたい同じくらいの λ を選択している．一方，図 1.16(b) は $d=200, s=50$ の場合の結果を示している．情報量規準 (1.31) や 5 分割交差検証法の CV 誤差と比較して，一つ抜き交差検証法の CV 誤差は非常に小さな λ を選択しており，モデルに対して過適合している可能性が示唆される．

表 1.5 は同じ設定で λ の選択を 10000 回行った場合の平均および標準偏差を示している．情報量規準 (1.31)，一つ抜き交差検証法および 5 分割交差検証法のそれぞれで選択された $\hat{\lambda}$ に対して，誤差 $\mathrm{Err}=\|\boldsymbol{y}-X\hat{\boldsymbol{\beta}}_{\hat{\lambda}}\|_n^2$ およびモデルの大きさ $|\hat{S}|$ を比較している．$d=20, s=10$ の場合，選択されたモデルの大きさは，いずれの手法でもそれほど差はないものの，誤差 Err は情報量規準によるものが最も小さいことが見てとれる．一方，$d=200, s=50$ の場合，交差検証によるモデル選択では，情報

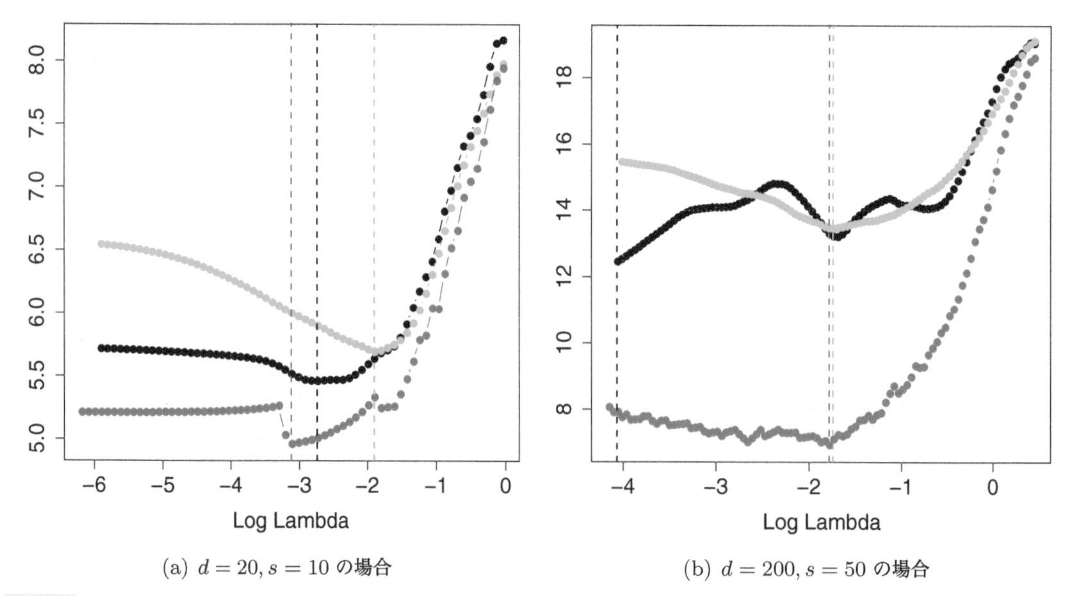

(a) $d=20, s=10$ の場合　(b) $d=200, s=50$ の場合

図 1.16　情報量規準 (1.31) の値 (赤点)，一つ抜き交差検証法の CV 誤差 (黒点) および 5 分割交差検証法の CV 誤差 (緑点) のプロット．破線はそれぞれの値が最小になった点を示している．

表 1.5　各モデル選択手法の誤差 $\mathrm{Err} = \|\boldsymbol{y} - X\hat{\boldsymbol{\beta}}_{\hat{\lambda}}\|_n^2$ およびモデルの大きさ $|\hat{S}|$ の比較．表中の数値は 10000 回の繰り返しによる平均および標準偏差を示している．

				交差検証法	
d	s		情報量規準	一つ抜き	5 分割
20	10	Err	3.429 (0.548)	3.467 (0.641)	3.557 (0.684)
		$\|\hat{S}\|$	12.320 (3.442)	12.346 (3.723)	12.184 (3.933)
200	50	Err	1.599 (0.681)	2.589 (2.171)	3.830 (2.364)
		$\|\hat{S}\|$	58.692 (10.252)	53.945 (20.853)	43.821 (16.881)

量規準と比べて $|\hat{S}|$ のばらつきが大きい．これは，図 1.16(b) のように極端な λ を選択してしまうためだと考えられ，誤差 Err も情報量規準で選択したものと比較すると大きな値となっている．

1.6　補足

1.6.1　定理 1.13 の証明

$\boldsymbol{z} \sim \mathrm{N}(\boldsymbol{0}, I_n)$ に対して $\boldsymbol{\varepsilon} = \sigma\boldsymbol{z}$ とし，$f(\boldsymbol{\varepsilon})$ を $\boldsymbol{z}$ の関数として，あらためて次のように定義する．

$$f(\boldsymbol{z}) = \max_{\boldsymbol{\eta}:\|X\boldsymbol{\eta}\|_n=1} \left\{ \frac{\sigma}{n}\boldsymbol{z}^\top X\boldsymbol{\eta} + \lambda_n\|\boldsymbol{\eta}_J\|_1 - \lambda_n\|\boldsymbol{\eta}_{J^c}\|_1 \right\}$$

Step 1. $f(\boldsymbol{z})$ が $\sigma/\sqrt{n}$-リプシッツ連続であることを示す．各 $\boldsymbol{\eta}$ に対して

$$f_{\boldsymbol{\eta}}(\boldsymbol{z}) = \frac{\sigma}{n}\boldsymbol{z}^\top X\boldsymbol{\eta} + \lambda_n\|\boldsymbol{\eta}_J\|_1 - \lambda_n\|\boldsymbol{\eta}_{J^c}\|_1$$

とし，$\hat{\boldsymbol{\eta}}$ を $\|X\hat{\boldsymbol{\eta}}\|_n = 1$ を満たす $f_{\boldsymbol{\eta}}(\boldsymbol{z})$ の最大化点とする．したがって，

$$f(\boldsymbol{z}) = \max_{\boldsymbol{\eta}:\|X\boldsymbol{\eta}\|_n=1} f_{\boldsymbol{\eta}}(\boldsymbol{z}) = f_{\hat{\boldsymbol{\eta}}}(\boldsymbol{z}), \qquad f(\boldsymbol{z}') = \max_{\boldsymbol{\eta}:\|X\boldsymbol{\eta}\|_n=1} f_{\boldsymbol{\eta}}(\boldsymbol{z}') \geq f_{\hat{\boldsymbol{\eta}}}(\boldsymbol{z}'), \quad \forall \boldsymbol{z}'$$

が成立する．このとき，$\|X\hat{\boldsymbol{\eta}}\|_n = 1$，つまり，$\|X\hat{\boldsymbol{\eta}}\|_2 = \sqrt{n}$ であることに注意すれば，コーシー・シュワルツの不等式より，

$$f(\boldsymbol{z}) - f(\boldsymbol{z}') \leq f_{\hat{\boldsymbol{\eta}}}(\boldsymbol{z}) - f_{\hat{\boldsymbol{\eta}}}(\boldsymbol{z}') = \frac{\sigma}{n}(\boldsymbol{z} - \boldsymbol{z}')^\top X\hat{\boldsymbol{\eta}} \leq \frac{\sigma}{\sqrt{n}}\|\boldsymbol{z} - \boldsymbol{z}'\|_2$$

が成り立つ．$\boldsymbol{z}$ と $\boldsymbol{z}'$ の役割を入れ替えれば，$f(\boldsymbol{z})$ が $\sigma/\sqrt{n}$-リプシッツ連続であることがわかる．

Step 2. $\mathrm{med}[f(\boldsymbol{z})] \leq M'$ を満たす M' を見つける．$U_j = \sum_{i=1}^n \sigma x_{ij} z_i / n$ とすると，

$$\frac{\sigma}{n}\boldsymbol{z}^\top X\boldsymbol{\eta} \leq \max_{1\leq j\leq d} |U_j|\|\boldsymbol{\eta}\|_1$$

が成り立つ．一方，$\|\boldsymbol{\eta}_{J^c}\|_1 \leq 3\|\boldsymbol{\eta}_J\|_1$ ならば $\|\boldsymbol{\eta}_J\|_2 \leq \|X\boldsymbol{\eta}\|_n/\kappa(J)$ であるから，

$$\|\boldsymbol{\eta}_J\|_1 \leq \sqrt{|J|}\|\boldsymbol{\eta}_J\|_2 \leq \frac{\sqrt{|J|}}{\kappa(J)}\|X\boldsymbol{\eta}\|_n$$

を得る．したがって，事象 $\mathcal{A} = \{\max_{1\leq j\leq d}|U_j| \leq \lambda_n/2\}$ 上で

$$\begin{aligned} f(\boldsymbol{z}) &\leq \max_{\boldsymbol{\eta}:\|X\boldsymbol{\eta}\|_n=1}\left\{\frac{\lambda_n}{2}\|\boldsymbol{\eta}\|_1 + \lambda_n\|\boldsymbol{\eta}_J\|_1 - \lambda_n\|\boldsymbol{\eta}_{J^c}\|_1\right\} \\ &\leq \frac{3\lambda_n}{2}\max_{\boldsymbol{\eta}:\|X\boldsymbol{\eta}\|_n=1}\|\boldsymbol{\eta}_J\|_1 \leq \frac{3\lambda_n\sqrt{|J|}}{2\kappa(J)} \end{aligned}$$

が成り立つ．いま，$U_j \sim \mathrm{N}(0, \sigma^2/n)$ であるから，$\lambda_n \geq 2\sigma\sqrt{2\log(d)/n}$ ならば

$$\mathrm{P}(\mathcal{A}) \geq 1 - \sum_{j=1}^{d}\mathrm{P}(|U_j| > \lambda_n/2) \geq 1 - 2d\Phi(-\sqrt{2\log d})$$

を得る．したがって，最右辺は $d \geq 2$ で単調増加であることに注意すれば,

$$\mathrm{P}\left(f(\boldsymbol{z}) \leq \frac{3\lambda_n\sqrt{|J|}}{2\kappa(J)}\right) \geq \mathrm{P}(\mathcal{A}) \geq 1 - 4\Phi(-\sqrt{2\log 2}) \geq 0.521$$

であり，Step 1 と合わせて定理 1.12 の仮定が満たされる．

Step 3. 定理 1.12 より，任意の $t > 0$ に対して

$$\mathrm{P}\left(f(\boldsymbol{z}) \leq \frac{3\lambda_n\sqrt{|J|}}{2\kappa(J)} + \frac{\sigma t}{\sqrt{n}}\right) > \Phi(t)$$

が成り立つ．よって，$\Phi(t)$ より大きな確率で

$$\|X\hat{\boldsymbol{\beta}} - X\boldsymbol{\beta}\|_n^2 - \|X\boldsymbol{u} - X\boldsymbol{\beta}\|_n^2 \leq \left(\frac{3\lambda_n\sqrt{|J|}}{2\kappa(J)} + \frac{\sigma t}{\sqrt{n}}\right)^2 \leq \frac{9\lambda_n^2|J|}{2\kappa^2(J)} + \frac{2\sigma^2}{n}t^2$$

が任意の $\boldsymbol{u}$ と任意の J で成り立つ．ただし，任意の $a, b \in \mathbb{R}$ に対して，$(a+b)^2 \leq 2a^2 + 2b^2$ であることを用いた．したがって,

$$\|X\hat{\boldsymbol{\beta}} - X\boldsymbol{\beta}\|_n^2 \leq \min_J\left\{\min_{\boldsymbol{u}:\boldsymbol{u}_{J^c}=\boldsymbol{0}}\|X\boldsymbol{u} - X\boldsymbol{\beta}\|_n^2 + \frac{9\lambda_n^2|J|}{2\kappa^2(J)}\right\} + \frac{2\sigma^2}{n}t^2$$

であり，$\Phi(t) = 1 - \delta$ とすることで，式 (1.23) が得られる．

Step 4. 最後に式 (1.24) を示す．式 (1.23) より，$u > M$ ならば

$$\mathrm{P}(\|X\hat{\boldsymbol{\beta}} - X\boldsymbol{\beta}\|_n^2 > u) \leq 1 - \Phi\left(\sqrt{\frac{n}{2\sigma^2}(u - M)}\right)$$

が成り立つことに注意する．事象 $\mathcal{B}$ を $\mathcal{B} = \{\|X\hat{\boldsymbol{\beta}} - X\boldsymbol{\beta}\|_n^2 \le M\}$ で定義する．このとき，

$$\mathbb{E}[\|X\hat{\boldsymbol{\beta}} - X\boldsymbol{\beta}\|_n^2] = \mathbb{E}[\|X\hat{\boldsymbol{\beta}} - X\boldsymbol{\beta}\|_n^2 \mathbf{1}\{\mathcal{B}\}] + \mathbb{E}[\|X\hat{\boldsymbol{\beta}} - X\boldsymbol{\beta}\|_n^2 \mathbf{1}\{\mathcal{B}^c\}]$$

であるが，第1項は $\mathbb{E}[\|X\hat{\boldsymbol{\beta}} - X\boldsymbol{\beta}\|_n^2 \mathbf{1}\{\mathcal{B}\}] \le M$ となる．一方，積分の順序交換を用いて直接計算することで，

$$\mathbb{E}[\|X\hat{\boldsymbol{\beta}} - X\boldsymbol{\beta}\|_n^2 \mathbf{1}\{\mathcal{B}^c\}] = \int_M^\infty \mathrm{P}(\|X\hat{\boldsymbol{\beta}} - X\boldsymbol{\beta}\|_n^2 > u)\mathrm{d}u \le \frac{\sigma^2}{n} \tag{1.32}$$

が成り立つ．以上より，式 (1.24) が得られる．

1.6.2　定理 1.18 の証明

表記の簡略化のため，$\hat{S}$ を単に S と表し，略証のみ示す．定理 1.18 を示すために，次の定理を用いる．

定理 1.19　スタインの等式 (Stein, 1981)

$X \sim \mathrm{N}(0,1)$ とする．関数 $g : \mathbb{R} \to \mathbb{R}$ が微分可能で $\mathbb{E}[|g'(X)|] < \infty$ ならば，

$$\mathbb{E}[Xg(X)] = \mathbb{E}[g'(X)]$$

が成り立つ．

証明　$\phi(\cdot)$ を標準正規分布 $\mathrm{N}(0,1)$ の確率密度関数とする．このとき，$\phi'(x) = -x\phi(x)$ であるから，部分積分を用いれば，

$$\begin{aligned}\mathbb{E}[Xg(X)] &= \int_{-\infty}^\infty xg(x)\phi(x)\mathrm{d}x = \int_{-\infty}^\infty g(x)(-\phi(x))'\mathrm{d}x \\ &= [-g(x)\phi(x)]_{-\infty}^\infty + \int_{-\infty}^\infty g'(x)\phi(x)\mathrm{d}x = \mathbb{E}[g'(X)]\end{aligned}$$

より成り立つ．■

さて，KKT 条件より，ラッソ推定量 $\hat{\boldsymbol{\beta}}_{\lambda,S}$ は

$$-\frac{1}{n}X_S^\top(\boldsymbol{y} - X_S\hat{\boldsymbol{\beta}}_{\lambda,S}) + \lambda\boldsymbol{v}_S = \mathbf{0}$$

を満たす．ただし，$\boldsymbol{v}_S = \mathrm{sgn}(\hat{\boldsymbol{\beta}}_{\lambda,S})$ である．よって，$\tilde{\boldsymbol{\beta}}_{\lambda,S} = (X_S^\top X_S)^{-1}X_S^\top\boldsymbol{y}$ とすれば，

$$\hat{\boldsymbol{\beta}}_{\lambda,S} = \tilde{\boldsymbol{\beta}}_{\lambda,S} - n\lambda(X_S^\top X_S)^{-1}\boldsymbol{v}_S.$$

したがって，$\boldsymbol{y} = \boldsymbol{\mu} + \sigma\boldsymbol{z}$ であるから

$$\hat{\boldsymbol{\mu}}_\lambda(\boldsymbol{z}) = X_S\hat{\boldsymbol{\beta}}_{\lambda,S} = P_S(\boldsymbol{\mu} + \sigma\boldsymbol{z}) - n\lambda X_S(X_S^\top X_S)^{-1}\boldsymbol{v}_S \tag{1.33}$$

が成り立つ．ただし，$P_S = X_S(X_S^\top X_S)^{-1}X_S^\top$ は X_S の列空間への射影行列である．

任意の ε に対して，$\|\Delta \boldsymbol{z}\|_2 < \varepsilon$ であるような $\Delta \boldsymbol{z}$ を考える．ε が十分に小さな場合，$\hat{\beta}_{\lambda,j}(\boldsymbol{z}+\Delta \boldsymbol{z}) \approx \hat{\beta}_{\lambda,j}(\boldsymbol{z})$ であるから，S および $\boldsymbol{v}_S$ は変わらない．よって，式 (1.33) から

$$\frac{\partial \hat{\boldsymbol{\mu}}_\lambda(\boldsymbol{z})}{\partial \boldsymbol{z}} = \sigma P_S, \qquad \left(\text{特に，} \quad \frac{\partial \hat{\mu}_{\lambda,i}(\boldsymbol{z})}{\partial z_i} = \sigma P_{S,ii}\right)$$

となることが期待される[*28]．最後に，定理 1.19 を適用すれば

$$\begin{aligned}\mathrm{df}(\lambda) &= \frac{1}{\sigma}\mathbb{E}[\boldsymbol{z}^\top(\hat{\boldsymbol{\mu}}_\lambda(\boldsymbol{z}) - \boldsymbol{\mu})] = \frac{1}{\sigma}\sum_{i=1}^n \mathbb{E}[z_i \hat{\mu}_{\lambda,i}(\boldsymbol{z})] \\ &= \frac{1}{\sigma}\sum_{i=1}^n \mathbb{E}\left[\frac{\partial \hat{\mu}_{\lambda,i}(\boldsymbol{z})}{\partial z_i}\right] = \mathbb{E}[\mathrm{tr}(P_S)] = \mathbb{E}[|S|]\end{aligned}$$

が得られる．

➤ 第 1 章　練習問題

1.1 最小 2 乗推定量の損失関数 (1.3) が式 (1.4) のようにかけることを示せ．

1.2 定義 1.1 の劣微分を用いることで，定理 1.2 を示せ．

1.3 ラッソの目的関数が凸関数であることを利用して，定理 1.3 を示せ．

1.4 以下の手順に従って，定理 1.4 を示せ．

Step 1. あるラッソ推定値 $\hat{\boldsymbol{\beta}}$ に対して，$J = \{j \mid \hat{\beta}_j \neq 0\}$ とする．$n > d$ の場合は自明なので，$n < d$ の場合を考える．$|J| > n$ ならば $\{\mathbf{x}_j\}_{j \in J}$ は一次独立ではないから，適当な $l \in J$ に対して，ある定数 α_j $(\neq 0)$ が存在して $\mathbf{x}_l = \sum_{j \in J \setminus \{l\}} \alpha_j \mathbf{x}_j$ とかける．このとき，

$$v_l = \sum_{j \in J \setminus \{l\}} \alpha_j v_j$$

となることを示せ．ただし，v_j は式 (1.9) で定義される ℓ_1 ノルムの劣勾配である．

Step 2. Step 1 の l に対して，$\gamma_l = -v_l, j \in J \setminus \{l\}$ に対して $\gamma_j = \alpha_j v_l$ および

$$\delta^* = \min\{\delta > 0 \mid \text{ある } j \in J \text{ に対して} \hat{\beta}_j + \gamma_j \delta = 0\}$$

を定義する．このとき，以下を示せ．

$$\sum_{j \in J} \mathbf{x}_j \gamma_j = \mathbf{0}, \qquad \sum_{j \in J} \gamma_j v_j = 0, \qquad |\hat{\beta}_j| + \gamma_j v_j \delta^* \geq 0, \quad \forall j \in J.$$

[*28] 実際，$\boldsymbol{\mu}_\lambda(\boldsymbol{z})$ は $\boldsymbol{z}$ を中心とする ε-近傍に制限すればリプシッツ連続であることを示すことができる．リプシッツ連続関数はほとんど至る所微分可能であるからこの主張は正しい．詳細は測度論の教科書（例えば，谷島，2002）などを参照されたい．

Step 3. $j \in J^c$ に対して $\tilde{\beta}_j = 0$, $j \in J$ に対して $\tilde{\beta}_j = \hat{\beta}_j + \delta^* \gamma_j$ とする．このとき，$\tilde{\boldsymbol{\beta}}$ は高々 $|J| - 1$ 個の非ゼロ成分を持つラッソ推定値であることを示せ．
(ヒント: $X\tilde{\boldsymbol{\beta}} = X\hat{\boldsymbol{\beta}}$ および $\|\tilde{\boldsymbol{\beta}}\|_1 = \|\hat{\boldsymbol{\beta}}\|_1$ を示せばよい．)

Step 1, 2, 3 を繰り返すことで，高々 $\min\{n, d\}$ 個の非ゼロ成分を持つラッソ推定値が存在することがわかる．

1.5 式 (1.11) が軟しきい値作用素を用いず，以下のようにかけることを示せ．ただし，$U = 2W_1 - W_2, V = W_1 - 2W_2$ とする．

$$
\begin{aligned}
\hat{u}_1 &= \frac{1}{3}(U - \lambda_0), & \hat{u}_2 &= -\frac{1}{3}(V + \lambda_0), & &(V < -\lambda_0 \text{の場合}) \\
\hat{u}_1 &= \frac{1}{6}(2U - V - 3\lambda_0), & \hat{u}_2 &= 0, & &(-\lambda_0 \le V \le 3\lambda_0 \text{の場合}) \\
\hat{u}_1 &= \frac{1}{3}(U - 3\lambda_0), & \hat{u}_2 &= -\frac{1}{3}(V - 3\lambda_0). & &(V > 3\lambda_0 \text{の場合})
\end{aligned}
$$

1.6 以下の手順で，式 (1.11) で定義される $\hat{u}_1, \hat{u}_2$ の同時分布および周辺分布を求めよ．

Step 1. 問題 1.5 の U, V の同時分布の確率密度関数 $f(u, v)$ を求めよ．また，$2U - V$ と V が独立であることを示せ．

Step 2. $\hat{u}_1, \hat{u}_2$ の同時分布を

$$
G(u_1, u_2) = \mathrm{P}(\hat{u}_1 \le u_1, \hat{u}_2 \le u_2) = G_1(u_1, u_2) + G_2(u_1, u_2) + G_3(u_1, u_2)
$$

とする．ただし，

$$
\begin{aligned}
G_1(u_1, u_2) &= \mathrm{P}(\hat{u}_1 \le u_1, \hat{u}_2 \le u_2, \hat{u}_2 > 0), \\
G_2(u_1, u_2) &= \mathrm{P}(\hat{u}_1 \le u_1, \hat{u}_2 \le u_2, \hat{u}_2 = 0), \\
G_3(u_1, u_2) &= \mathrm{P}(\hat{u}_1 \le u_1, \hat{u}_2 \le u_2, \hat{u}_2 < 0)
\end{aligned}
$$

である．問題 1.5 の結果を用いて，以下を示せ．

$$
\begin{aligned}
G_1(u_1, u_2) &= \mathrm{P}(U \le 3u_1 + \lambda_0, -3u_2 - \lambda_0 \le V < -\lambda_0))\mathbf{1}\{u_2 \ge 0\}, \\
G_2(u_1, u_2) &= \mathrm{P}(2U - V \le 6u_1 + 3\lambda_0)\mathrm{P}(-\lambda_0 \le V \le 3\lambda_0))\mathbf{1}\{u_2 \ge 0\}, \\
G_3(u_1, u_2) &= \mathrm{P}(U < 3u_1 + 3\lambda_0, V > 3\lambda_0))\mathbf{1}\{u_2 \ge 0\} \\
&\quad + \mathrm{P}(U \le 3u_1 + 3\lambda_0, V \ge -3u_2 + 3\lambda_0))\mathbf{1}\{u_2 < 0\}.
\end{aligned}
$$

Step 3. $u_2 = 0$ が $G(u_1, u_2)$ の不連続点であることに注意し，$\hat{u}_1, \hat{u}_2$ の同時密度関数が

$$
g(u_1, u_2) = \sqrt{2}\phi\left(\frac{2u_1 + \lambda_0}{\sqrt{2}}\right)\left\{\Phi\left(\frac{3\lambda_0}{\sqrt{6}}\right) - \Phi\left(-\frac{\lambda_0}{\sqrt{6}}\right)\right\}\mathbf{1}\{u_2 = 0\}
$$

$$
\begin{aligned}
&+9f(3u_1+\lambda_0,-3u_2-\lambda_0)\mathbf{1}\{u_2>0\}\\
&+9f(3u_1+3\lambda_0,-3u_2+3\lambda_0)\mathbf{1}\{u_2<0\}
\end{aligned}
$$

となることを示せ．ただし，$G(u_1,u_2)$ の密度関数 $g(u_1,u_2)$ が

$$
g(u_1,u_2)=\begin{cases}\dfrac{\partial}{\partial u_1}\left[G(u_1,0)-\lim_{u_2\uparrow 0}G(u_1,u_2)\right], & u_2=0\text{ の場合}\\[2ex] \dfrac{\partial G(u_1,u_2)}{\partial u_1\partial u_2}, & u_2\neq 0\text{ の場合}\end{cases}
$$

で与えられることを用いてよい．さらに，それぞれの変数で周辺化することで，$\hat{u}_1,\hat{u}_2$ の周辺密度関数がそれぞれ式 (1.12) および (1.13) で与えられることを示せ．

1.7 以下の手順で定理 1.10 を示せ．

Step 1. $U_j=\sum_{i=1}^n x_{ij}\varepsilon_i/n$ とする．このとき，$\lambda_n\geq 2\sigma\sqrt{2\log(2d/\delta)/n}$ ならば，任意の $\delta\in(0,1)$ に対して，次の不等式が成り立つことを示せ．

$$
\mathrm{P}(\max_{1\leq j\leq d}|U_j|>\lambda_n/2)\leq\delta.
$$

Step 2. ラッソ推定量の定義に基づき，事象 $\mathcal{A}=\{\max_{1\leq j\leq d}|U_j|\leq\lambda_n/2\}$ 上で

$$
\|X\hat{\boldsymbol{\beta}}-X\boldsymbol{\beta}\|_n^2+2\lambda_n\|\hat{\boldsymbol{\beta}}\|_1\leq\lambda_n\|\hat{\boldsymbol{\beta}}-\boldsymbol{\beta}\|_1+2\lambda_n\|\boldsymbol{\beta}\|_1
$$

が成立することを示せ．(ヒント: ラッソの目的関数 (1.10) に対して $L(\hat{\boldsymbol{\beta}})\leq L(\boldsymbol{\beta})$.)

Step 3. $\boldsymbol{\delta}=\hat{\boldsymbol{\beta}}-\boldsymbol{\beta}$ とする．$j\in S^c$ に対して，$|\delta_j|=|\hat{\beta}_j-\beta_j|$ の値の大きな s 個の添え字からなる集合を I とし，$J=S\cup I$ を定義する．このとき，$|J|=2s$ および $\|\boldsymbol{\delta}_{J^c}\|_1\leq 3\|\boldsymbol{\delta}_J\|_1$ を示せ．したがって，$\boldsymbol{\delta}$ は定義 1.2 における条件を $(k,c)=(2s,3)$ で満たす．
(ヒント: 不等式 $\|X\boldsymbol{\delta}\|_n^2+\lambda_n\|\boldsymbol{\delta}_{J^c}\|_1\leq 3\lambda_n\|\boldsymbol{\delta}_J\|_1$ を示せばよい．)

Step 4. 任意の $a,b\in\mathbb{R}$ に対して $4ab\leq a^2+4b^2$ が成り立つことと，任意の $\boldsymbol{v}\in\mathbb{R}^d$ に対して $\|\boldsymbol{v}\|_1\leq\sqrt{d}\|\boldsymbol{v}\|_2$ が成り立つことを利用して，不等式

$$
\frac{1}{2}\|X\boldsymbol{\delta}\|_n^2+\lambda_n\|\boldsymbol{\delta}\|_1\leq\frac{16\lambda_n^2 s}{\kappa^2}
$$

を示せ．これよりただちに式 (1.16), (1.17) が得られる．さらに，$\|\boldsymbol{\delta}_{J^c}\|_1\leq 3\|\boldsymbol{\delta}_J\|_1$ ならば，$\|\boldsymbol{\delta}_{J^c}\|_2\leq\sqrt{6}\|\boldsymbol{\delta}_J\|_2$ を示すことで，次の不等式を示せ．

$$
\|\boldsymbol{\delta}\|_2\leq\frac{1+\sqrt{6}}{\kappa}\|X\boldsymbol{\delta}\|_n.
$$

1.8 $f(x)=1-2x\Phi(-\sqrt{2\log x})$ とする．$f(x)$ は $x\geq 2$ で単調増加であることを示せ．

1.9 不等式 (1.32) を示せ．

第2章 統計手法による パターン認識

判別分析 (パターン認識) とは，複数の母集団 (群，クラス，カテゴリ) が与えられているとき，ある個体の観測値 (ベクトル) によりそれが属する群を推測する分析手法をいう．Fisher のアヤメの3種を推測することに端を発した1920年代の手法は，現在は銀行のATMでの紙幣認識，走行中の車両ナンバーの自動読み取り，出入国の顔認証など社会の至る所で実用化されている．本章では統計モデルに基づくパターン認識を紹介する．なおパターン認識は，回帰モデルにおいて目的変数が有限個の離散値をとる場合と考えることができる．

2.1 判別分析の実例

図2.1は，3種類のブドウの栽培品種から作られた89本のワインの成分[*1*2]を，x_1: フラボノイドの含有量および x_2: 色強度の値によってプロットした図である．ばらつきはあるものの，ブドウの各品種ごとに似た成分，色のワインができることがわかる．また x_1 と x_2 は品種ごとに中心の異なる同じような散らばり方をした確率分布に従うと考えてよさそうである．例えば，3品種のどれかのブドウから作られたワインの成分が図2.1では■に相当するとしよう．この場合は品種3であろうと推測する (判別する) のが合理的であろう．しかし●の観測値を得た場合は，品種3ではないだろうが品種1か2かどちらであろうかと迷うことになる．ここでは，主として確率分布をもとにデータを判別することを考える．

表2.1 ブドウの3品種から作られたワインデータのサンプルサイズ

教師サンプルサイズ			テストサンプルサイズ		
品種1(+)	品種2(○)	品種3(*)	品種1(+)	品種2(○)	品種3(*)
29	36	24	30	35	24

[*1] http://www.ics.uci.edu/~mlearn/MLRepository.html の wine データ．
[*2] イタリアの同一地域で栽培したブドウの3品種．元データには13次元の計測値がある．

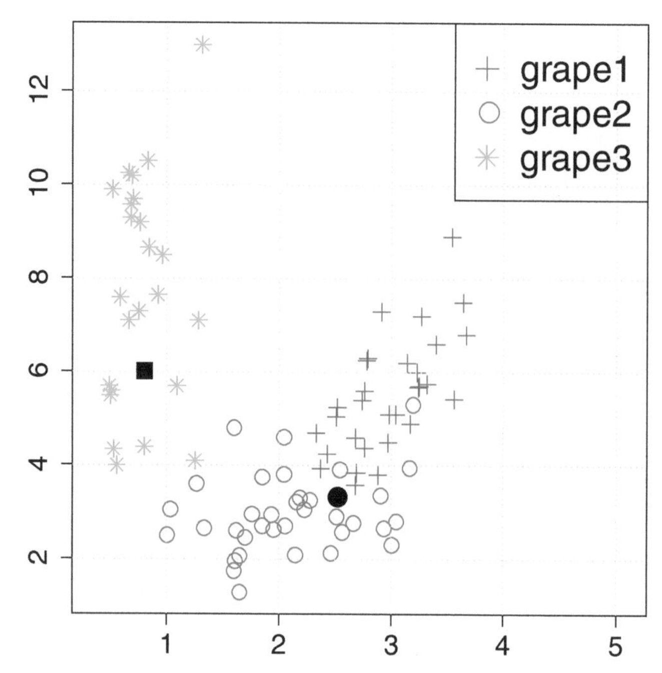

図 2.1 ブドウの 3 品種から作られたワインの成分と色，x_1 （横軸）：フラボノイドの含有量，x_2 （縦軸）：色強度

表 2.1 は使用したデータのサンプルサイズを示している．それぞれ 59, 71, 48 本のワインについて得られている．ここでは品種ごとに無作為に 2 分割し，一方で判別基準を作るための**教師データ**, 他方を判別基準を評価するための**テストデータ**とした．教師用データからは次のようにして判別境界を得た．

(1) 品種 1,2,3 から得られるワインの 2 変数観測ベクトルは品種ごとに二次元正規分布 $\mathrm{N}_2(\boldsymbol{\mu}_k, \Sigma)$, $(k = 1, 2, 3)$ に従うと仮定する．ここで，$\boldsymbol{\mu}_k$ は品種 k から得られるワインの平均ベクトルを表し，分散共分散行列 Σ は共通であると仮定している．
(2) 教師データから未知母数 $\boldsymbol{\mu}_1, \boldsymbol{\mu}_2, \boldsymbol{\mu}_3$ および Σ を推定する．
(3) 分類したいデータ $\boldsymbol{x} = (x_1,\ x_2)^\top$ を，上で推定した 3 つの確率密度関数が最大となる品種に判別することにより判別境界を求める．
(4) 教師データ，テストデータを実際に判別して，判別境界の性能を評価する．

図 2.2 は，このようにして求めた判別境界を表し，実際に教師データとテストデータをその図に上書きしたものである．まず判別境界が 3 本の直線で与えられていることがわかる．品種 3 の教師データは完全に正しく判別 (**正判別**) されているが，品種 1, 品種 2 の教師データはそれぞれ 4 標本，3 標本が他の品種に誤って判別 (**誤判別**) されている (教師エラー率 7/89)．テストデータは合計 10 標本が誤判別されている (テストエラー率 10/89)．教師データで判別基準を作り，同じ教師データでそれを評価しているため，テストデータの誤判別確率より小さくなっている (**見かけの誤判別確率**)．

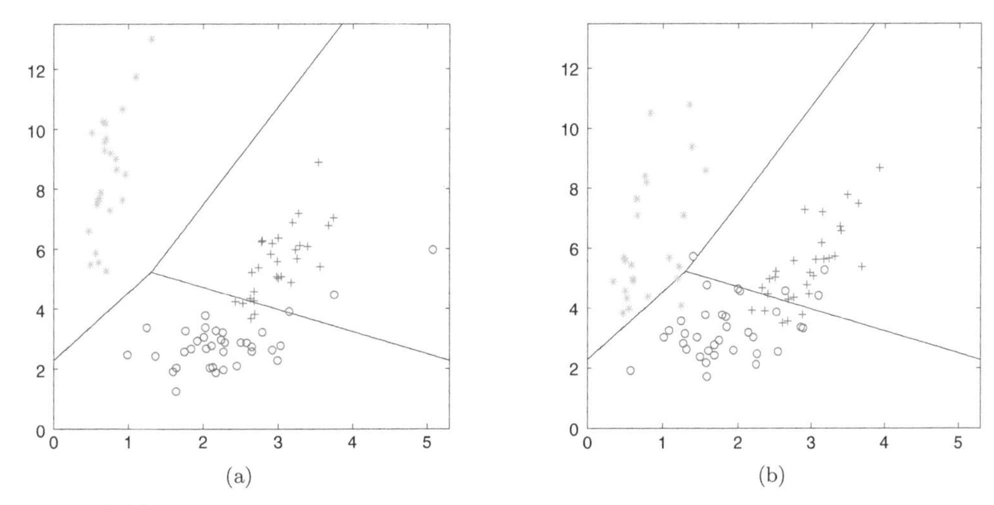

図 2.2　ワインの成分と色によるブドウの 3 品種の判別境界と教師データ (a), テストデータ (b)

2.2　ベイズ判別法と誤判別確率

ワインのデータは 2 次元であるが，簡単のためにまず 1 次元データの判別について考察しよう．

2.2.1　正規母集団の 2 群判別

判別の理解のため，最も重要な確率分布である正規分布 (ガウス [*3] 分布) を考える．ある確率変数 X が平均 μ, 分散 σ^2 の正規分布 $\mathrm{N}(\mu,\sigma^2)$ に従うとは，任意の $a<b$ に対し X が a 以上 b 以下となる確率 $\mathrm{P}(a\le X\le b)$ が次で与えられることを意味する．

$$\mathrm{P}(a\le X\le b)=\int_a^b \phi(x|\mu,\sigma^2)\mathrm{d}x,\quad \phi(x|\mu,\sigma^2)=\frac{1}{\sqrt{2\pi}\sigma}\ e^{-\frac{(x-\mu)^2}{2\sigma^2}}.$$

簡単のため 2 つの正規母集団 $\Pi_1=\mathrm{N}(\mu_1,\sigma^2)$, $\Pi_2=\mathrm{N}(\mu_2,\sigma^2)$ の母数 μ_1,μ_2,σ^2 がすべて既知であるとしよう．データ $X=x$ が $\Pi_1\cup\Pi_2$ から観測されたことはわかっているとして，どの母集団から得られたデータであるかをどのように判断すれば (x を判別) よいであろうか．$\mu_1<\mu_2$ と仮定すれば，2 つの平均の中点 $c\equiv(\mu_1+\mu_2)/2$ と比べて $x\le c$ なら Π_1 に，$x>c$ なら Π_2 に判別する方式が考えられる．実際，これが最良のものであることが次からの議論で示される．

2.2.2　判別ルールの評価基準

判別ルールの良し悪しは，データを誤って判別する確率 (**誤判別確率**) で評価することが自然である．まず母集団 Π_k に属するデータの確率 (密度) 関数は $f_k(x)$ で既知と仮定する．また分類したいデータ x が Π_k から得られる既知の確率を**事前確率**と呼び，π_k $(k=1,2)$ とおく．なお x が Π_k か

[*3] ヨハン・カール・フリードリヒ・ガウス (1777 – 1855)．ドイツの数学者，天文学者，物理学者．

ら得られたとき，x のクラスラベルは k であるという．

さて，観測値 x のとり得る値の集合 $\mathbb{R}=(-\infty,\infty)$ を $\mathcal{R}_1\cup\mathcal{R}_2$ ($\mathcal{R}_1\cap\mathcal{R}_2=\phi$) と分割し，$x\in\mathcal{R}_1$ なら x を Π_1 に，$x\in\mathcal{R}_2$ なら Π_2 に判別する．このとき，Π_1 の確率分布に従う確率変数 X の観測値を Π_2 から得られたデータであると誤判別する確率は $\mathrm{P}\{X\in\mathcal{R}_2|\Pi_1\}$ で与えられる．またその逆のケースの誤判別確率も同様に表現される．そこで事前確率を考慮すると，判別ルール $\{\mathcal{R}_1,\mathcal{R}_2\}$ による平均的な誤判別確率は，

$$\begin{aligned}
&\mathrm{P}(\Pi_1)\mathrm{P}(X\in\mathcal{R}_2|\Pi_1)+\mathrm{P}(\Pi_2)\mathrm{P}(X\in\mathcal{R}_1|\Pi_2)\\
&=\pi_1\mathrm{P}(X\in\mathcal{R}_2|\Pi_1)+\pi_2\mathrm{P}(X\in\mathcal{R}_1|\Pi_2)\\
&=\pi_1-\pi_1\mathrm{P}(X\in\mathcal{R}_1|\Pi_1)+\pi_2\mathrm{P}(X\in\mathcal{R}_1|\Pi_2)\quad(\because \mathcal{R}_2^c=\mathcal{R}_1)\\
&=\pi_1+\int_{\mathcal{R}_1}\{\pi_2f_2(x)-\pi_1f_1(x)\}\mathrm{d}x
\end{aligned}$$

と表せる[*4]．そのため，誤判別確率を最小にする判別ルール $\{\mathcal{R}_1^*,\mathcal{R}_2^*\}$ は，

$$\begin{aligned}
\mathcal{R}_1^*&=\{x\in\mathbb{R}\mid \pi_2f_2(x)\le\pi_1f_1(x)\},\\
\mathcal{R}_2^*&=\{x\in\mathbb{R}\mid \pi_2f_2(x)>\pi_1f_1(x)\}
\end{aligned}$$

で与えられる．$\mathcal{R}_1^*,\mathcal{R}_2^*$ は**ベイズ判別ルール**と呼ばれ，確率 (密度) 関数の大きい群に判別するルールとなっている．

図 2.3 は，分散が共通の値 1 で平均が 0 と 2 の 2 つの正規母集団の判別ルールを示したものである．灰色および黒色部分の面積がそれぞれ誤判別確率を表す．事前確率 π_k が 1/2 なら，誤判別確率の和が最小となる (ベイズ判別ルール) のは，2 母集団の平均の中点 1 を境にして，平均 0 あるいは

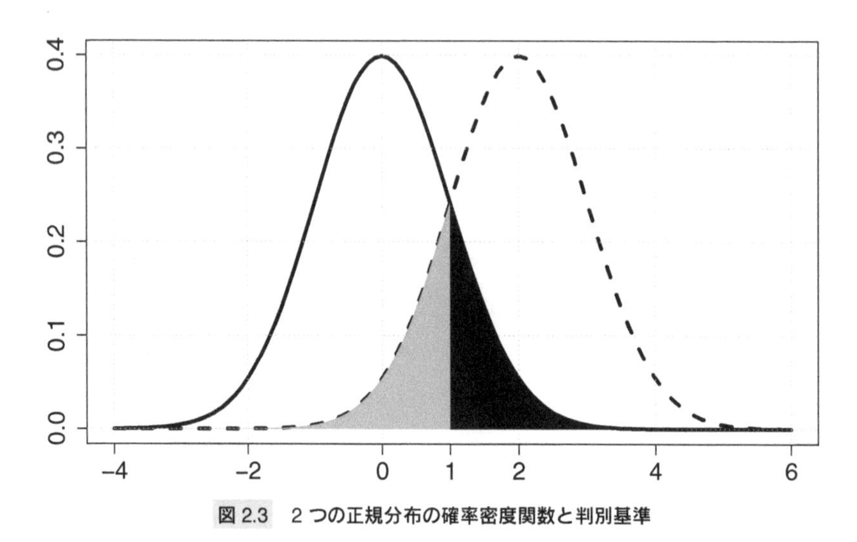

図 2.3　2 つの正規分布の確率密度関数と判別基準

*4 $f_k(x)$ が離散型確率変数の確率関数を表すなら，最後の式の積分を和の記号に置き換えればよい．

平均 2 の正規分布に判別する方法となることを表す．

2.1 節では各ワインのフラボノイドの含有量と色強度という 2 変数ベクトルを測定して栽培品種を分類する問題を考えた．一般に d 個の連続変数が観測されている場合の判別はどのようにしたらよいだろうか．そこでまず d 次元の確率密度関数を定義する．d 次元連続型確率変数 $\boldsymbol{X} = (X_1, \ldots, X_d)^\top$ の確率密度関数が $f(\boldsymbol{x}) = f(x_1, \ldots, x_d)$ であるとは，$\boldsymbol{X}$ が任意の d 次元直方体領域 $(a_1, b_1] \times \cdots \times (a_d, b_d]$ に含まれる確率 $\mathrm{P}\{\boldsymbol{X} \in (a_1, b_1] \times \cdots \times (a_d, b_d]\}$ が次で与えられるときをいう．

$$\mathrm{P}(\boldsymbol{X} \in (a_1, b_1] \times \cdots \times (a_d, b_d]) = \int_{a_d}^{b_d} \cdots \int_{a_1}^{b_1} f(\boldsymbol{x}) \mathrm{d}x_1 \cdots \mathrm{d}x_d.$$

ただし $f(\boldsymbol{x})$ は全空間 $\mathbb{R}^d$ での積分値が 1 となる非負関数である [*5]．

さて 2 母集団の確率 (密度) 関数が既知なら，1 次元の場合と同様に次が成り立つ．

定理 2.1

2 母集団の確率 (密度) 関数や事前確率が表 2.2 で与えられるとき，ベイズ判別ルールは次の判別領域で与えられる．

$$\mathcal{R}_1^* = \{\boldsymbol{x} \in \mathbb{R}^d \mid \pi_2 f_2(\boldsymbol{x}) \leq \pi_1 f_1(\boldsymbol{x})\},$$
$$\mathcal{R}_2^* = \{\boldsymbol{x} \in \mathbb{R}^d \mid \pi_2 f_2(\boldsymbol{x}) > \pi_1 f_1(\boldsymbol{x})\}.$$

定理 2.1 は 1 次元の場合のベイズ判別ルールの導出において，積分を重積分で置き換えれば同様に証明できる．表 2.2 は d 次元の場合の確率密度関数，判別領域，Π_1 からのデータを Π_2 に誤判別する確率などをまとめた表である．

表 2.2　確率密度関数が既知の d 次元母集団の判別

母集団	Π_1	Π_2	補足
事前確率	π_1	π_2	$\pi_k > 0,\ \pi_1 + \pi_2 = 1$
確率密度関数	$f_1(\boldsymbol{x})$	$f_2(\boldsymbol{x})$	$\boldsymbol{x} = (x_1, \ldots, x_d)^\top$
判別領域	$\mathcal{R}_1$	$\mathcal{R}_2$	$\mathcal{R}_1 \cup \mathcal{R}_2 = \mathbb{R}^d,\ \mathcal{R}_1 \cap \mathcal{R}_2 = \phi$
誤判別確率	$\int \cdots \int_{\mathcal{R}_2} f_1(\boldsymbol{x}) \mathrm{d}\boldsymbol{x}$	$\int \cdots \int_{\mathcal{R}_1} f_2(\boldsymbol{x}) \mathrm{d}\boldsymbol{x}$	$\mathrm{d}\boldsymbol{x} = \mathrm{d}x_1 \cdots \mathrm{d}x_d$

注　$\boldsymbol{x}$ が観測されたとき，そのラベル Y の事後確率は

$$\mathrm{P}(Y = k \mid \boldsymbol{X} = \boldsymbol{x}) = \frac{\pi_k f_k(\boldsymbol{x})}{\pi_1 f_1(\boldsymbol{x}) + \pi_2 f_2(\boldsymbol{x})} \quad (k = 1, 2)$$

で与えられるため，ベイズ判別ルールは事後確率最大化と言い換えることができる．なお，事後確率は確率密度関数の比 $f_2(\boldsymbol{x})/f_1(\boldsymbol{x})$ の関数として表現される．このことはベイズ判別ルールに必要なのは 2 つの確率密度関数それぞれではなく，比がわかれば十分であることを示している．

[*5] 代表的な多次元連続型確率分布は正規分布を拡張した多次元正規分布であり，2.3 節で詳しく議論する．

注 ここでは判別ルールのよさとして平均誤判別確率を小さくすることと定義した．この基準は 1 群を 2 群に，あるいは 2 群を 1 群に誤判別する損失が同等であるときに正当性を持つ．しかし，ある人の検査データから糖尿病であるか健常かを判別する場合，糖尿病である人を健常であると誤判別するときの損失は，逆の誤判別による損失よりはるかに高い．そこで損失が定量化できる場合は平均損失を最小化する判別ルールが考えられる．この場合，事前確率 π_k に損失を定量化した定数がかかることになり，いままで考察した方法に従って損失を最小とする判別ルールが得られる．

2.3 2 群の場合の多次元正規分布によるベイズ判別ルール

前節では各ワインのフラボノイドの含有量と色強度という 2 次元の量を測定して栽培品種を判別する問題を考えた．一般に多次元の確率変数ベクトルが従う d 次元正規分布について考えてみよう．平均ベクトル $\boldsymbol{\mu} = (\mu_1, \ldots, \mu_d)^\top \in \mathbb{R}^d$, 分散共分散行列 $\Sigma = (\sigma_{ij}) : d \times d$ を持つ正規分布の確率密度関数は次で与えられる．

$$\phi(\boldsymbol{x} \mid \boldsymbol{\mu}, \Sigma) = (2\pi)^{-d/2}|\Sigma|^{-1/2} \exp\left\{-\frac{1}{2}(\boldsymbol{x} - \boldsymbol{\mu})^\top \Sigma^{-1}(\boldsymbol{x} - \boldsymbol{\mu})\right\}, \tag{2.1}$$

ただし $\boldsymbol{x} = (x_1, \ldots, x_d)^\top \in \mathbb{R}^d$．なお Σ は正定値行列，すなわち 任意のゼロベクトルでない $\boldsymbol{a} \in \mathbb{R}^d$ に対して，二次形式 $\boldsymbol{a}^\top \Sigma \boldsymbol{a}$ が常に正となる d 次正方実対称行列である．

平均ベクトル $\boldsymbol{\mu}$ は確率密度関数が盛り上がっているところの中心 (分布の中心) を表し，分散共分散行列 Σ は盛り上がり方の楕円の形状を与える．密度関数の等高線は楕円: $(\boldsymbol{x} - \boldsymbol{\mu})^\top \Sigma^{-1}(\boldsymbol{x} - \boldsymbol{\mu}) =$ 定数となり，$\Sigma = \sigma^2 I_d$ (I_d: 単位行列) なら，平均 $\boldsymbol{\mu}$ を中心とした超球面となる．

多次元正規分布が持つ重要な性質として次が挙げられる．

定理 2.2

d 次元確率変数 $\boldsymbol{X}$ が多次元正規分布 $\mathrm{N}_d(\boldsymbol{\mu}, \Sigma)$ に従っているとき，実ベクトル $\boldsymbol{a} = (a_1, \ldots, a_d)^\top$ による $\boldsymbol{X}$ の一次結合 $\boldsymbol{a}^\top \boldsymbol{X}$ は一次元正規分布 $\mathrm{N}(\boldsymbol{a}^\top \boldsymbol{\mu}, \boldsymbol{a}^\top \Sigma \boldsymbol{a})$ に従う．

次節では母数が既知の多次元正規分布に従う 2 つの母集団について，ベイズ判別ルールを考える．

2.3.1 線形判別関数と判別境界

共通の分散共分散行列 Σ を持つ 2 つの正規母集団 $\Pi_k = \mathrm{N}_d(\boldsymbol{\mu}_k, \Sigma)$, $k = 1, 2$ を考える．分散共分散行列が共通なので，図 2.4 のように一方の確率密度関数を平行移動すれば他方が得られる．事前確率 π_k が 1/2 なら，ベイズ判別ルールは密度関数の大きい群に判別する方式となる．つまり 図 2.4 で 2 つの密度関数が交差する 2 次元平面の曲線が判別境界となる．この境界は $d = 2$ の場合は直線となることを以下で示す．

定理 2.1 で $f_k(\boldsymbol{x}) = \phi(\boldsymbol{x} \mid \boldsymbol{\mu}_k, \Sigma)$ とおくと，対数尤度比を密度関数に含まれる $\boldsymbol{x}$ の二次形式をばらばらに展開し，また Σ の対称性から $\boldsymbol{x}^\top \Sigma^{-1} \boldsymbol{\mu}_k = \boldsymbol{\mu}_k^\top \Sigma^{-1} \boldsymbol{x}$ 等が成り立つことに注意して整理する

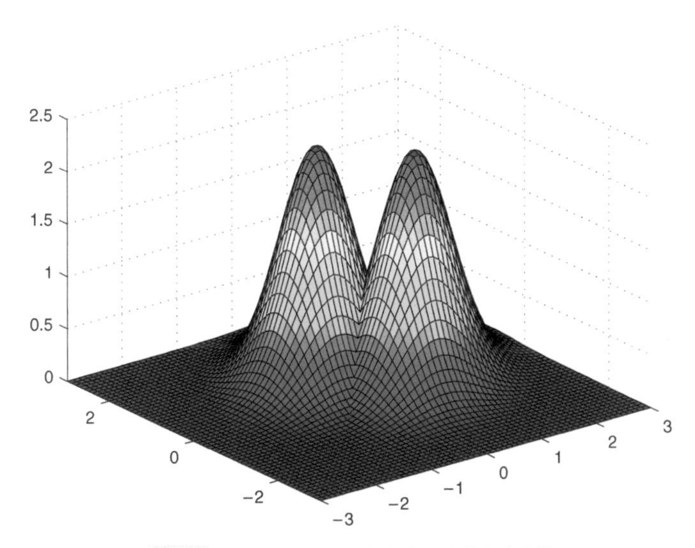

図 2.4　2 つの 2 次元正規分布の確率密度関数

ことにより次の等式が成立する．

$$\log\left\{\frac{\pi_1\phi(\boldsymbol{x}\mid\boldsymbol{\mu}_1,\Sigma)}{\pi_2\phi(\boldsymbol{x}\mid\boldsymbol{\mu}_2,\Sigma)}\right\}=\left(\boldsymbol{x}-\frac{\boldsymbol{\mu}_1+\boldsymbol{\mu}_2}{2}\right)^\top\Sigma^{-1}(\boldsymbol{\mu}_1-\boldsymbol{\mu}_2)+c.$$

ただし $c=\log(\pi_1/\pi_2)$ である．ここで

$$L(\boldsymbol{x})=\left(\boldsymbol{x}-\frac{\boldsymbol{\mu}_1+\boldsymbol{\mu}_2}{2}\right)^\top\Sigma^{-1}(\boldsymbol{\mu}_1-\boldsymbol{\mu}_2) \tag{2.2}$$

と定義すると，ベイズ判別ルールは $L(\boldsymbol{x})+c$ の正負で $\boldsymbol{x}$ を Π_1 か Π_2 に判別する方式となる．$L(\boldsymbol{x})$ は $\boldsymbol{x}$ の 1 次式であるため**線形判別関数**と呼ぶ．また，この判別手法を**線形判別** (**LDA**: linear discriminant analysis) という．なお

$$\mathcal{R}_1^*=\left\{\boldsymbol{x}\in\mathbb{R}^d\mid L(\boldsymbol{x})+c\geq 0\right\}, \tag{2.3}$$

$$\mathcal{R}_2^*=\left\{\boldsymbol{x}\in\mathbb{R}^d\mid L(\boldsymbol{x})+c<0\right\} \tag{2.4}$$

となる．

$\pi_1=\pi_2=1/2$ のときは $c=0$ となるため，判別境界 $L(\boldsymbol{x})=0$ は 2 つの正規分布の平均の中点 $(\boldsymbol{\mu}_1+\boldsymbol{\mu}_2)/2$ を通る超平面で与えられる．また $\pi_1<1/2$ のときは，判別境界が $\boldsymbol{\mu}_1$ に向かって平行移動する．$\Sigma=\sigma^2 I_d$ の場合には，判別境界は ベクトル $\boldsymbol{\mu}_1-\boldsymbol{\mu}_2$ と直交する．図 2.5 は分散共分散行列が等しい 2 つの正規母集団について，確率密度関数の等高線と 2 つの平均の中点を通る判別境界を表す．

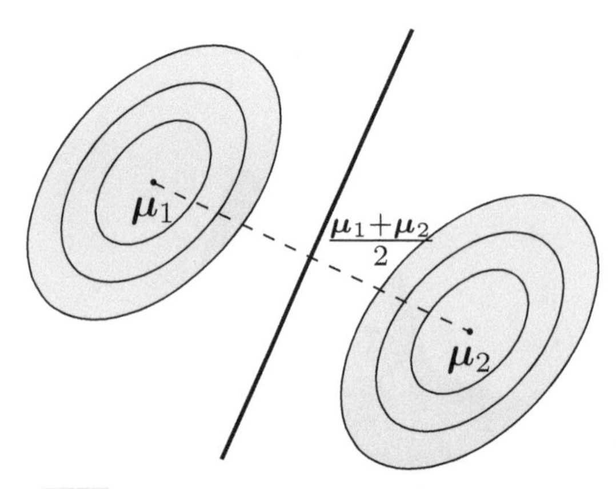

図 2.5　2 次元正規分布の線形判別関数による判別境界

2.3.2 マハラノビス距離と誤判別確率

このベイズルールの誤判別確率を求めよう．まず 2 正規母集団間 $\Pi_k = \mathrm{N}_d(\boldsymbol{\mu}_k, \Sigma), k = 1, 2$ の**マハラノビス距離**を次で定義する．

$$\Delta(\boldsymbol{\mu}_1, \boldsymbol{\mu}_2; \Sigma) = \sqrt{(\boldsymbol{\mu}_1 - \boldsymbol{\mu}_2)^\top \Sigma^{-1} (\boldsymbol{\mu}_1 - \boldsymbol{\mu}_2)}. \tag{2.5}$$

分散共分散行列 Σ が単位行列なら，マハラノビス距離はユークリッド距離と一致する．また 1 次元の場合は共通の標準偏差 σ を用いて $|\mu_1 - \mu_2|/\sigma$ となる．マハラノビス距離は母集団のばらつきを考慮しているため，分散共分散行列で基準化した平均ベクトルの差の長さとなっている．これが大きいほど 2 母集団の平均ベクトルは離れている，言い換えると判別が容易であることになる．実際，誤判別確率は $\Delta(\boldsymbol{\mu}_1, \boldsymbol{\mu}_2; \Sigma)$ の単調減少関数で与えられる．

定理 2.3

事前確率が π_k の正規母集団 $\Pi_k = \mathrm{N}_d(\boldsymbol{\mu}_k, \Sigma)$ $(k = 1, 2)$ について，判別領域 (2.3), (2.4) で定義されるベイズ判別ルールの平均誤判別確率は次で与えられる．

$$e(\Delta; \pi_1) = \pi_1 \Phi\left(-\frac{\Delta}{2} - \frac{c}{\Delta}\right) + \pi_2 \Phi\left(-\frac{\Delta}{2} + \frac{c}{\Delta}\right). \tag{2.6}$$

ただし，$\Delta = \Delta(\boldsymbol{\mu}_1, \boldsymbol{\mu}_2; \Sigma)$, $c = \log(\pi_1/\pi_2)$, および $\Phi(x)$ は標準正規分布 $\mathrm{N}(0, 1)$ の累積分布関数で

$$\Phi(x) = \int_{-\infty}^{x} \frac{1}{\sqrt{2\pi}} e^{-t^2/2} dt$$

となる．特に $\pi_1 = 1/2$ のときは $c = \log\left(\frac{1}{2}\Big/\frac{1}{2}\right) = 0$ となるので，誤判別確率 $e(\Delta; 1/2)$ は $\Phi(-\Delta/2)$ に等しい．

証明 $\boldsymbol{X}$ が $\Pi_1 = \mathrm{N}_d(\boldsymbol{\mu}_1, \Sigma)$ に従うとき，$\boldsymbol{X}$ の観測ベクトル $\boldsymbol{x}$ を Π_2 に誤判別する確率を求めよう．$\boldsymbol{X}$ は d 次元正規分布に従うため，式 (2.2) で定義された線形判別関数 $L(\boldsymbol{X})$ は定理 2.2 により一次元正規分布に従う．$\boldsymbol{X}$ が $\Pi_1 = \mathrm{N}_d(\boldsymbol{\mu}_1, \Sigma)$ に従うとき，$L(\boldsymbol{X})$ の平均，分散を $\mathbb{E}[\, L(\boldsymbol{X}) \mid \Pi_1]$, $\mathbb{V}[\, L(\boldsymbol{X}) \mid \Pi_1]$ と表すと，それぞれ次で求められる．

$$
\begin{aligned}
\mathbb{E}[\, L(\boldsymbol{X}) \mid \Pi_1] &= \left(\mathbb{E}[\, \boldsymbol{X} \mid \Pi_1] - \frac{\boldsymbol{\mu}_1 + \boldsymbol{\mu}_2}{2}\right)^\top \Sigma^{-1}(\boldsymbol{\mu}_1 - \boldsymbol{\mu}_2) \\
&= \left(\boldsymbol{\mu}_1 - \frac{\boldsymbol{\mu}_1 + \boldsymbol{\mu}_2}{2}\right)^\top \Sigma^{-1}(\boldsymbol{\mu}_1 - \boldsymbol{\mu}_2) \\
&= \Delta^2(\boldsymbol{\mu}_1, \boldsymbol{\mu}_2; \Sigma)/2,
\end{aligned}
$$

$$
\begin{aligned}
\mathbb{V}[\, L(\boldsymbol{X}) \mid \Pi_1] &= (\boldsymbol{\mu}_1 - \boldsymbol{\mu}_2)^\top \Sigma^{-1}\ \mathbb{V}[\, \boldsymbol{X} \mid \Pi_1]\ \Sigma^{-1}(\boldsymbol{\mu}_1 - \boldsymbol{\mu}_2) \\
&= (\boldsymbol{\mu}_1 - \boldsymbol{\mu}_2)^\top \Sigma^{-1}\Sigma\Sigma^{-1}(\boldsymbol{\mu}_1 - \boldsymbol{\mu}_2) \\
&= \Delta^2(\boldsymbol{\mu}_1, \boldsymbol{\mu}_2; \Sigma).
\end{aligned}
$$

よって，$L(\boldsymbol{X}) \mid \Pi_1$ は正規分布 $\mathrm{N}(\Delta^2/2, \Delta^2)$ $(\Delta \equiv \Delta(\boldsymbol{\mu}_1, \boldsymbol{\mu}_2; \Sigma))$ に従うことがわかる．また $\boldsymbol{X}$ を Π_2 に判別するのは $L(\boldsymbol{X}) + c < 0$ が成立するときなので，Π_1 からのデータを Π_2 に誤判別する確率 $e(2 \mid 1)$ は $L(\boldsymbol{X})$ の基準化により

$$
\begin{aligned}
e(2 \mid 1) &= \mathrm{P}(L(\boldsymbol{X}) < -c \mid \Pi_1) \\
&= \mathrm{P}\left(\frac{L(\boldsymbol{X}) - \Delta^2/2}{\Delta} < -\frac{c + \Delta^2/2}{\Delta} \;\middle|\; \Pi_1\right) \\
&= \Phi\left(-\frac{\Delta^2 + 2c}{2\Delta}\right)
\end{aligned}
$$

で表現される．一方 $\boldsymbol{X}$ が $\Pi_2 = \mathrm{N}_d(\boldsymbol{\mu}_2, \Sigma)$ に従うとき，同様な議論から $L(\boldsymbol{X})|\Pi_2 \sim \mathrm{N}(-\Delta^2/2, \Delta^2)$ となる．また $\boldsymbol{X}$ を Π_1 に誤判別するときは $L(\boldsymbol{X}) + c \geq 0$ が成立するときなので，$\boldsymbol{X}$ を Π_1 に誤判別する確率 $e(1 \mid 2)$ は

$$
\begin{aligned}
e(1 \mid 2) &= \mathrm{P}(L(\boldsymbol{X}) \geq -c \mid \Pi_2) \\
&= \mathrm{P}\left(\frac{L(\boldsymbol{X}) + \Delta^2/2}{\Delta} \geq \frac{-c + \Delta^2/2}{\Delta} \;\middle|\; \Pi_2\right) \\
&= \Phi\left(-\frac{\Delta^2 - 2c}{2\Delta}\right)
\end{aligned}
$$

となる．よって事前確率を考えると平均誤判別確率は $\pi_1 e(2 \mid 1) + \pi_2 e(1 \mid 2)$ で求められる．なお $\pi_1 = 1/2$ なら $c = 0$ となるので，$e(2 \mid 1)/2 + e(1 \mid 2)/2 = \Phi(-\Delta/2)$ とマハラノビス距離に関する減少関数となる． ■

2.3.3　2次判別関数

前節では共通の分散共分散行列 Σ を持つ2の正規母集団の判別について考えた．しかし，一般には分散共分散行列が共通であるとは限らない．ここでは異なる分散共分散行列を持つ正規母集団 $\Pi_k = \mathrm{N}_d(\boldsymbol{\mu}_k, \Sigma_k)$, $k = 1, 2$ のベイズ判別ルールを考える．

定理2.1で $f_k(\boldsymbol{x})$ として式(2.1)で定義した正規分布の確率密度関数 $\phi(\boldsymbol{x} \mid \boldsymbol{\mu}_k, \Sigma_k)$ とおくと，対数尤度比はマハラノビス距離を用いて次で表現できる．

$$2\log\left\{\frac{\pi_1\phi(\boldsymbol{x} \mid \boldsymbol{\mu}_1, \Sigma_1)}{\pi_2\phi(\boldsymbol{x} \mid \boldsymbol{\mu}_2, \Sigma_2)}\right\} = \Delta^2(\boldsymbol{x}, \boldsymbol{\mu}_2; \Sigma_2) - \Delta^2(\boldsymbol{x}, \boldsymbol{\mu}_1; \Sigma_1) + c'. \tag{2.7}$$

ただし，$c' = \log(|\Sigma_2|/|\Sigma_1|) + 2\log(\pi_1/\pi_2)$ である．$\Sigma_1 \neq \Sigma_2$ と仮定しているため，式(2.7)には $\boldsymbol{x}^\top(\Sigma_2^{-1} - \Sigma_1^{-1})\boldsymbol{x}$ という2次の項が残るので，全体として $\boldsymbol{x}$ の2次式となる．そのため，判別境界は2次曲面となり，ベイズ判別領域は

$$\mathcal{R}_1^* = \left\{\boldsymbol{x} \in \mathbb{R}^d \mid \Delta^2(\boldsymbol{x}, \boldsymbol{\mu}_2; \Sigma_2) - \Delta^2(\boldsymbol{x}, \boldsymbol{\mu}_1; \Sigma_1) + c' \geq 0\right\}, \tag{2.8}$$

$$\mathcal{R}_2^* = \left\{\boldsymbol{x} \in \mathbb{R}^d \mid \Delta^2(\boldsymbol{x}, \boldsymbol{\mu}_2; \Sigma_2) - \Delta^2(\boldsymbol{x}, \boldsymbol{\mu}_1; \Sigma_1) + c' < 0\right\} \tag{2.9}$$

で与えられる．そこで

$$Q(\boldsymbol{x}) = \Delta^2(\boldsymbol{x}, \boldsymbol{\mu}_2; \Sigma_2) - \Delta^2(\boldsymbol{x}, \boldsymbol{\mu}_1; \Sigma_1) \tag{2.10}$$

と $\boldsymbol{x}$ の2次式を定義すると，$Q(\boldsymbol{x}) + c'$ の符号によって Π_1 か Π_2 に判別する方式となる．そのため $Q(\boldsymbol{x})$ を **2次判別関数**と呼ぶ．また，この判別手法を **2次判別** (**QDA**: quadratic discriminant analysis) という．図2.6のように，判別境界は $\boldsymbol{x}$ の2次曲面，すなわち双曲面や楕円，放物面などで与えられる．もし $\Sigma_1 = \Sigma_2 = \Sigma$ が成立するなら，式(2.2)で定義された線形判別関数 $L(\boldsymbol{x})$ とは $Q(\boldsymbol{x}) = -2L(\boldsymbol{x})$ の関係がある．図2.7(a)は教師データで求めたQDAによる判別境界，(b)はテストデータの判別結果である．図2.2とは異なり，判別境界は2次曲線で与えられている．

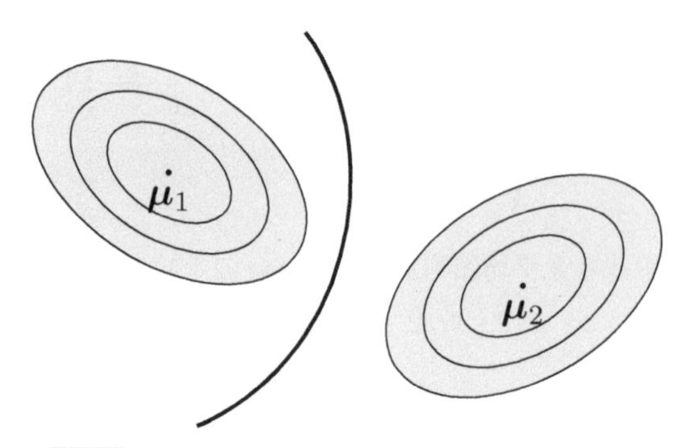

図2.6　2次元正規分布の2次判別関数による判別境界

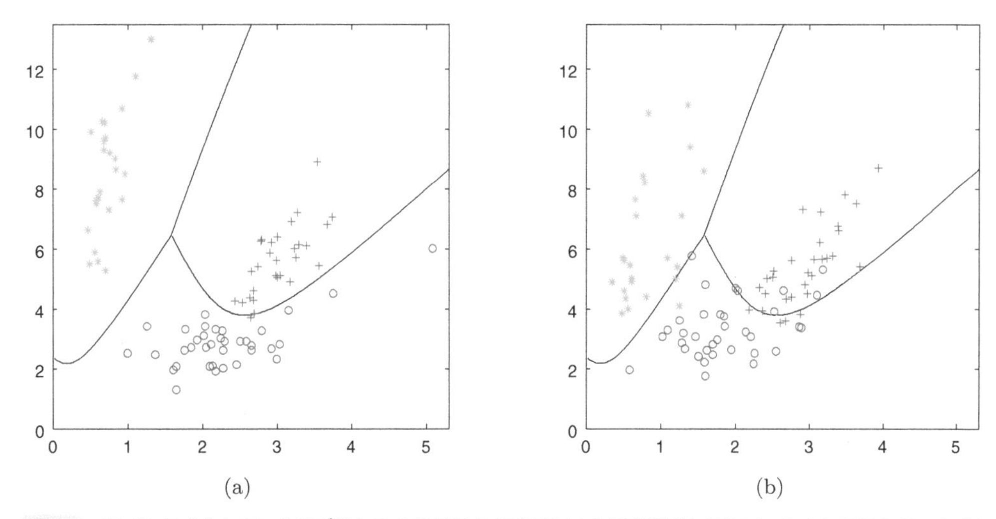

図 2.7　ワインの成分と色によるブドウの 3 品種の 2 次曲線による判別境界と教師データ (a), テストデータ (b)

2.3.4　2 次判別関数による誤判別確率の上限

共通の分散共分散行列を持つ正規母集団のベイズ判別ルールの誤判別確率は式 (2.6) で求められたが，共通ではない場合の誤判別確率は閉じた形では表現できない．ここではその上限を求めることにしよう．

一般に 定理 2.1 および 表 2.2 より，誤判別確率の平均は次で与えられる．

$$\begin{aligned}\text{誤判別確率} &= \pi_1 \int\cdots\int_{\mathcal{R}_2^*} f_1(\boldsymbol{x})\mathrm{d}\boldsymbol{x} + \pi_2 \int\cdots\int_{\mathcal{R}_1^*} f_2(\boldsymbol{x})\mathrm{d}\boldsymbol{x} \\ &= \int\cdots\int_{\mathbb{R}^d} \min\{\pi_1 f_1(\boldsymbol{x}),\ \pi_2 f_2(\boldsymbol{x})\}\mathrm{d}\boldsymbol{x}.\end{aligned}$$

ここで a, b を正数とするとき $\min\{a, b\} \leq a^p b^{1-p}$ がすべての $0 \leq p \leq 1$ に対して成立するので，次の不等式を得る．

$$\text{誤判別確率} \leq \int\cdots\int_{\mathbb{R}^d} \pi_1^p\{f_1(\boldsymbol{x})\}^p \times \pi_2^{1-p}\{f_2(\boldsymbol{x})\}^{1-p} d\boldsymbol{x}. \tag{2.11}$$

ここで $f_k(\boldsymbol{x})$ が式 (2.1) で定義された正規分布の確率密度関数 $\phi(\boldsymbol{x}; \boldsymbol{\mu}_k, \Sigma_k)$, $k = 1, 2$ の場合は，式 (2.11) の右辺が次の**バッタチャリア上限**となる．

$$\begin{aligned}\text{誤判別確率} \leq\ & \pi_1^p \pi_2^{1-p} \sqrt{\frac{|\Sigma_1|^p |\Sigma_2|^{1-p}}{|p\Sigma_1 + (1-p)\Sigma_2|}} \\ & \times \exp\left[-\frac{p(1-p)}{2}(\boldsymbol{\mu}_2 - \boldsymbol{\mu}_1)^\top \{p\Sigma_1 + (1-p)\Sigma_2\}^{-1}(\boldsymbol{\mu}_2 - \boldsymbol{\mu}_1)\right].\end{aligned}$$

上の不等式で p を変化させて上限の最小値を求めることにより，誤判別確率の上限が得られる．特に

$p=1/2$ とおくと，次の**チャーノフ上限**が得られる．

$$\text{誤判別確率} \leq \sqrt{\pi_1\pi_2}\left\{\frac{|\Sigma_1||\Sigma_2|}{|(\Sigma_1+\Sigma_2)/2|}\right\}^{1/4} \times \exp\left[-\frac{1}{8}(\boldsymbol{\mu}_2-\boldsymbol{\mu}_1)^\top\left\{\frac{\Sigma_1+\Sigma_2}{2}\right\}^{-1}(\boldsymbol{\mu}_2-\boldsymbol{\mu}_1)\right].$$

2.3.5 標本による正規母集団の判別法

実際の場面で，母集団分布が正規分布に従うと仮定できても，その平均や分散が既知であることはありえない．そこで教師データから未知母数を推定する必要がある．次の定理は正規分布の未知母数について最尤推定量を求めている．

定理 2.4

d 次元正規母集団 $\Pi_k=\mathrm{N}_d(\boldsymbol{\mu}_k,\Sigma_k)$ から n_k 個の教師データ: $\boldsymbol{x}_{k1},\ldots,\boldsymbol{x}_{kn_k}$， $k=1,2$ が観測されているとする．

(a) 分散共分散行列が共通ならば $(\Sigma_1=\Sigma_2=\Sigma)$，正規母集団の未知母数 $\boldsymbol{\mu}_k$, Σ の最尤推定量は次で与えられる．

$$\hat{\boldsymbol{\mu}}_k=\bar{\boldsymbol{x}}_k\equiv\frac{1}{n_k}\sum_{\alpha=1}^{n_k}\boldsymbol{x}_{k\alpha},\quad \hat{\Sigma}=\frac{1}{n}\sum_{k=1}^{2}\sum_{\alpha=1}^{n_k}(\boldsymbol{x}_{k\alpha}-\bar{\boldsymbol{x}}_k)(\boldsymbol{x}_{k\alpha}-\bar{\boldsymbol{x}}_k)^\top. \tag{2.12}$$

ただし $n=n_1+n_2$ である．

(b) 分散共分散行列が異なる場合は，未知母数 $\boldsymbol{\mu}_k$, Σ_k の最尤推定量は次で与えられる．

$$\hat{\boldsymbol{\mu}}_k=\bar{\boldsymbol{x}}_k,\quad \hat{\Sigma}_k=\frac{1}{n_k}\sum_{\alpha=1}^{n_k}(\boldsymbol{x}_{k\alpha}-\bar{\boldsymbol{x}}_k)(\boldsymbol{x}_{k\alpha}-\bar{\boldsymbol{x}}_k)^\top,\quad k=1,2. \tag{2.13}$$

証明 (b) の証明は (a) のそれとほぼ同じなので，(a) だけを証明する．
(a) の証明：この場合の尤度関数 $L(\boldsymbol{\mu}_1,\boldsymbol{\mu}_2,\Sigma)$ は次で与えられる．

$$L(\boldsymbol{\mu}_1,\boldsymbol{\mu}_2,\Sigma)=\prod_{k=1}^{2}\prod_{\alpha=1}^{n_k}(2\pi)^{-\frac{d}{2}}|\Sigma|^{-\frac{1}{2}}\exp\left\{-\frac{1}{2}(\boldsymbol{x}_{k\alpha}-\boldsymbol{\mu}_k)^\top\Sigma^{-1}(\boldsymbol{x}_{k\alpha}-\boldsymbol{\mu}_k)\right\}.$$

これを最大にすることは，$\ell(\boldsymbol{\mu}_1,\boldsymbol{\mu}_2,\Sigma)=-2\log L(\boldsymbol{\mu}_1,\boldsymbol{\mu}_2,\Sigma)$ を最小にすることと同値である．指数部分の二次形式を $(\boldsymbol{x}_{k\alpha}-\bar{\boldsymbol{x}}_k)+(\bar{\boldsymbol{x}}_k-\boldsymbol{\mu}_k)$ として展開し，$\sum_{\alpha=1}^{n_k}(\boldsymbol{x}_{k\alpha}-\bar{\boldsymbol{x}}_k)^\top\Sigma^{-1}(\bar{\boldsymbol{x}}_k-\boldsymbol{\mu}_k)=0$ に注意すると次を得る．

$$\ell(\boldsymbol{\mu}_1,\boldsymbol{\mu}_2,\Sigma)=c+n\log|\Sigma|+\sum_{k=1}^{2}\sum_{\alpha=1}^{n_k}(\boldsymbol{x}_{k\alpha}-\bar{\boldsymbol{x}}_k)^\top\Sigma^{-1}(\boldsymbol{x}_{k\alpha}-\bar{\boldsymbol{x}}_k)$$

$$
\begin{aligned}
&+\sum_{k=1}^{2} n_k(\bar{\boldsymbol{x}}_k-\boldsymbol{\mu}_k)^\top \Sigma^{-1}(\bar{\boldsymbol{x}}_k-\boldsymbol{\mu}_k) \\
&= c - n\log|\Xi| + n\,\mathrm{tr}(S\,\Xi) + \sum_{k=1}^{2} n_k(\bar{\boldsymbol{x}}_k-\boldsymbol{\mu}_k)^\top \Xi(\bar{\boldsymbol{x}}_k-\boldsymbol{\mu}_k).
\end{aligned}
$$

ただし $c \equiv nd\log(2\pi)$, $S=\sum_{k=1}^{2}\sum_{\alpha=1}^{n_k}(\boldsymbol{x}_{k\alpha}-\bar{\boldsymbol{x}}_k)(\boldsymbol{x}_{k\alpha}-\bar{\boldsymbol{x}}_k)^\top/n$, $\Xi=\Sigma^{-1}$ である．よって任意の正定値行列 Ξ に対して，$\ell(\boldsymbol{\mu}_1,\boldsymbol{\mu}_2,\Xi^{-1})$ は $\boldsymbol{\mu}_k=\bar{\boldsymbol{x}}_k$, $k=1,2$ のとき最小値 $\ell(\bar{\boldsymbol{x}}_1,\bar{\boldsymbol{x}}_2,\Xi^{-1})$ をとる．この関数の Ξ に関する最小化は $g(\Xi)\equiv n\,\mathrm{tr}(S\,\Xi)-n\log|\Xi|$ の最小化と同値である．プールした標本分散共分散行列 S は正定値であると仮定してよいので，$g(\Xi)$ は次のように書き直せる．

$$
g(\Xi) = n\,\mathrm{tr}(S^{1/2}\,\Xi\,S^{1/2}) - n\log|S^{1/2}\,\Xi\,S^{1/2}| + n\log|S|.
$$

$S^{1/2}\,\Xi\,S^{1/2}$ も正定値行列となるため，その d 個の固有値 $\lambda_1,\ldots,\lambda_d$ はすべて正である．よって 次が成立する．

$$
g(\Xi) = n\sum_{i=1}^{d}(\lambda_i - \log\lambda_i) + n\log|S|.
$$

この関数を $\lambda_i>0$ に関して最小にするのは，$\lambda_1=\cdots=\lambda_d=1$, すなわち $S^{1/2}\,\Xi\,S^{1/2}=I_d$ つまり $\Sigma=S$ のときに限る．以上をまとめると $(\boldsymbol{\mu}_1,\boldsymbol{\mu}_2,\Sigma)$ の最尤推定量は $(\bar{\boldsymbol{x}}_1,\bar{\boldsymbol{x}}_2,S)$ となる． ■

注 Σ の推定量として式 (2.12) で n の代わりに $n-2$ で割った不偏推定量，Σ_k の推定量として式 (2.13) で n_k の代わりに n_k-1 で割った不偏推定量も用いられる．

2.4 多群の場合のベイズ判別法

2.1 節の実例ではブドウは 3 品種あった．一般に g (≥ 3) 群の判別問題はどのようにしたらよいだろうか．はじめに各群の確率分布が既知の場合から考えてみよう．

2.4.1 確率密度関数が既知の母集団の多群判別

2 群の場合と同様な仮定，すなわち母集団 Π_k に属する d 次元データの確率密度関数は $f_k(\boldsymbol{x})$ で既知，判別したいデータ $\boldsymbol{x}$ が Π_k から得られる事前確率が $\pi_k>0$, $k=1,2,\ldots,g$ で既知であるとする．さて，観測ベクトル $\boldsymbol{x}=(x_1,x_2,\ldots,x_d)^\top$ のとり得る値の集合 $\mathbb{R}^d$ を $\mathcal{R}_1\cup\mathcal{R}_2\cup\cdots\cup\mathcal{R}_g$ $(\mathcal{R}_k\cap\mathcal{R}_\ell=\phi,\ k\neq\ell)$ と g 個の領域に分割し，$\boldsymbol{x}\in\mathcal{R}_k$ なら $\boldsymbol{x}$ を Π_k に判別する次のルールを考える．

定理 2.5

誤判別確率を最小とする判別ルール $\{\mathcal{R}_1^*, \mathcal{R}_2^*, \ldots, \mathcal{R}_g^*\}$ (ベイズルール) は

$$\mathcal{R}_k^* = \left\{ \boldsymbol{x} \in \mathbb{R}^d \,\middle|\, k = \underset{\ell=1,2,\ldots,g}{\operatorname{argmax}} \{\pi_\ell f_\ell(\boldsymbol{x})\} \right\}, \quad k = 1, 2, \ldots, g \tag{2.14}$$

で与えられる.

証明 判別ルール $\{\mathcal{R}_1, \mathcal{R}_2, \ldots, \mathcal{R}_g\}$ による誤判別確率は次のように表現できる.

$$\begin{aligned}\sum_{k=1}^{g}\sum_{\ell\neq k}\pi_k \mathrm{P}(\boldsymbol{X} \in \mathcal{R}_\ell | \Pi_k) &= \sum_{k=1}^{g}\sum_{\ell\neq k}\pi_k \int\cdots\int_{\mathcal{R}_\ell} f_k(\boldsymbol{x}) d\boldsymbol{x} \\ &= \sum_{k=1}^{g}\left\{\pi_k - \int\cdots\int_{\mathcal{R}_k} \pi_k f_k(\boldsymbol{x}) d\boldsymbol{x}\right\} \\ &\geq \sum_{k=1}^{g}\left\{\pi_k - \int\cdots\int_{\mathcal{R}_k^*} \pi_k f_k(\boldsymbol{x}) d\boldsymbol{x}\right\}.\end{aligned}$$

2 番目の等式は $\mathcal{R}_1, \ldots, \mathcal{R}_g$ が $\mathbb{R}^d$ の分割であることから，最後の不等式は $\mathcal{R}_k$ の定義 (2.14) から得られる. ■

注 $\boldsymbol{x}$ が観測されたとき，そのラベル Y の事後確率は

$$\mathrm{P}\{Y = k \mid \boldsymbol{X} = \boldsymbol{x}\} = \frac{\pi_k f_k(\boldsymbol{x})}{\sum_{\ell=1}^{g} \pi_\ell f_\ell(\boldsymbol{x})}$$

で与えられるため，2 群の場合と同様ベイズ判別ルールは事後確率最大化と言い換えることができる. 多群の場合でも確率密度関数の比がわかればベイズ判別ルールを構成できることを示している.

2.4.2 既知の正規母集団の多群判別

分散共分散行列 Σ が共通である g 個の正規母集団 $\Pi_k = \mathrm{N}_d(\boldsymbol{\mu}_k, \Sigma)$, $k = 1, 2, \ldots, g$ を考える. 定理 2.5 で $f_k(\boldsymbol{x}) = \phi(\boldsymbol{x} \mid \boldsymbol{\mu}_k, \Sigma)$ とおくと，$\phi(\boldsymbol{x} \mid \boldsymbol{\mu}_g, \Sigma)$ との対数尤度比から次の線形判別関数が得られる.

$$\log\left\{\frac{\pi_k \phi(\boldsymbol{x} \mid \boldsymbol{\mu}_k, \Sigma)}{\pi_g \phi(\boldsymbol{x} \mid \boldsymbol{\mu}_g, \Sigma)}\right\} = \left(\boldsymbol{x} - \frac{\boldsymbol{\mu}_k + \boldsymbol{\mu}_g}{2}\right)^\top \Sigma^{-1}(\boldsymbol{\mu}_k - \boldsymbol{\mu}_g) + \log\frac{\pi_k}{\pi_g}. \tag{2.15}$$

よって，この場合のベイズ判別ルールは対数尤度比 (2.15) を $k = 1, 2, \ldots, g$ に関して最大にするラベルに判別することになる. つまり d 次元空間を $g-1$ 個の超平面により それぞれは連結した g 個の領域に分割することになる.

次に分散共分散行列 Σ が群ごとに異なる場合の正規母集団 $\Pi_k = \mathrm{N}_d(\boldsymbol{\mu}_k, \Sigma_k)$, $k = 1, 2, \ldots, g$ を考

える．定理 2.5 で $f_k(\boldsymbol{x}) = \phi(\boldsymbol{x} \mid \boldsymbol{\mu}_k, \Sigma_k)$ とおくと，$\phi(\boldsymbol{x} \mid \boldsymbol{\mu}_g, \Sigma)$ との対数尤度比より次の 2 次判別関数が得られる．

$$2\log\left\{\frac{\pi_k\phi(\boldsymbol{x} \mid \boldsymbol{\mu}_k, \Sigma_k)}{\pi_g\phi(\boldsymbol{x} \mid \boldsymbol{\mu}_g, \Sigma_g)}\right\} = \Delta^2(\boldsymbol{x}, \boldsymbol{\mu}_g; \Sigma_g) - \Delta^2(\boldsymbol{x}, \boldsymbol{\mu}_k; \Sigma_k) + \log\frac{|\Sigma_g|}{|\Sigma_k|} + 2\log\frac{\pi_k}{\pi_g}. \tag{2.16}$$

よって，d 次元空間を $g-1$ 個の 2 次曲面で g 個に分割することになる．ただ分散共分散行列 Σ_k によっては，必ずしも $\mathcal{R}_k^*$ が連結した領域となるわけではないことに注意せよ．

2.4.3　正規母集団の判別例: ワインの栽培品種判別法

2.1 節では，各ワインのフラボノイドの含有量と色強度という 2 変数ベクトルを測定して栽培品種を分類する問題を考えた．表 2.1 は各群ごとの教師サンプルサイズ，テストサンプルサイズを表示している．またテストデータは教師データと独立に観測されていて，判別ルールの評価用に用いられる．図 2.1 を見て 3 群それぞれが 2 次元正規分布に従うと仮定する．教師データによる標本平均，群ごとの分散共分散行列の不偏推定量，および共通と仮定した場合の分散共分散行列の不偏推定量はそれぞれ次で与えられる．

$$\bar{\boldsymbol{x}}_1 = \begin{pmatrix} 3.0128 \\ 5.6138 \end{pmatrix}, \quad \bar{\boldsymbol{x}}_2 = \begin{pmatrix} 2.2889 \\ 2.8547 \end{pmatrix}, \quad \bar{\boldsymbol{x}}_3 = \begin{pmatrix} 0.7304 \\ 8.5104 \end{pmatrix},$$

$$\boldsymbol{S}_1 = \begin{pmatrix} 0.1250 & 0.2946 \\ 0.2946 & 1.3426 \end{pmatrix}, \quad \boldsymbol{S}_2 = \begin{pmatrix} 0.5437 & 0.3957 \\ 0.3957 & 0.6943 \end{pmatrix},$$

$$\boldsymbol{S}_3 = \begin{pmatrix} 0.0402 & 0.2640 \\ 0.2640 & 3.9477 \end{pmatrix}, \quad \boldsymbol{S} = \begin{pmatrix} 0.2727 & 0.3276 \\ 0.3276 & 1.7755 \end{pmatrix}.$$

分散共分散行列が共通で，事前確率を $\pi_k = 1/3$ と仮定したとき，母数を推定量で置き換えた標本線形判別関数は次で得られる．

$$\log\left\{\frac{\phi(\boldsymbol{x} \mid \bar{\boldsymbol{x}}_1, S)}{\phi(\boldsymbol{x} \mid \bar{\boldsymbol{x}}_3, S)}\right\} = 13.27x_1 - 4.08x_2 + 3.98, \tag{2.17}$$

$$\log\left\{\frac{\phi(\boldsymbol{x} \mid \bar{\boldsymbol{x}}_2, S)}{\phi(\boldsymbol{x} \mid \bar{\boldsymbol{x}}_3, S)}\right\} = 12.26x_1 - 5.45x_2 + 12.45. \tag{2.18}$$

データ $\boldsymbol{x}$ に対して 式 (2.17), (2.18) で与えられる 2 つの値と 0 を考え，3 つの値の中で式 (2.17) が最大なら品種 1 に，式 (2.18) が最大なら 品種 2 に，0 が最大なら 品種 3 に判別する．図 2.2 はこの境界を表したものである．同図左は教師データを判別した結果であり，合計 7 個の教師データが誤判別されている．一方同図右はテストデータを判別した結果であり，誤判別数は 10 個である．誤判別確率はそれぞれ $7/89 \approx 0.079$, $10/89 \approx 0.112$ となり，教師データの誤判別確率が小さくなっている．これは一般には当然であり，判別ルールを作った教師データで誤判別確率を評価したものは見かけの誤判別確率と呼ばれ，真の誤判別確率を過小評価しているためである．この現象を**オーバーフィット**あるいは **過学習**と呼ぶ．教師データとは独立なテストデータで誤判別確率を評価することにより真の誤判別確率に近い値が得られる．

2.4.4 R による実行例

以上の多次元正規分布に基づくワイン品種の判別分析の実行例を示す．

コード 2.1　実行例作成のためのデータの準備

```
1   ## オリジナルデータをUCI ML database から読み込む
2   Wine = read.csv(
3          url("https://archive.ics.uci.edu/ml/machine-learning-databases/wine/wine.data"),
               header = FALSE
4          )
5
6   ## 使用する変数（品種，フラボノイド含有量，色強度）を抽出
7   wine = Wine[, c(1, 8, 11)]
8   colnames(wine) = c("grape", "x1", "x2") # 3変数の命名
9
10  ## サンプルサイズの計算
11  # 品種ごと
12  n1 = sum(wine[, 1] == 1)
13  n2 = sum(wine[, 1] == 2)
14  n3 = sum(wine[, 1] == 3)
15  # トータル
16  n = n1 + n2 + n3
17
18  ## 乱数を用いて各品種から教師サンプルを選択（教師サンプルサイズは表 2.1の設定）
19  n1.train = 29; n2.train = 36; n3.train = 24      # 各品種の教師サンプルサイズ
20  set.seed(380)                                    # 乱数種を指定
21  # 教師サンプル（品種 1）
22  train1 = sort(sample(which(wine[, 1] == 1), n1.train))
23  # 教師サンプル（品種 2）
24  train2 = sort(sample(which(wine[, 1] == 2), n2.train))
25  # 教師サンプル（品種 3）
26  train3 = sort(sample(which(wine[, 1] == 3), n3.train))
27  # 教師サンプル（全品種）
28  train = c(train1, train2, train3)
29
30  ## 残りをテストサンプルとする
```

```
31  # 各品種のテストサンプルサイズ
32  n1.test = n1 - n1.train
33  n2.test = n2 - n2.train
34  n3.test = n3 - n3.train
35  # テストサンプル（全品種）
36  test = (1:n)[-train]
37  
38  ## 教師データ・テストデータへ分割
39  wine.train = wine[train, ]; wine.test = wine[test, ]
40  
41  ## 横軸:x1，縦軸:x2 で散布図作成（図 2.1に対応）
42  r1 = range(wine[, 2]); r2 = range(wine[, 3])    # x1, x2 の値域
43  par(mfrow = c(1, 2))                           # プロット画面を 2分割
44  
45  # 教師データの散布図
46  plot(wine.train[, 2], wine.train[, 3], xlim = r1, ylim = r2,
47         xlab = "x1", ylab = "x2", col = wine.train[, 1],
48         pch = wine.train[, 1],
49         main = paste0("training; n1 = ", n1.train,
50                       ", n2 = ", n2.train, ", n3 = ", n3.train)
51         )
52  legend("topright", legend = paste0("grape", 1:3), col = 1:3, pch = 1:3)
53  
54  # テストデータの散布図
55  plot(wine.test[, 2], wine.test[, 3], xlim = r1, ylim = r2,
56         xlab = "x1", ylab = "x2", col = wine.test[, 1],
57         pch = wine.test[, 1],
58         main = paste0("test; n1 = ", n1.test,
59                       ", n2 = ", n2.test, ", n3 = ", n3.test)
60         )
61  legend("topright", legend = paste0("grape", 1:3), col = 1:3, pch = 1:3)
62  
63  par(mfrow = c(1, 1)) # プロット画面の分割を解除
64  
65  ## 判別境界を作図する際に使用する格子点を作成
66  grid = data.frame(expand.grid(x1 = seq(r1[1], r1[2], length.out = 500),
67                               x2 = seq(r2[1], r2[2], length.out = 500)))
```

コード 2.2　実行例 1 ：線形判別

```
1  ## 事前確率を設定
```

```
2  pi1 = 1/3; pi2 = 1/3; pi3 = 1-pi1-pi2
3  ## x1, x2 の平均ベクトルを品種ごとに推定
4  g = wine.train[, 1]                # 品種番号の教師データ
5  X = as.matrix(wine.train[, 2:3])  # x1, x2 の教師データ
6  mu1 = colMeans(X[g == 1, ])       # 品種 1の x1, x2 の平均ベクトル
7  mu2 = colMeans(X[g == 2, ])       # 品種 2の x1, x2 の平均ベクトル
8  mu3 = colMeans(X[g == 3, ])       # 品種 3の x1, x2 の平均ベクトル
9  Mu = cbind(mu1, mu2, mu3)
10 
11 ## x1, x2 の分散共分散行列は 3 品種とも共通と仮定し，これを推定
12 # x1, x2 の教師データを品種ごとに中心化
13 centered.X = t(sapply(1:nrow(X), function(i){X[i, ] - Mu[, g[i]]}))
14 # 分散共分散行列を推定
15 Sigma = var(centered.X)
16 # 分散共分散行列の逆行列
17 Lambda = solve(Sigma)
18 
19 ## 判別ルールを関数化
20 LDA = function(X){
21    apply(X, 1, function(x){
22         #品種 1に対する線形判別関数
23         d1 = log(pi1/pi3) + t(x - (mu1 + mu3)/2)
24                                  %*% Lambda %*% (mu1 - mu3)
25         #品種 2に対する線形判別関数
26         d2 = log(pi2/pi3) + t(x - (mu2 + mu3)/2)
27                                  %*% Lambda %*% (mu2 - mu3)
28 
29         if(d1 > d2 & d1 > 0){            # d1 が最大かつ正なら品種 1 と判別
30                 return(as.integer(1))
31                 }else if(d2 > 0){        # d2 が最大かつ正なら品種 2 と判別
32                         return(as.integer(2))
33                         }else{           # d1, d2 がいずれも 0 以下なら品種 3 と判別
34                                 return(as.integer(3))
35                                 }
36         }
37    )
38 }
39 
40 ## 教師データに対する判別結果
41 lda.train = LDA(wine.train[, 2:3])                          # 教師データを判別
42 print(table(正答 = wine.train[, 1], 判別 = lda.train))     # 正誤表
43 lda.err.train = mean(wine.train[, 1] != lda.train)         # 誤判別確率
44 print(lda.err.train)
```

```
45
46  ## テストデータに対する判別結果
47  lda.test = LDA(wine.test[, 2:3])                        # テストデータを判別
48  print(table(正答 = wine.test[, 1], 判別 = lda.test))    # 正誤表
49  lda.err.test = mean(wine.test[, 1] != lda.test)         # 誤判別確率
50  print(lda.err.test)
51
52  ## コード 2.1で作成した格子点grid に対して判別を実行し，判別境界を作成
53  lda.area = LDA(grid)        # 格子点に対して判別を実行
54  par(mfrow = c(1, 2))        # プロット画面を 2分割
55
56  # 教師データの散布図
57  plot(grid, cex = 0.001, col = grey(0.3 + 0.2*lda.area),
58          xlim = r1, ylim = r2)
59  par(new = TRUE)
60  plot(wine.train[, 2], wine.train[, 3], xlim = r1, ylim = r2,
61          xlab = "", ylab = "", col = wine.train[, 1],
62          pch = wine.train[, 1],
63          main = paste0("LDA (training; n1 = ", n1.train,
64                  ", n2 = ", n2.train, ", n3 = ", n3.train, ") \n",
65                  "error rate = ", signif(lda.err.train, 4))
66          )
67  legend("topright", legend = paste0("grape", 1:3), col = 1:3, pch = 1:3)
68
69  # テストデータの散布図
70  plot(grid, cex = 0.001, col = grey(0.3 + 0.2*lda.area),
71          xlim = r1, ylim = r2)
72  par(new = TRUE)
73  plot(wine.test[, 2], wine.test[, 3], xlim = r1, ylim = r2,
74          xlab = "", ylab = "", col = wine.test[, 1], pch = wine.test[, 1],
75          main = paste0("LDA (test; n1 = ", n1.test,
76                  ", n2 = ", n2.test, ", n3 = ", n3.test, ") \n",
77                  "error rate = ", signif(lda.err.test, 4))
78          )
79  legend("topright", legend = paste0("grape", 1:3), col = 1:3, pch = 1:3)
80
81  par(mfrow = c(1, 1)) # プロット画面の分割を解除
```

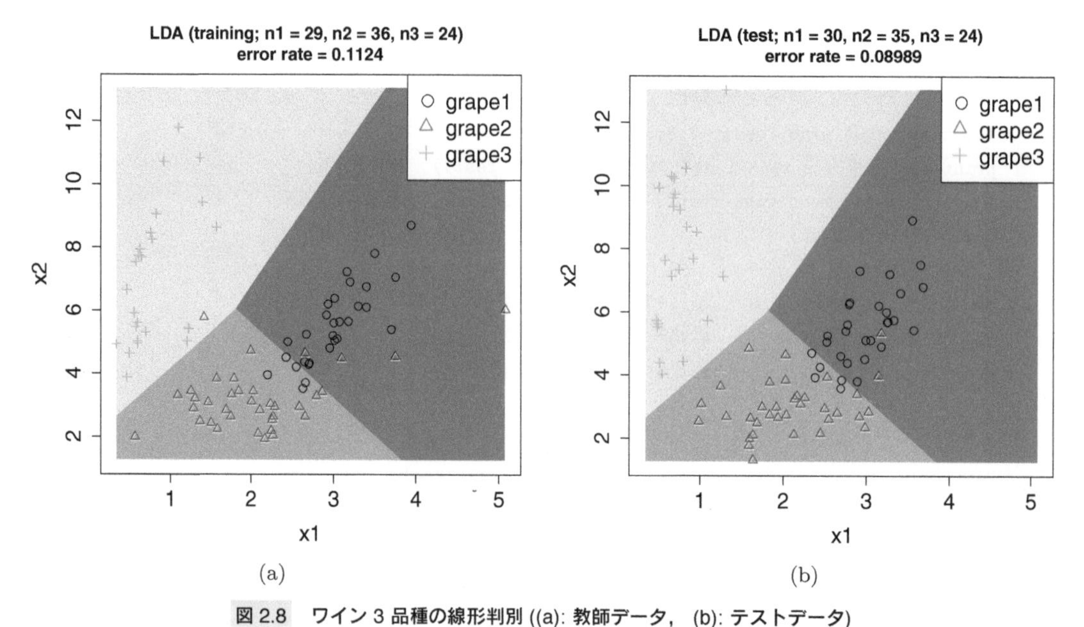

図 2.8　ワイン 3 品種の線形判別 ((a): 教師データ, (b): テストデータ)

コード 2.3　実行例 2 ： 2 次判別

```
## R package [Modern Applied Statistics with S] を利用
library(MASS)

## 2次判別を実行
QDA = qda(grape ~ ., data = wine.train)

## 教師データに対する判別結果
qda.train = as.integer(predict(QDA)\$class)              # 教師データを判別
print(table(正答 = wine.train[, 1], 判別 = qda.train))    # 正誤表
qda.err.train = mean(wine.train[, 1] != qda.train)      # 誤判別確率
print(qda.err.train)

## テストデータに対する判別結果
qda.test = as.integer(predict(QDA, wine.test)\$class)   # テストデータを判別
print(table(正答 = wine.test[, 1], 判別 = qda.test))    # 正誤表
qda.err.test = mean(wine.test[, 1] != qda.test)        # 誤判別確率
print(qda.err.test)

## コード 2.1で作成した格子点grid に対して判別を実行し, 判別境界を作成
qda.area = as.integer(predict(QDA, grid)$class)      # 格子点に対して判別を実行
par(mfrow = c(1, 2))                                 # プロット画面を 2分割
```

```
22 
23 # 教師データの散布図
24 plot(grid, cex = 0.001, col = grey(0.3 + 0.2*qda.area),
25         xlim = r1, ylim = r2)
26 par(new = TRUE)
27 plot(wine.train[, 2], wine.train[, 3], xlim = r1, ylim = r2,
28         xlab = "", ylab = "", col = wine.train[, 1],
29         pch = wine.train[, 1],
30         main = paste0("QDA (training; n1 = ", n1.train,
31                 ", n2 = ", n2.train, ", n3 = ", n3.train, ") \n",
32                 "error rate = ", signif(qda.err.train, 4))
33         )
34 legend("topright", legend = paste0("grape", 1:3), col = 1:3, pch = 1:3)
35 
36 # テストデータの散布図
37 plot(grid, cex = 0.001, col = grey(0.3 + 0.2*qda.area),
38         xlim = r1, ylim = r2)
39 par(new = TRUE)
40 plot(wine.test[, 2], wine.test[, 3], xlim = r1, ylim = r2,
41         xlab = "", ylab = "", col = wine.test[, 1], pch = wine.test[, 1],
42         main = paste0("QDA (test; n1 = ", n1.test,
43                 ", n2 = ", n2.test, ", n3 = ", n3.test, ") \n",
44                 "error rate = ", signif(qda.err.test, 4))
45         )
46 legend("topright", legend = paste0("grape", 1:3), col = 1:3, pch = 1:3)
47 
48 par(mfrow = c(1, 1)) # プロット画面の分割を解除
```

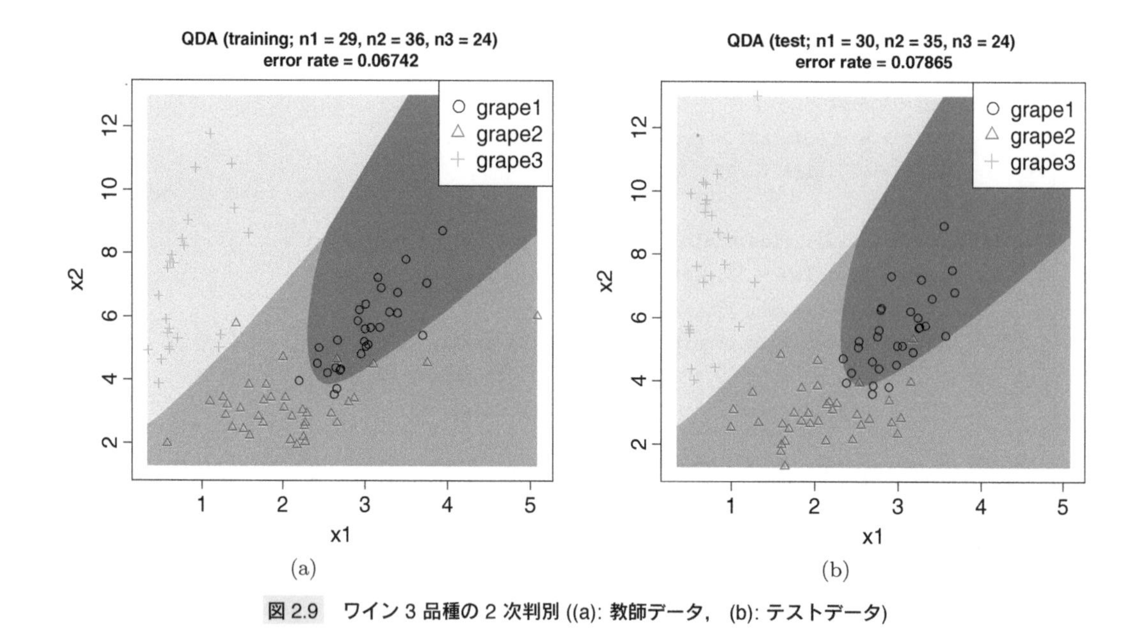

図 2.9 ワイン 3 品種の 2 次判別 ((a): 教師データ, (b): テストデータ)

2.5 ロジスティック判別

ベイズ判別ルールを適用するには，定理 2.1 などで注意したように，それぞれの密度関数の値ではなく密度の比さえわかれば十分である．実際，共通の分散共分散行列を持つ 2 つの正規母集団 $\mathrm{N}_k(\boldsymbol{\mu}_k, \Sigma)$, $k=1,2$ の密度の比の対数は線形判別関数 (2.2) を用いて，

$$
\begin{aligned}
&\log\left\{\frac{\pi_1\phi(\boldsymbol{x}\mid\boldsymbol{\mu}_1,\Sigma)}{\pi_2\phi(\boldsymbol{x}\mid\boldsymbol{\mu}_2,\Sigma)}\right\} = L(\boldsymbol{x}) + \log\left(\frac{\pi_1}{\pi_2}\right) = \boldsymbol{\nu}^\top\boldsymbol{x} + \xi, \\
&\boldsymbol{\nu} \equiv \Sigma^{-1}(\boldsymbol{\mu}_1-\boldsymbol{\mu}_2),\ \xi \equiv -\frac{1}{2}(\boldsymbol{\mu}_1-\boldsymbol{\mu}_2)^\top\Sigma^{-1}(\boldsymbol{\mu}_1+\boldsymbol{\mu}_2) + \log\left(\frac{\pi_1}{\pi_2}\right)
\end{aligned}
\tag{2.19}
$$

となるため，観測ベクトル $\boldsymbol{x}$ の一次結合で判別できることがわかる．つまり $d+1$ 個の係数を推定できれば判別境界を推定できるはずである．では 2 群の正規分布には何個の未知母数が含まれているだろうか．各群の平均ベクトルの成分 $2d$ 個 および 分散共分散行列の成分 $d(d+1)/2$ 個の合計 $d(d+5)/2$ 個である．つまり $d(d+3)/2-1$ 個の“無駄な”母数を推定していることになる．ワインの実行例 2.4.3 のように $d=2$ 次元の場合は，この差は 4 であるが，$d=13$ (ワインの原データの次元) の場合は 103 と大きい値となる．また d が大きいと分散共分散行列，特に逆行列の推定量が不安定となり，情報量が多いはずの高次元の場合にかえって判別性能が落ちてしまうことになる．

2.5.1 ロジスティックモデルとロジスティック判別

ここでは，事前確率が π_k, 確率密度関数が $f_k(\boldsymbol{x})$ で与えられる 2 母集団 $(k=1,2)$ を考え，密度関数の比が $\boldsymbol{x}$ の一次結合で与えられる分布族を考える．

$$\log\left\{\frac{\pi_1 f_1(\boldsymbol{x})}{\pi_2 f_2(\boldsymbol{x})}\right\} = \beta_0 + \boldsymbol{\beta}^\top \boldsymbol{x} \tag{2.20}$$

これを**ロジスティックモデル**，これによる判別を**ロジスティック判別** (logistic discriminant analysis) という．なお確率分布それぞれのモデル化ではなく，比に対するパラメトリックなモデル化であるため，**セミパラメトリック**なアプローチと呼ばれる．

確率 (密度) 関数の比の対数が式 (2.20) で与えられるとき，事後確率は次で求められる．

$$\begin{aligned}
\mathrm{P}(Y=1|\boldsymbol{X}=\boldsymbol{x}) &= \frac{\pi_1 f_1(\boldsymbol{x})}{\pi_1 f_1(\boldsymbol{x}) + \pi_2 f_2(\boldsymbol{x})} \\
&= \frac{1}{1+\exp\{-\beta_0 - \boldsymbol{\beta}^\top \boldsymbol{x}\}}, && (2.21) \\
\mathrm{P}(Y=2|\boldsymbol{X}=\boldsymbol{x}) &= \frac{1}{1+\exp\{\beta_0 + \boldsymbol{\beta}^\top \boldsymbol{x}\}}. && (2.22)
\end{aligned}$$

ロジスティックモデルが適応できる確率分布として次が挙げられる．

(1) 分散共分散行列が共通の正規分布
(2) 各成分が独立なベルヌーイ分布に従う離散型分布
(3) 1. と 2. の混合分布

(2) について詳しく述べる．$\boldsymbol{X} = (X_1, \ldots, X_d)^\top$ の各成分は独立にベルヌーイ分布に従う，すなわち 0 または 1 の値をとる 2 値変数であり，母集団 Π_k の確率関数 $f_k(\boldsymbol{x})$, $k=1,2$ は次で与えられているとする．

$$f_k(\boldsymbol{x}) = \prod_{i=1}^{d} p_{ki}^{x_i}(1-p_{ki})^{1-x_i};\ x_i = 0,1.\quad \text{ただし } 0 < p_{ki} < 1.$$

このとき次が成り立つ．

$$\log\frac{f_1(\boldsymbol{x})}{f_2(\boldsymbol{x})} = \sum_{i=1}^{d}\left(\log\frac{p_{1i}}{p_{2i}} - \log\frac{1-p_{1i}}{1-p_{2i}}\right)x_i + \sum_{i=1}^{d}\log\frac{1-p_{1i}}{1-p_{2i}}.$$

ロジスティック判別は，真の分布が正規分布なら判別効率は落ちるが，d が大きいときや正規分布から離れた分布でもよい判別結果を与えることが知られている．また将来のデータの判別ではなく，現在の教師データについての回帰ベクトル $\boldsymbol{\beta}$ に興味があるとき，**ロジスティック回帰**と呼ばれる．なお，ロジスティックモデル (判別) は，多群の場合にも同様に定義できる (多項ロジスティックモデル，判別)．

ロジスティック回帰の例として新生児が未熟児網膜症を発症するかどうかを考察してみよう．この疾患は網膜の血管の未熟性に基づくものであり，発症しないことを $Y=1$ で，発症することを $Y=2$ で表示する．またこの病気に関係すると考えられる共変量として，x_1: 懐妊期間，x_2: 出生時体重 (g)，x_3: 呼吸器使用期間 (hour), x_4:ビタミン E 内服量 (g), x_5: 男 or 女 (0 または 1), x_6: 母親の喫煙習

慣の有無 (0 または 1) が考えられる．連続量と離散量が混在していることに注意せよ．統計解析の目的は各共変量にかかる係数 β_i がゼロかどうかの検定や，各変数が病気に影響する程度を知ることにある．

2.5.2 ロジスティックモデルの母数推定

式 (2.20) で定義される未知母数 $\beta_0, \boldsymbol{\beta}$ は全教師データの事後確率の積を最大にすることにより推定できる．表記の簡単のためにラベル 1 を $+1$, ラベル 2 を -1 で表すことにする．さて d 次元母集団 Π_{+1}, Π_{-1} から得られた教師データの集合を $\mathcal{D} = \{(\boldsymbol{x}_i, y_i) \in \mathbb{R}^d \times \{+1, -1\} \mid i = 1, 2, \ldots, n\}$ とすると，教師データの事後確率の積 (条件付き尤度関数) は式 (2.21), (2.22) より次で与えられる．

$$U(\beta_0, \boldsymbol{\beta}) \equiv \prod_{i=1}^{n} \frac{1}{1 + \exp\{-y_i(\beta_0 + \boldsymbol{\beta}^\top \boldsymbol{x}_i)\}}. \tag{2.23}$$

未知母数は式 (2.23) を最大にするものとして推定する．このとき，対数尤度関数 $\ell(\boldsymbol{\theta}) \equiv \log U(\beta_0, \boldsymbol{\beta})$ は次で与えられる．

$$\ell(\boldsymbol{\theta}) = -\sum_{i=1}^{n} \log\{1 + \exp(-y_i \boldsymbol{\theta}^\top \tilde{\boldsymbol{x}}_i)\}, \quad \boldsymbol{\theta} = (\beta_0, \boldsymbol{\beta}^\top)^\top, \quad \tilde{\boldsymbol{x}}_i = (1, \boldsymbol{x}_i^\top)^\top \tag{2.24}$$

$\ell(\boldsymbol{\theta})$ を最大にする母数ベクトル $\boldsymbol{\theta}$ を求めるため，尤度方程式と 2 階導関数を計算する．

$$\frac{\mathrm{d}\ell(\boldsymbol{\theta})}{\mathrm{d}\boldsymbol{\theta}} \equiv \left(\frac{\mathrm{d}\ell(\boldsymbol{\theta})}{\mathrm{d}\theta_0}, \frac{\mathrm{d}\ell(\boldsymbol{\theta})}{\mathrm{d}\theta_1}, \ldots, \frac{\mathrm{d}\ell(\boldsymbol{\theta})}{\mathrm{d}\theta_\mathrm{d}} \right)^\top = \sum_{i=1}^{n} p_{\boldsymbol{\theta}}(y_i \tilde{\boldsymbol{x}}_i)\, y_i \tilde{\boldsymbol{x}}_i = \boldsymbol{o}, \tag{2.25}$$

$$\frac{\mathrm{d}^2\ell(\boldsymbol{\theta})}{\mathrm{d}\boldsymbol{\theta}\mathrm{d}\boldsymbol{\theta}^\top} \equiv \left(\frac{\mathrm{d}^2\ell(\boldsymbol{\theta})}{\mathrm{d}\theta_s \mathrm{d}\theta_t} \right) = -\sum_{i=1}^{n} p_{\boldsymbol{\theta}}(\tilde{\boldsymbol{x}}_i)\{1 - p_{\boldsymbol{\theta}}(\tilde{\boldsymbol{x}}_i)\}\, \tilde{\boldsymbol{x}}_i \tilde{\boldsymbol{x}}_i^\top. \tag{2.26}$$

ただし $p_{\boldsymbol{\theta}}(\tilde{\boldsymbol{x}}) = 1/\{1 + \exp(\boldsymbol{\theta}^\top \tilde{\boldsymbol{x}})\}$ である．

式 (2.26) より $-\mathrm{d}^2\ell(\boldsymbol{\theta})/\mathrm{d}\boldsymbol{\theta}\mathrm{d}\boldsymbol{\theta}^\top$ が正定値行列であることがわかる．そのためニュートン・ラフソン法 により，数回のステップで尤度方程式 (2.25) の安定した解を求めることができる．すなわち現在の解を $\boldsymbol{\theta}_\mathrm{old}$ とし，それを改良して $\boldsymbol{\theta}_\mathrm{new} = \boldsymbol{\theta}_\mathrm{old} + \boldsymbol{\delta}$ を得るものとすると，テイラー展開により次が得られる．

$$\boldsymbol{o} = \frac{\mathrm{d}}{\mathrm{d}\boldsymbol{\theta}} \ell(\boldsymbol{\theta}_{new}) = \frac{\mathrm{d}}{\mathrm{d}\boldsymbol{\theta}} \ell(\boldsymbol{\theta}_{old} + \boldsymbol{\delta}) \approx \frac{\mathrm{d}}{\mathrm{d}\boldsymbol{\theta}} \ell(\boldsymbol{\theta}_{old}) + \frac{\mathrm{d}^2}{\mathrm{d}\boldsymbol{\theta}\mathrm{d}\boldsymbol{\theta}^\top} \ell(\boldsymbol{\theta}_{old}) \boldsymbol{\delta}. \tag{2.27}$$

したがって，式 (2.27) から

$$\boldsymbol{\delta} = \left[-\frac{\mathrm{d}^2}{\mathrm{d}\boldsymbol{\theta}\mathrm{d}\boldsymbol{\theta}^\top} \ell(\boldsymbol{\theta}_{old}) \right]^{-1} \frac{\mathrm{d}}{\mathrm{d}\boldsymbol{\theta}} \ell(\boldsymbol{\theta}_{old})$$

と求め， $\boldsymbol{\theta}_{old} + \boldsymbol{\delta}$ で解を更新する．この手順を逐次的に繰り返せば，$\ell(\boldsymbol{\theta})$ の凸性より最尤推定値が

求められる.

2.5.3　R による実行例

ロジスティックモデルによるワイン品種の判別分析の実行例を示す.

コード 2.4　実行例 3：ロジスティック判別

```
## R package [nnet] を利用
library(nnet)

## 多項ロジスティック判別を実行
Logistic = multinom(grape ~ ., data = wine.train)

## 教師データに対する判別結果
# 教師データを判別
logistic.train = as.integer(predict(Logistic))
print(table(正答 = wine.train[, 1], 判別 = logistic.train))   # 正誤表
logistic.err.train = mean(wine.train[, 1] != logistic.train) # 誤判別確率
print(logistic.err.train)

## テストデータに対する判別結果
# テストデータを判別
logistic.test = as.integer(predict(Logistic, wine.test[, 2:3]))
print(table(正答 = wine.test[, 1], 判別 = logistic.test))     # 正誤表
logistic.err.test = mean(wine.test[, 1] != logistic.test)    # 誤判別確率
print(logistic.err.test)

## コード 2.1で作成した格子点grid に対して判別を実行し，判別境界を作成
# 格子点に対して判別を実行
logistic.area = as.integer(predict(Logistic, grid))
par(mfrow = c(1, 2)) # プロット画面を 2分割

# 教師データの散布図
plot(grid, cex = 0.001, col = grey(0.3 + 0.2*logistic.area), x
       lim = r1, ylim = r2)
par(new = TRUE)
plot(wine.train[, 2], wine.train[, 3], xlim = r1, ylim = r2,
       xlab = "", ylab = "", col = wine.train[, 1],
       pch = wine.train[, 1],
       main = paste0("Logistic (training; n1 = ", n1.train,
              ", n2 = ", n2.train, ", n3 = ", n3.train, ") \n",
```

```
35                "error rate = ", signif(logistic.err.train, 4))
36        )
37 legend("topright", legend = paste0("grape", 1:3), col = 1:3, pch = 1:3)
38
39 # テストデータの散布図
40 plot(grid, cex = 0.001, col = grey(0.3 + 0.2*logistic.area),
41        xlim = r1, ylim = r2)
42 par(new = TRUE)
43 plot(wine.test[, 2], wine.test[, 3], xlim = r1, ylim = r2,
44        xlab = "", ylab = "", col = wine.test[, 1],
45        pch = wine.test[, 1],
46        main = paste0("Logistic (test; n1 = ", n1.test,
47                ", n2 = ", n2.test, ", n3 = ", n3.test, ") \n",
48                "error rate = ", signif(logistic.err.test, 4)))
49 legend("topright", legend = paste0("grape", 1:3), col = 1:3, pch = 1:3)
50
51 par(mfrow = c(1, 1)) # プロット画面の分割を解除
```

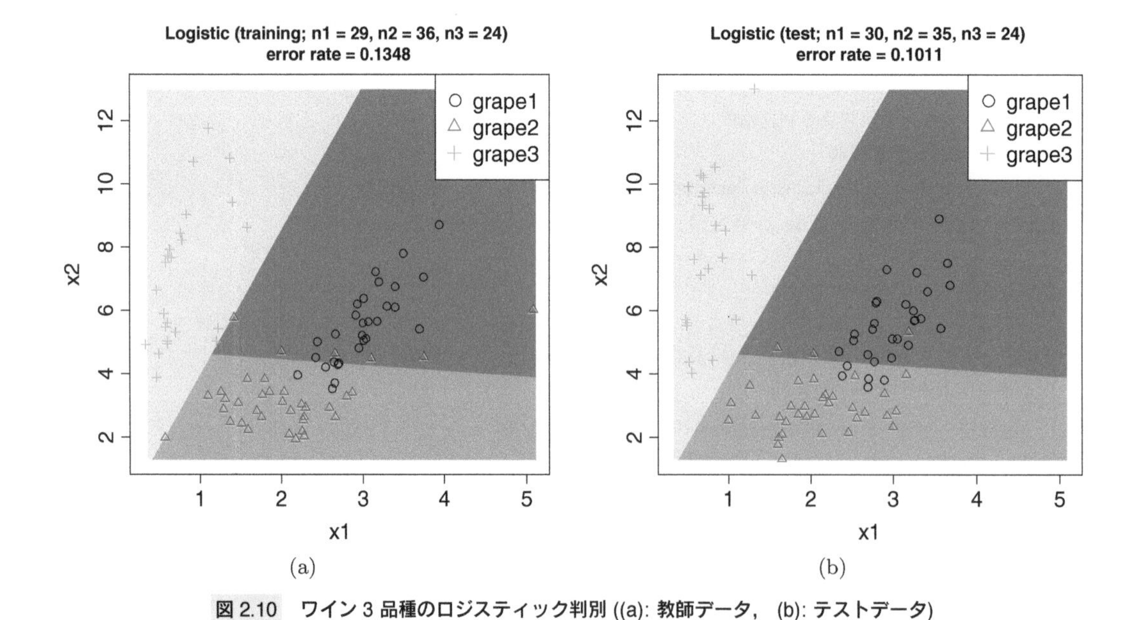

図 2.10　ワイン 3 品種のロジスティック判別 ((a): 教師データ, (b): テストデータ)

➤ 2.6　その他の判別方法

これまで紹介した判別手法以外に用いられる手法を簡単に説明しよう.

2.6.1　高次元データの正規モデルによる判別方法

観測変数の次元が d の場合，正規分布の未知母数の数は d^2 のオーダーで増加する．そのため d が 100 以上のように大きいときは，通常の線形判別や 2 次判別関数は高精度ではなくなる．このような場合には次の方法が考えられる．

(1) AIC に代表される変数選択手法を用いて判別に有効な変数を選び，判別を行う．
(2) 正則化法により，$S + \lambda I$ の形で分散共分散行列を推定する．ただし λ は正の定数である．

注 λ の推定法としては 1.5.1 節の交差検証法が用いられる．

2.6.2　ノンパラメトリックな統計手法による判別

正規分布のように特定の確率モデルを仮定したモデルに基づく統計的推測はパラメトリックなアプローチ，またロジスティックモデルのように確率分布の一部分をモデル化するのがセミパラメトリックなアプローチであった．さらに教師データから直接各群の確率密度関数を推定し (**密度推定**), 判別ルールを導出する方法も用いられることがある．またテストデータ $\boldsymbol{x}$ と教師データとの距離を測り，$\boldsymbol{x}$ に近い順に k 個までの教師データのラベルの多数決で判別する方法を **k-近傍決定則** あるいは **k-NN 法**という．いずれも分布に関して特定のパラメトリックな確率モデルを仮定しないため，ノンパラメトリックな判別手法である．

2.6.3　判別性能の推定

教師データに判別基準を適応して得られる見かけの誤判別確率は実際の誤判別確率より小さくなる．そこで 1.5.1 節の**交差検証法** [*6] が利用できる．一つ抜き交差検証法による誤判別確率のばらつきが大きいことが知られているので，**10 分割交差検証法** [*7] などが用いられる．

2.6.4　多群判別への 2 群判別手法の適応

多群の判別は 2 群判別を繰り返すことでも可能である．g 通りのカテゴリ $C_1, \ldots, C_g$ が与えられているとし，カテゴリのラベル集合を $\mathcal{C} = \{1, \ldots, g\}$ で定義する．「一対一判別」は，カテゴリのすべての対 C_k, C_ℓ $(k < \ell; k, \ell \in \mathcal{C})$ に対して 2 群判別基準を生成し，生成した $g(g-1)/2$ 個の判別基準による判別結果の多数決でテストベクトルを判別する方式である．一方「一対残り判別」はカテゴリ C_k とそれ以外のクラス $\cup_{\ell \neq k} C_\ell$ $(k \in \mathcal{C})$ に対して 2 群判別基準を生成し，g 個の判別基準による判別結果の多数決でテスト用標本を判別する方式である．

[*6] 教師データから一つのデータを除いて判別ルールを構成し，取り除いたデータを正しく判別できるかどうかをチェックする．これを全データに対して繰り返し，全体的な判別性能を評価する方法．
[*7] 教師データを 10 の部分集合に等分し，9 つの部分集合により判別ルールを構成し，残りの部分集合で判別基準を評価する．この手順を 10 回繰り返して判別基準の全体的な性能を評価する方法．

特徴ベクトル $\boldsymbol{x} \in \mathcal{R}^q$ が観測されたとき，判別関数 $F(\boldsymbol{x}, k)$, $(k \in \mathcal{C})$ により $\boldsymbol{x}$ のラベルを次で推測する．

$$\hat{y}(F) = \underset{k \in \mathcal{C}}{\operatorname{argmax}} F(\boldsymbol{x}, k). \tag{2.28}$$

$\boldsymbol{x}$ のラベルが $y \in \mathcal{C}$ のとき，一つの指数損失が次のように与えられる．

$$L_{\exp}(F \mid \boldsymbol{x}, y) = \sum_{\ell \neq k} \exp\{F(\boldsymbol{x}, k) - F(\boldsymbol{x}, y)\}.$$

なお，2 群判別の場合は，

$$\bar{F}(\boldsymbol{x}) = F(\boldsymbol{x}, 1) - F(\boldsymbol{x}, 2)$$

とおけば，$\bar{F}(\boldsymbol{x})$ の正負で $\boldsymbol{x}$ を判別する前述した 2 群判別に帰着する．

多群の場合も判別関数の代表例は事後確率である．すなわち，カテゴリ C_k に属する特徴ベクトルが確率密度関数 $f_k(\boldsymbol{x})$ に従うとき，カテゴリ C_k の事前確率を π_k とすると事後確率は次で求められる．

$$\mathrm{P}(Y = k \mid \boldsymbol{X} = \boldsymbol{x}) = \pi_k f_k(\boldsymbol{x}) \Big/ \sum_{\ell \in \mathcal{C}} \pi_\ell f_\ell(\boldsymbol{x}). \tag{2.29}$$

よって，$\mathrm{P}(Y = k \mid \boldsymbol{X} = \boldsymbol{x})$ はベイズ判別基準を与える最強の判別関数である．

2.6.5 空間依存するデータの判別

地表面の小区画を判別する場合，区画での観測値が空間依存する．また針葉樹の隣に広葉樹が存在する確率より針葉樹の隣が海である確率ははるかに小さい．このような空間依存性を持つデータから各画素のカテゴリを推定することを画素判別という．画素判別には，空間依存性を統計モデルで記述する，あるいは機械学習の手法を中心画素および近傍画素に適応することが考えられている．例えば清水 (2002) を参照せよ．

第2章　練習問題

2.1 平均が $\mu_1 < \mu_2$ のとき，1 次元正規母集団 $\Pi_k : \mathrm{N}(\mu_k, \sigma^2)$ $(k = 1, 2)$ について，事前確率 $\pi_k = 1/2$ なら，ベイズ判別ルールは $\mathcal{R}_1^* = (-\infty, \frac{\mu_1+\mu_2}{2}]$, $\mathcal{R}_2^* = (\frac{\mu_1+\mu_2}{2}, \infty)$ で与えられることを示せ．

2.2 式 (2.6) で定義された誤判別確率 $e(\Delta; \pi_1)$ は任意の $0 < \pi_1 < 1$ に対して Δ の単調減少関数であることを示せ．
(ヒント: $e(\Delta; \pi_1)$ を Δ で微分し，導関数を $c = \log\{\pi_1/(1 - \pi_1)\}$ に注意し整理せよ.)

第3章

深層学習

深層学習は，2010年頃から注目を集めている，大規模かつ複雑なデータを解析するための手法の一つである．その起源は，視覚と脳の機能をモデル化するために提案された，パーセプトロン (Rosenblatt, 1958) までさかのぼることができる．当時の計算技術では複雑なモデルを解析するための計算技術が十分ではなく，サポートベクターマシンやブースティングなどの手法が，深層学習の元となるニューラルネットワークに取って代わることとなった．ところが，計算技術の発展とともに，複雑なモデルを現実的に推定できることが明らかとなり，近年では標準的なデータ解析手法となりつつある．本章では，近年の深層学習モデルおよび，パラメータ推定のために用いられる誤差逆伝播法やその拡張について説明する．

3.1 深層ニューラルネットワーク

d 次元の説明変数 $\boldsymbol{x} = (x_1, \dots, x_d)^\top$ と m 次元の目的変数 $\boldsymbol{y} = (y_1, \dots, y_m)^\top$ に対して，最も単純な深層学習モデルは，図3.1で示される **L 層ニューラルネットワーク** (L layer neural network)，あるいは**深層ニューラルネットワーク** (deep neural network) と呼ばれるものである．深層ニューラルネットワークでは，複数の層を通して入出力関係を記述し，説明変数からなる層を**入力層** (input layer)，目的変数からなる層を**出力層** (output layer) という．**中間層** (intermediate layer) は隠れ変数 $\boldsymbol{z}^{(l)} = (z_1^{(l)}, \dots, z_{q_l}^{(l)})^\top$, $l = 2, \dots, L-1$ からなる層であり，特に，中間層が1層，つまり，$L = 3$ であるようなニューラルネットワークを **3層ニューラルネットワーク** (3 layer neural network)，あるいは**浅いネットワーク** (shallow network) と呼ぶ．また，図3.1において，それぞれのノードは**ユニット** (unit) と呼ばれる．

ニューラルネットワークの特徴は，数理モデルが図3.1のような有向グラフで表現できる点にある．それぞれの矢線には未知の重みパラメータが割り当てられており，現在の層の線形結合に**活性化関数** (activation function) と呼ばれる既知の関数を通して次の層へネットワークが伝播する．言い換えれば，図3.1のようなネットワークが与えられれば，対応する数理モデルが同時に定義されたことにな

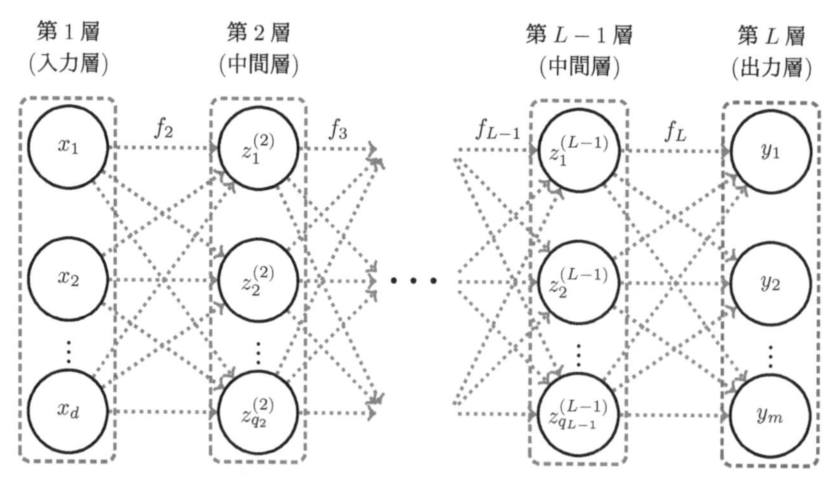

図 3.1　深層ニューラルネットワークのグラフ表現．$L-2$ 個の中間層があり，各層のユニット数はそれぞれ $q_l,\ l=2,\ldots,L-1$ である．f_l は第 $l-1$ 層から第 l 層への活性化関数を表している．各矢線には重みパラメータが割り当てられており，直前の層の線形結合に活性化関数を通したものが，次の層へ伝播する．

る．ネットワークの矢線に沿って値が更新されることを**順伝播** (forward propagation) と呼ぶ．簡単のため，$\boldsymbol{z}^{(1)}=\boldsymbol{x},\boldsymbol{z}^{(L)}=\boldsymbol{y},q_1=d,q_L=m$ とすれば，第 l 層から第 $l+1$ 層の j 番目のユニットへの順伝播は次のようにかける．

$$\begin{aligned}u_j^{(l+1)}&=w_{0j}^{(l)}+w_{1j}^{(l)}z_1^{(l)}+\cdots+w_{q_l,j}^{(l)}z_{q_l}^{(l)}\\ z_j^{(l+1)}&=f_{l+1}(u_j^{(l+1)}),\qquad j=1,\ldots,q_{l+1}.\end{aligned}$$

添え字が多く，複雑な計算を行っているように見えるが，ベクトルと行列を用いればスッキリする．つまり，$\boldsymbol{w}_0^{(l)}=(w_{01}^{(l)},\ldots,w_{0q_{l+1}}^{(l)})^\top,W^{(l)}=(w_{ij}^{(l)})_{i=1,\ldots,q_{l+1};j=1,\ldots,q_l}$ とすると，順伝播のはじめの式は

$$\boldsymbol{u}^{(l+1)}=\boldsymbol{w}_0^{(l)}+W^{(l)}\boldsymbol{z}^{(l)}$$

と書き換えることができる．したがって，$\boldsymbol{u}^{(l+1)}$ は q_l 次元の中間層を q_{l+1} 次元に線形変換したものに過ぎない．ここで，$\boldsymbol{w}_0^{(l)}$ はバイアス項と呼ばれる．次に，活性化関数 f_{l+1} は $\mathbb{R}$ から $\mathbb{R}$ への関数であるが，

$$f_{l+1}(\boldsymbol{u}^{(l+1)})=(f_{l+1}(u_1^{(l+1)}),\ldots,f_{l+1}(u_{q_{l+1}}^{(l+1)}))^\top$$

のように，同じ表記を用いてベクトルも表すとする．すると，この順伝播の 2 つ目の式は

$$\boldsymbol{z}^{(l+1)}=f_{l+1}(\boldsymbol{u}^{(l+1)})$$

となり，結果として，第 $l+1$ 層の出力は，第 l 層の線形変換に活性化関数を成分ごとに作用させたものであることがわかる．まとめると，数理モデルとしてのニューラルネットワークは，線形変換と活性化関数による変換の合成関数として表現できる．

中間層の数 L や，層ごとのユニット数 q_l, 活性化関数 f_l は，実際には解析の際にあらかじめ選択しなければばならない．特に，L や q_l の違いで，解析結果に大きな差が生じることもあるため，注意深く設定する必要がある．これはモデル選択の問題であり，標準的な選択法はいまだ確立されていない．また，活性化関数の選択も非常に重要であるが，次節で述べるシグモイド関数や ReLU が近年ではしばしば利用される．

例 3.1　3 層ニューラルネットワーク，つまり，$L=3$ の場合を考える．このとき，入力層から中間層への順伝播は

$$\boldsymbol{z}^{(2)} = f_2(\boldsymbol{u}^{(2)}), \qquad \boldsymbol{u}^{(2)} = g_1(\boldsymbol{x}) = \boldsymbol{w}_0^{(1)} + W^{(1)}\boldsymbol{x}$$

となる．同様に，中間層から出力層への順伝播は

$$\boldsymbol{y} = f_3(\boldsymbol{u}^{(3)}), \qquad \boldsymbol{u}^{(3)} = g_2(\boldsymbol{z}^{(2)}) = \boldsymbol{w}_0^{(2)} + W^{(2)}\boldsymbol{z}^{(2)}$$

である．したがって，$\boldsymbol{x}$ と $\boldsymbol{y}$ の入出力関係は

$$\boldsymbol{y} = f_3(\boldsymbol{w}_0^{(2)} + W^{(2)} f_2(\boldsymbol{w}_0^{(1)} + W^{(1)}\boldsymbol{x})) = f_3(g_2(f_2(g_1(\boldsymbol{x}))))$$

となり，線形変換と活性化関数からなる合計 4 つの関数の合成でモデルが記述できていることがわかる．

3.1.1　活性化関数と損失関数

a 活性化関数の例

活性化関数はニューラルネットワークを構成する重要な要素であり，伝統的には**シグモイド関数** (sigmoid function)

$$f(x) = \frac{1}{1+e^{-x}}$$

や，**ハイパボリックタンジェント関数** (hyperbolic tangent function)

$$f(x) = \tanh(x) = \frac{e^x - e^{-x}}{e^x + e^{-x}},$$

あるいは **ReLU** (Rectified Linear Unit: **正規化線形ユニット**)

$$f(x) = \max\{0, x\}$$

などが用いられてきた [*1]．ReLU を用いた深層ニューラルネットワークは，シグモイド関数のような

*1 ReLU はランプ関数としても知られている．

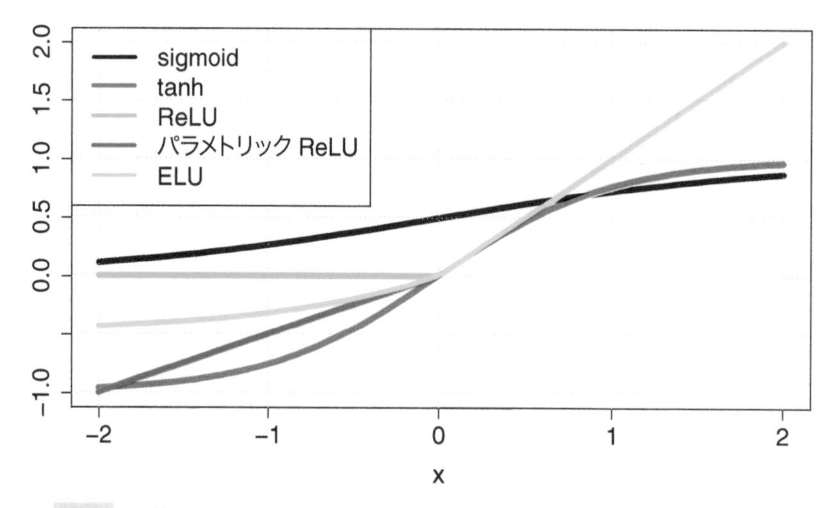

図 3.2　活性化関数の例．パラメトリック ReLU および ELU では $\alpha = 0.5$ とした．

滑らかな関数と比較してパラメータの推定がうまくいくことが多く，2011 年以降，**リーキー ReLU** (Leaky ReLU) (Maas et al., 2013)

$$f(x) = \begin{cases} x, & x > 0 \\ \alpha x, & x \leq 0 \end{cases}$$

や，**ELU** (Exponential linear unit) (Clevert et al., 2015)

$$f(x) = \begin{cases} x, & x > 0 \\ \alpha(e^x - 1), & x \leq 0 \end{cases}, \qquad \alpha \geq 0$$

など, ReLU を改善するような活性化関数が多く提案されている．なお，リーキー ReLU において，α も他のニューラルネットワークのパラメータと同時に推定する場合，**パラメトリック ReLU**(parametric ReLU) (He et al., 2015) と呼ばれる．

図 3.2 は活性化関数をプロットしたものである．ただし，パラメトリック ReLU と ELU のパラメータは $\alpha = 0.5$ とした．すぐにわかるように，シグモイド関数やハイパボリックタンジェント関数は定義域内で滑らかである．一方，ReLU やパラメトリック ReLU, ELU は，$x > 0$ で同じ直線を表しているものの，$x \leq 0$ では，異なる振る舞いを示すことが見てとれる．また，これらの活性化関数は原点で微分不可能である．

b 損失関数の例

ニューラルネットワークのパラメータ推定に用いられる損失関数について説明する．入力 $\boldsymbol{x}$ に対して，ニューラルネットワークの出力を

$$\boldsymbol{u}^{(L)} = \boldsymbol{w}_0^{(L-1)} + W^{(L-1)}\boldsymbol{z}^{(L-1)}, \qquad F(\boldsymbol{x};\mathcal{W}) = f_r(\boldsymbol{u}^{(L)})$$

とする．ここで，$\mathcal{W}$ はニューラルネットワークのパラメータ $\boldsymbol{w}_0^{(1)},\ldots,\boldsymbol{w}_0^{(L-1)}, W^{(1)},\ldots,W^{(L-1)}$ をまとめたものを表すとする．回帰モデルなどと同様に，ニューラルネットワークでも，観測値 $\boldsymbol{y}$ とモデルの出力 $F(\boldsymbol{x};\mathcal{W})$ の誤差 $E(\mathcal{W}) = \ell(\boldsymbol{y}, F(\boldsymbol{x};\mathcal{W}))$ を最小にするようにパラメータ $\mathcal{W}$ を推定する．また，簡単のため，$F(\boldsymbol{x};\mathcal{W}) = (t_1,\ldots,t_m)^\top$ とする．活性化関数 f_L は，どのようにモデルを推定するか，つまり，損失関数として何を用いるかによって定められることが多い．これは，必ずしもそうでなければならないというわけではなく，そうすることでパラメータ推定のアルゴリズムが比較的容易にかけるためである．

まず，$\boldsymbol{y}$ が連続値をとる場合，損失関数は 2 乗損失

$$E(\mathcal{W}) = \frac{1}{2}\|\boldsymbol{y} - \boldsymbol{t}\|_2^2 = \frac{1}{2}\sum_{j=1}^{m}(y_j - t_j)^2$$

が用いられる．これは，回帰モデルにおける損失関数と同じものである．このとき，活性化関数として恒等写像 $f_L(\boldsymbol{u}^L) = \boldsymbol{u}^{(L)}$ がよく用いられる．

次に，多クラス判別のように，$\boldsymbol{y}$ がクラスラベルの位置，つまり，データが j 番目のクラスに属していれば，$y_j = 1$, それ以外で 0 となるようなベクトルであれば，活性化関数としてソフトマックス関数

$$f_L(\boldsymbol{u}^{(L)}) = \frac{1}{\sum_{j=1}^m e^{u_j^{(L)}}}\left(e^{u_1^{(L)}},\cdots,e^{u_m^{(L)}}\right)^\top$$

つまり，$t_j = e^{u_j^{(L)}}/(\sum_{j=1}^m e^{u_j^{(L)}})$ を用いて，交差エントロピー

$$E(\mathcal{W}) = -\sum_{j=1}^{m} y_j \log t_j$$

を損失関数とする．これは，多クラスのロジスティック判別モデルの損失関数と同じものである．

$m=1$ かつ $y \in \{0,1\}$ のような 2 クラス判別の場合，f_r としてシグモイド関数

$$t = f_r(u^{(L)}) = \frac{1}{1+e^{-u^{(L)}}}$$

を用い，2 値交差エントロピー

$$E(\mathcal{W}) = -y\log t - (1-y)\log(1-t)$$

を損失関数とする．この場合，損失関数はベルヌーイ分布の負の対数尤度関数であるから，ニューラルネットワークモデルは本質的にロジスティック回帰モデル (Cox, 1958) と等価である．

交差エントロピーや 2 値交差エントロピーは，目的変数が 0 または 1 であるような離散変数である場合だけではなく，$y \in [0,1]$ のように 0 から 1 の間を連続的にとる場合にも用いられる．そのほか，

モデルに応じて負の対数尤度やカルバック・ライブラー情報量，自然言語処理の文脈ではコサイン類似度なども損失関数として用いられる．

3.1.2 誤差逆伝播法によるパラメータ推定

n 組の観測データ $\{(\boldsymbol{y}_i, \boldsymbol{x}_i)\}_{i=1,\dots,n}$ が与えられたとき，$\boldsymbol{y}_i$ と $\boldsymbol{x}_i$ におけるモデルの出力 $F(\boldsymbol{x}_i; \mathcal{W})$ との損失関数 $E_i(\mathcal{W}) = \ell(\boldsymbol{y}_i, F(\boldsymbol{x}_i; \mathcal{W}))$ の平均

$$L(\mathcal{W}) = \frac{1}{n}\sum_{i=1}^{n} E_i(\mathcal{W}) \tag{3.1}$$

を最小にするようにパラメータ $\mathcal{W}$ を推定する．例えば，2 乗損失を用いる場合，パラメータの推定値 $\hat{\mathcal{W}}$ は，最適化問題

$$\min_{\mathcal{W}} L(\mathcal{W}) = \min_{\mathcal{W}} \frac{1}{2n}\sum_{i=1}^{n} \|\boldsymbol{y}_i - F(\boldsymbol{x}_i; \mathcal{W})\|_2^2$$

の最適解であり，回帰関数の推定に帰着される．ただし，1 章や 2 章で用いたモデルとは異なり，$F(\boldsymbol{x}_i; \mathcal{W})$ は非線形関数の合成関数であるため，非常に複雑に振る舞う．したがって，効率よくパラメータを推定するための工夫が必要となる．

第 l 層から第 $l+1$ 層への順伝播におけるパラメータ数は q_{l+1} 個のバイアス項と，$q_{l+1}q_l$ 個の重みであるから，推定の対象となるパラメータは全部で

$$\sum_{l=1}^{L-1}(q_l + 1)q_{l+1}$$

個となる．深層学習の難しさの一つは，パラメータ数が膨大になりうるということである．例えば，図 3.3 の手書き文字のデータセット MNIST[*2] は，0 から 9 までの 10 種類の数字が描かれた 28×28 の画像からなる [*3]．つまり，入力層の次元は $d = 28 \times 28 = 784$, 出力層の次元は $m = 10$ である．仮に，中間層の次元を $q = 128$ とした場合，合計で 101770 個ものパラメータが推定対象となる．

ニューラルネットワークは複雑な構造を持つので，単純に目的関数 (3.1) をパラメータで微分して極値を求めるという方法は現実的ではない．ところが，ニューラルネットワークが合成関数であることを利用することで，次に述べるように層ごとの微分を効率的に求めることができ，これによってパラメータの更新アルゴリズムを設計することができる．

a 逆伝播

目的変数 $\boldsymbol{y}$ と説明変数 $\boldsymbol{x}$ におけるモデルの出力 $\boldsymbol{t} = F(\boldsymbol{x}; \mathcal{W}) = f_L(\boldsymbol{u}^{(L)})$ との損失関数を $E(\mathcal{W}) = \ell(\boldsymbol{y}, F(\boldsymbol{x}; \mathcal{W}))$ とする．損失関数を層ごとのパラメータで微分するために，次の合成関数の

---

*2 http://yann.lecun.com/exdb/mnist/

*3 MNIST のデータセットは，60000 枚の訓練データと 10000 枚のテストデータからなる．

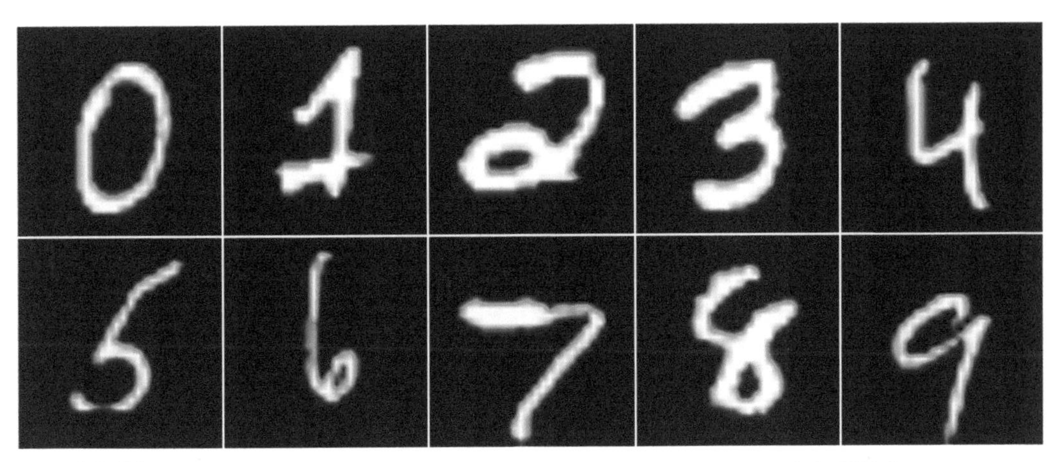

図 3.3　MNIST に含まれる手書き文字の例．左上から右下へ順に 0 から 9 までの数字が描かれている．

微分とベクトル微分，行列微分を用いる．

定理 3.1　合成関数の微分

$\boldsymbol{x}(t) = (x_1(t), \ldots, x_p(t))^\top$ は t に関して微分可能，つまり，各 $i = 1, \ldots, p$ に対して，$x_i(t)$ は t に関して微分可能とする．このとき，微分可能な関数 $F : \mathbb{R}^p \to \mathbb{R}$ に対して，$F(\boldsymbol{x}(t))$ の t に関する微分は以下で与えられる．

$$\frac{\mathrm{d}F(\boldsymbol{x}(t))}{\mathrm{d}t} = \sum_{i=1}^{p} \frac{\partial F(\boldsymbol{x}(t))}{\partial x_i(t)} \frac{\mathrm{d}x_i(t)}{\mathrm{d}t}$$

証明は章末問題とする．

注　$p = 1$ の場合，定理 3.1 は高校以来なじみ深いものに帰着される．つまり，$f, g : \mathbb{R} \to \mathbb{R}$ が微分可能ならば，

$$\frac{\mathrm{d}f(g(x))}{\mathrm{d}x} = \frac{\mathrm{d}f(g(x))}{\mathrm{d}g(x)} \frac{\mathrm{d}g(x)}{\mathrm{d}x} = f'(g(x))g'(x)$$

となる．

定義 3.1　ベクトル微分と行列微分

関数 $F : \mathbb{R}^p \to \mathbb{R}$ と関数 $G : \mathbb{R}^{p \times q} \to \mathbb{R}$ に対して，$F(\boldsymbol{x})$ の $\boldsymbol{x} = (x_1, \ldots, x_p)^\top$ におけるベクトル微分，および，$G(X)$ の $X = (x_{ij})_{i=1,\ldots,p;j=1,\ldots,q}$ における行列微分を

$$\frac{\partial F(\boldsymbol{x})}{\partial \boldsymbol{x}} = \left(\frac{\partial F(\boldsymbol{x})}{\partial x_i} \right)_{i=1,\ldots,p}, \qquad \frac{\partial G(X)}{\partial X} = \left(\frac{\partial G(X)}{\partial x_{ij}} \right)_{i=1,\ldots,p;j=1,\ldots,q}$$

で定義する．つまり，**ベクトル微分** (vector derivative) や**行列微分** (matrix derivative) は，関数を変数ごとに偏微分したものを並べた，元の変数の次元と同じ大きさのベクトルや行列である．

損失関数 $E(\mathcal{W})$ をすべてのパラメータで同時に微分することは困難であるが，

$$\boldsymbol{t} = F(\boldsymbol{x}; \mathcal{W}) = f_L(\boldsymbol{u}^{(L)})$$

とかけることから，$\boldsymbol{u}^{(L)}$ での微分は容易に計算できる．特に，f_L を，損失関数が 2 乗誤差ならば恒等写像，交差エントロピーならばソフトマックス関数とすることで，

$$\boldsymbol{\delta}^{(L)} = \frac{\partial E(\mathcal{W})}{\partial \boldsymbol{u}^{(L)}} = \boldsymbol{t} - \boldsymbol{y} \tag{3.2}$$

が成り立つ．これは，ニューラルネットワークの出力 $\boldsymbol{t}$ と観測値 $\boldsymbol{y}$ の誤差を表している．

$$u_k^{(L)} = w_{0k}^{(L-1)} + \sum_{j=1}^{q_{L-1}} w_{kj}^{(L-1)} z_j^{(L-1)}$$

であったことを思い出せば，定理 3.1 を適用することで，

$$\frac{\partial E(\mathcal{W})}{\partial w_{0i}^{(L-1)}} = \sum_{k=1}^{q_L} \frac{\partial E(\mathcal{W})}{\partial u_k^{(L)}} \frac{\partial u_k^{(L)}}{\partial w_{0i}^{(L-1)}} = \delta_i^{(L)}, \quad \frac{\partial E(\mathcal{W})}{\partial w_{ij}^{(L-1)}} = \sum_{k=1}^{q_L} \frac{\partial E(\mathcal{W})}{\partial u_k^{(L)}} \frac{\partial u_k^{(L)}}{\partial w_{ij}^{(L-1)}} = \delta_i^{(L)} z_j^{(L-1)}$$

が成り立つ．したがって，定義 3.1 より，

$$\frac{\partial E(\mathcal{W})}{\partial \boldsymbol{w}_0^{(L-1)}} = \boldsymbol{t} - \boldsymbol{y} \in \mathbb{R}^m, \qquad \frac{\partial E(\mathcal{W})}{\partial W^{(L-1)}} = (\boldsymbol{t} - \boldsymbol{y}) \boldsymbol{z}^{(L-1)\top} \in \mathbb{R}^{m \times q_{L-1}}$$

が得られる [*4]．第 $l+1$ 層の誤差を

$$\boldsymbol{\delta}^{(l+1)} = \frac{\partial E(\mathcal{W})}{\partial \boldsymbol{u}^{(l+1)}}$$

としたとき，第 l 層の誤差 $\boldsymbol{\delta}^{(l)}$ は次のように計算できる．

定理 3.2　深層ニューラルネットワークの逆伝播

$\nabla f_l(\boldsymbol{u}^{(l)}) = (\nabla f_l(u_1^{(l)}), \ldots, \nabla f_l(u_{q_l}^{(l)}))^\top$ を活性化関数 $f_l(x)$ の $x = u_j^{(l)}$ における勾配 $\nabla f_l(u_j^{(l)})$ を並べたベクトルとする．このとき，

$$\boldsymbol{\delta}^{(l)} = \nabla f_l(\boldsymbol{u}^{(l)}) \odot W^{(l)\top} \boldsymbol{\delta}^{(l+1)} \tag{3.3}$$

が成り立つ．ただし，同じ大きさの 2 つのベクトル $\boldsymbol{a}, \boldsymbol{b}$ に対して，$\boldsymbol{a} \odot \boldsymbol{b} = (a_i b_i)_i$ はアダマール積 (成分ごとの積) を表す．

[*4] 一般の損失関数と活性化関数の場合はもう少し複雑な形となる．

証明 定理 3.1 より，$\boldsymbol{\delta}^{(l)}$ の第 i 成分は

$$\delta_i^{(l)} = \frac{\partial E(\mathcal{W})}{\partial u_i^{(l)}} = \sum_{k=1}^{q_{l+1}} \frac{\partial E(\mathcal{W})}{\partial u_k^{(l+1)}} \frac{\partial u_k^{(l+1)}}{\partial u_i^{(l)}} = \sum_{k=1}^{q_{l+1}} \delta_k^{(l+1)} \frac{\partial u_k^{(l+1)}}{\partial u_i^{(l)}}$$

となる．$\boldsymbol{z}^{(l)} = f_l(\boldsymbol{u}^{(l)})$ および，$\boldsymbol{u}^{(l+1)}$ の定義より

$$u_k^{(l+1)} = w_{0k}^{(l)} + \sum_{j=1}^{q_l} w_{kj}^{(l)} f_l(u_j^{(l)}) \quad \Rightarrow \quad \frac{\partial u_k^{(l+1)}}{\partial u_i^{(l)}} = w_{ki}^{(l)} \nabla f_l(u_i^{(l)}).$$

これをはじめの式に代入し，

$$\delta_i^{(l)} = \nabla f_l(u_i^{(l)}) \sum_{k=1}^{q_{l+1}} w_{ki}^{(l)} \delta_k^{(l+1)} \tag{3.4}$$

をベクトル $\boldsymbol{\delta}^{(l+1)}$ や $\nabla f_l(\boldsymbol{u}^{(l)})$, 行列 $W^{(l)}$ を用いて書き換えることで式 (3.3) が得られる． ■

式 (3.3) より，第 l 層の誤差 $\boldsymbol{\delta}^{(l)}$ は第 $l+1$ 層の誤差 $\boldsymbol{\delta}^{(l+1)}$ の線形結合と $\boldsymbol{z}^{(l)} = f_l(\boldsymbol{u}^{(l)})$ の勾配を用いて表現できることがわかる．第 l 層から第 $l+1$ 層への順伝播の対比として，第 $l+1$ 層から第 l 層へ誤差が伝播することから，このように $\boldsymbol{\delta}^{(l)}$ を逐次的に更新することを**逆伝播** (back propagation) と呼ぶ．図 3.4 は逆伝播のイメージを表したものである．

注 式 (3.4) は，$z_j^{(l)} = f_l(u_j^{(l)})$ から順伝播する第 $l+1$ 層のユニットすべてに割り当てられた誤差 $\delta_k^{(l+1)}$ とそのときのパラメータ $w_{kj}^{(l)}$ の線形結合 (および $z_j^{(l)}$ での勾配 $f_l(u_j^{(l)})$) に基づき，誤差 $\delta_j^{(l)}$ が計算できることを示している．これは深層ニューラルネットワーク特有のものではなく，畳み込みニューラルネットワークのような，よ

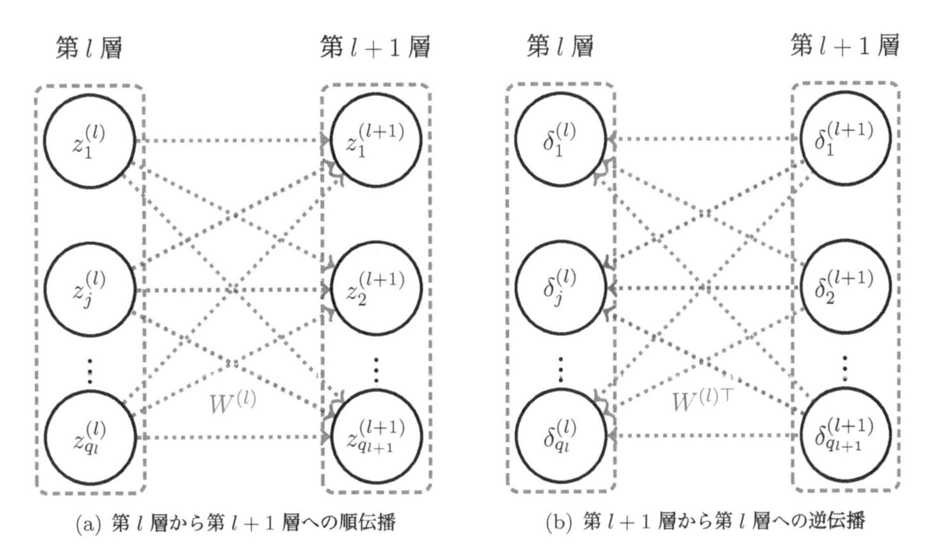

図 3.4　逆伝播のイメージ．第 l 層の j 番目のユニットから伝播する第 $l+1$ 層のすべてのユニットの誤差の線形結合が，第 l 層の j 番目のユニットの誤差となる．

り複雑なネットワークでも同様に成り立つ．つまり，ある層のユニット $z=f(u)$ と，z から伝播する次の層のユニット $\mathcal{U}=\{z'\}$ および，対応するパラメータ $w_{z'}$ $(z' \in \mathcal{U})$ に対して，z での誤差 δ_z は

$$\delta_z = \nabla f(u) \sum_{z' \in \mathcal{U}} w_{z'} \delta_{z'} = (z \text{ の勾配}) \times \sum_{z' \in \mathcal{U}} (z \text{ から } z' \text{ への重み}) \delta_{z'}$$

で計算できる．ただし，$\delta_{z'}$ は $z' \in \mathcal{U}$ での誤差である．

誤差 $\boldsymbol{\delta}^{(l+1)}$ を用いることで，第 l 層におけるパラメータ $\boldsymbol{w}_0^{(l)}$ および $W^{(l)}$ での微分を簡単に計算することができる．具体的には，$u_k^{(l+1)} = w_{0k}^{(l)} + \sum_{j=1}^{q_l} w_{kj}^{(l)} z_j^{(l)}$ であることに注意して，

$$\frac{\partial E(\mathcal{W})}{\partial w_{0j}^{(l)}} = \sum_{k=1}^{q_{l+1}} \frac{\partial E(\mathcal{W})}{\partial u_k^{(l+1)}} \frac{\partial u_k^{(l+1)}}{\partial w_{0j}^{(l)}} = \delta_j^{(l+1)} \quad \Rightarrow \quad \frac{\partial E(\mathcal{W})}{\partial \boldsymbol{w}_0^{(l)}} = \boldsymbol{\delta}^{(l+1)},$$

$$\frac{\partial E(\mathcal{W})}{\partial w_{ij}^{(l)}} = \sum_{k=1}^{q_{l+1}} \frac{\partial E(\mathcal{W})}{\partial u_k^{(l+1)}} \frac{\partial u_k^{(l+1)}}{\partial w_{ij}^{(l)}} = \delta_i^{(l+1)} z_j^{(l)} \quad \Rightarrow \quad \frac{\partial E(\mathcal{W})}{\partial W^{(l)}} = \boldsymbol{\delta}^{(l+1)} \boldsymbol{z}^{(l)\top}$$

となる．したがって，定理 3.1 を用いて誤差 $\boldsymbol{\delta}^{(l)}$ を第 L 層から逆伝播し，順伝播の出力 $\boldsymbol{z}^{(l)}$ と合わせることで，損失関数のパラメータでの微分がすべて求められる．

b パラメータの更新

次に，どのようにして式 (3.1) の最小値を求めるかについて説明する．解くべき問題は

$$\min_{\mathcal{W}} L(\mathcal{W}) = \min_{\mathcal{W}} \frac{1}{n} \sum_{i=1}^{n} E_i(\mathcal{W})$$

である．深層ニューラルネットワークのパラメータを推定する場合，直接目的関数の微分のゼロ点を求めることは困難なので，勾配降下法をベースにした手法が用いられる．表記の簡略化のため，$\nabla E_i(\mathcal{W})$ で，i 番目のサンプル $(\boldsymbol{y}_i, \boldsymbol{x}_i)$ に基づく $\partial E_i(\mathcal{W})/\partial \boldsymbol{w}_0^{(l)}$ や $\partial E_i(\mathcal{W})/\partial W^{(l)}$ をすべてまとめたものを表すとする．

注 関数 $L:\mathbb{R}^p \to \mathbb{R}$ が微分可能である場合，**勾配降下法** (gradient descent method) は最も単純なパラメータの更新規則を与える．勾配降下法では複雑な関数 $L(\boldsymbol{x})$ を直接最小化せず，代わりに，適当な点 $\tilde{\boldsymbol{x}}$ で $L(\boldsymbol{x})$ を線形近似した $L(\tilde{\boldsymbol{x}}) + \nabla L(\tilde{\boldsymbol{x}})^\top (\boldsymbol{x} - \tilde{\boldsymbol{x}})$ を最小化することを考える．ただし，$\boldsymbol{x}$ に制約をおかない場合，線形近似後の関数は負の無限大が自明解となってしまうので，$\|\boldsymbol{x} - \tilde{\boldsymbol{x}}\|_2^2 \le \tau$ という制約を設ける．したがって，

$$\min_{\boldsymbol{x} \in \mathbb{R}^p} L(\tilde{\boldsymbol{x}}) + \nabla L(\tilde{\boldsymbol{x}})^\top (\boldsymbol{x} - \tilde{\boldsymbol{x}}) \qquad \text{subject to} \qquad \|\boldsymbol{x} - \tilde{\boldsymbol{x}}\|_2^2 \le \tau$$

の最小化点として，$\tilde{\boldsymbol{x}}$ を更新する．ラグランジュ関数を $\tilde{L}(\boldsymbol{x}) = L(\tilde{\boldsymbol{x}}) + \nabla L(\tilde{\boldsymbol{x}})^\top (\boldsymbol{x} - \tilde{\boldsymbol{x}}) + \|\boldsymbol{x} - \tilde{\boldsymbol{x}}\|_2^2/(2\eta)$ とすれば，$\tilde{L}$ は $\boldsymbol{x}$ に関する 2 次関数だから，最小化点は

$$\frac{\partial \tilde{L}(\boldsymbol{x})}{\partial \boldsymbol{x}} = \boldsymbol{0} \quad \Leftrightarrow \quad \boldsymbol{x} = \tilde{\boldsymbol{x}} - \eta \nabla L(\tilde{\boldsymbol{x}})$$

となる．ここで，η は**学習率** (learning rate) と呼ばれる正の定数である．したがって，$\boldsymbol{x}^{(0)}$ を適当に初期化し，$t-1$ ステップでのパラメータを $\boldsymbol{x}^{(t-1)}$ としたとき，勾配降下法のパラメータの更新規則は

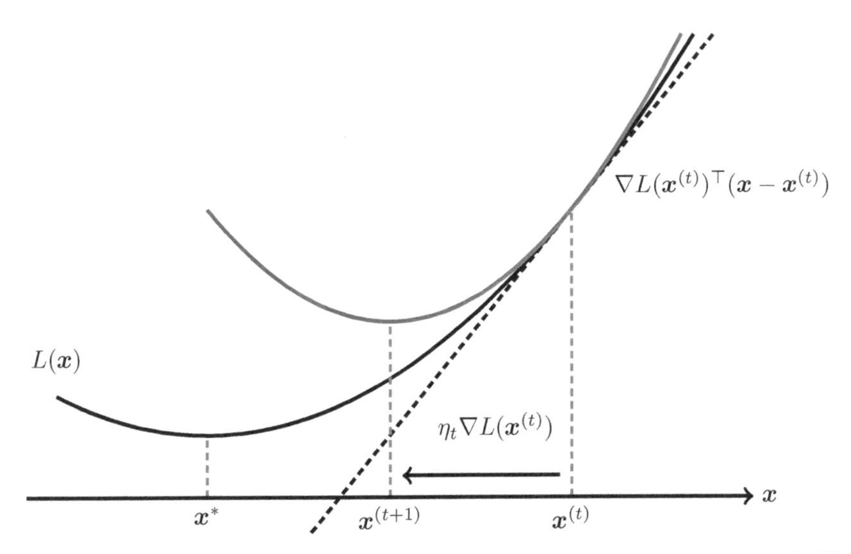

図 3.5　勾配降下法のイメージ．黒の実線は最適化したい関数 $L(\boldsymbol{x})$, $\boldsymbol{x}^*$ はその最小化点を示している．破線は点 $\boldsymbol{x}^{(t)}$ における $L(\boldsymbol{x})$ の 1 次近似 $\nabla L(\boldsymbol{x}^{(t)})^\top(\boldsymbol{x}-\boldsymbol{x}^{(t)})$, 赤線はラグランジュ関数を表している．勾配降下法では，$\boldsymbol{x}^{(t)}$ を用いて定義されるラグランジュ関数の最小化点 $\boldsymbol{x}^{(t+1)}$ を求めることでパラメータを更新する．

$$\boldsymbol{x}^{(t)} = \boldsymbol{x}^{(t-1)} - \eta \nabla L(\boldsymbol{x}^{(t-1)})$$

となる．図 3.5 は勾配降下法のイメージを示したものである．

ニューラルネットワークでは，数多くのパラメータを推定しなければならないため，深層学習では非常に多くのサンプルが求められる．そのため，一度にすべてのサンプルを用いると，計算機のメモリを圧迫するうえ，パラメータの更新に時間がかかるという問題が生じてしまう．そこで，深層ニューラルネットワークでは，データ $\{(\boldsymbol{y}_i, \boldsymbol{x}_i)\}_{i=1,\ldots,n}$ の添え字をランダムにシャッフルし，添え字ごとにパラメータを更新する．このアルゴリズムを**確率的勾配降下法** (stochastic gradient descent method) と呼ぶ．具体的には，パラメータの初期値を $\mathcal{W}^{(0)}$ としたとき，確率的勾配法は以下の手順で行われる．

Step 1. サンプルの添え字 $\{1,\ldots,n\}$ をランダムにシャッフルし，$\{j_1,\ldots,j_n\}$ とする．

Step 2. $t=1,\ldots,n$ に対して，

$$\mathcal{W}^{(t)} = \mathcal{W}^{(t-1)} - \eta \nabla E_{j_t}(\mathcal{W}^{(t-1)})$$

によりパラメータを更新する．パラメータの更新は，3.1.2a 節で述べた逆伝播に基づき行われる．

Step 3. あらかじめ定めた回数 (**エポック数** (epoch size)) に達するまで，Step 1, Step 2 を繰り返す．

確率的勾配降下法では，シャッフル後の t 番目のサンプル $(\boldsymbol{y}_{j_t}, \boldsymbol{x}_{j_t})$ の誤差 $E_{j_t}(\mathcal{W}^{(t-1)}) = \ell(\boldsymbol{y}_{j_t}, F(\boldsymbol{x}_{j_t}; \mathcal{W}^{(t-1)}))$ のみを用いてパラメータを順番に更新する．そのため，一度にすべてのサンプルを利用する場合と比較して，効率的にパラメータを推定できる．

3.1.3 R による実行例

これまで述べてきたように，順伝播，逆伝播の計算およびパラメータの更新を繰り返すことでニューラルネットワークのパラメータの更新を行う．ここでは，例として R のパッケージ keras を用いた実行例を示す．R のパッケージ keras は，もともと Python というプログラミング言語で実装されたものである．keras は，非常に直感的に深層学習モデルを実装できるラッパーであり，実際の計算は tensorflow という別のパッケージで行われる．そのため，数学的に込み入った部分も実装しなければならないような複雑な深層学習モデルは，keras ではなく tensorflow を用いたほうがよい [*5]．

keras を用いた実行例を示す．データは，図 3.3 のデータセット MNIST を用いる．コード 3.1 でデータの取得を行うことができる．ここで，実際には MNIST は $0 \sim 255$ の値からなる 28×28 の画像であるが，前処理としてそれぞれの画像を $28 \times 28 = 784$ 次元のベクトルで，それぞれの成分が $0 \sim 1$ となるように変換する．また，正解ラベルは $y = j$ $(j = 0, 1, \ldots, 9)$ なら $j + 1$ 番目のみ 1，それ以外で 0 であるような 10 次元のベクトルに変換する．このように，K 次元のベクトルで K 個のラベルの所属を表すことを one-of-K 表記という．

コード 3.1　keras を用いた実行例: パッケージのインストールとデータの取得

```
#パッケージのインストール
library(tensorflow)
library(keras)

# データの取得と前処理
mnist <- dataset_mnist()

## トレーニングデータ
x_train <- mnist$train$x
x_train <- array_reshape(x_train, c(nrow(x_train), 784)) / 255
y_train <- to_categorical(mnist$train$y, 10)

## テストデータ
x_test <- mnist$test$x
x_test <- array_reshape(x_test, c(nrow(x_test), 784)) / 255
y_test <- to_categorical(mnist$test$y, 10)
```

[*5] tensorflow も R のパッケージとして利用できる．ただし，R で keras を利用する場合，あらかじめ，Python および，Python のパッケージ tensorflow, keras をダウンロードしておかなければならない．そのため，はじめから Python で tensorflow や keras を利用したほうが深層学習の実装は容易かもしれない．Python を用いて深層学習を実装する場合，我妻 (2018) や Chollet (2017) などが詳しい．

$L = 4$, つまり，中間層が2層であるようなニューラルネットワークを実装しよう．まず，中間層のユニット数をそれぞれ $q_2 = 256, q_3 = 128$ とする．また，活性化関数 f_2, f_3 を ReLU, 出力層への活性化関数 f_L をソフトマックス関数とし，損失関数として交差エントロピーを用いる．keras では，コード 3.2 のように，パイプ演算子%>%を用いて必要な層を順番に積み重ねることでネットワークを構成する．コード 3.2 の 16 行以降にあるように，構成したネットワークの構造を確認することができる．

keras を用いたモデルの構成には，2 つの方法がある．1 つ目は，functional API と呼ばれるもので，コード 3.2 の 2 行目から 6 行目のように入出力をあらかじめ定義し，その後インスタンス化するものである．例えば，3 行目で定義している中間層 z1 は，x を入力とし，ReLU を用いて得られるユニット数 256 の層であることを意味している．2 つ目は，コード 3.2 の 9 行目から 13 行目のように，はじめにネットワークのインスタンスを定義しておき，その後，モデルの詳細を記述するものである．どちらもそれほど大きな違いはないが，後述する生成モデルなどのより複雑なモデルは，functional API でなければ実装は困難である．

コード 3.2 keras を用いた実行例: モデルの定義

```
## functional API によるモデルの定義
x<- layer_input(784)
z1<- inputs %>% layer_dense(units = 256, activation="relu")
z2<- z1 %>% layer_dense(units = 128, activation="relu")
y<- z2 %>% layer_dense(units = 10, activation="softmax")
model<- keras_model(x, y)

## 上記のネットワークは, 次のように書くこともできる.
# model <- keras_model_sequential()
# model %>%
# layer_dense(units = 256, activation="relu", input_shape = c(784)) %>%
# layer_dense(units = 128, activation="relu") %>%
# layer_dense(units = 10, activation="softmax")

model  #  model の出力
Model
________________________________________________________________________
Layer (type)                Output Shape                Param #
========================================================================
input_1 (InputLayer)        (None, 784)                 0
________________________________________________________________________
dense (Dense)               (None, 256)                 200960
________________________________________________________________________
dense_1 (Dense)             (None, 128)                 32896
```

```
25  --------------------------------------------------------------------
26  dense_2 (Dense)              (None, 10)                     1290
27  ====================================================================
28  Total params: 235,146
29  Trainable params: 235,146
30  Non-trainable params: 0
31  --------------------------------------------------------------------
```

ニューラルネットワークのモデルを定義した後，損失関数や，オプティマイザと呼ばれるパラメータの更新規則などのメソッドを定義する．loss は，交差エントロピーや 2 乗損失などの損失関数であり，optimizer は上述の確率的勾配降下法をはじめとするパラメータの更新規則を指定できる．なお，確率的勾配降下法 (sgd) では，学習率 η のデフォルトは 0.01 である．また，分類問題の場合，metrics = c("accuracy") とすることで，エポックごとの分類精度を評価することができる．

最後に，エポック数や次節で述べるバッチサイズを指定して，fit により，パラメータ推定を行う．なお，validation_data にテストデータを指定することで，エポックごとのテスト誤差や，metrics で指定した分類誤差を評価できる．推定後のソフトマックス関数による予測確率は，predict により評価し，apply を用いることでテストデータに対する予測ラベルを評価する．また，エポックごとの誤差や分類精度は history に保存されており，plot を用いることで可視化できる．

コード 3.3　keras を用いた実行例: メソッドとパラメータ推定

```
1   # メソッドの指定
2   model %>% compile(
3      loss = "categorical_crossentropy",
4      optimizer = "sgd",
5      metrics = c("accuracy")
6   )
7
8   # パラメータ推定
9   history <- model %>% fit(
10    x_train, y_train,
11    epochs = 30, batch_size = 1,
12    validation_data=list(x_test, y_test)
13  )
14
15  # 予測ラベルとエポックごとの誤差・分類精度の推移
16  predict<- model %>% predict(x_test)
17  predict_label<- apply(predict, 1, function(x){which(x == max(x))-1})
```

```
18
19  plot(history)
```

図 3.6 は，コード 3.2 のモデルを用いて確率的勾配降下法によるパラメータ推定を実行した結果である．それぞれ，損失関数の値と分類精度をエポックごとに評価したものをプロットしている．図中で，training および test はそれぞれ，訓練データとテストデータで評価した損失関数の値および分類精度を表している．30 エポック終了時，損失関数の値は訓練データで 0.0003, テストデータで 0.0902 であった．また，分類精度は，訓練データで 1.0000, テストデータで 0.9857 であった．訓練データに対するグラフは，いずれの場合もエポックを重ねるごとに評価値はおおむね単調に減少あるいは増加していることが見てとれる．一方で，テストデータに対しては，エポックを重ねてもそれほど大きな変化はない．

図 3.7 は誤分類した 143 個の画像の一部を表示したものである．図 3.7(a) や (b) など，人の目でも判断を誤りそうな画像が誤分類されていることが見てとれる．特に，図 3.7(b) は，到底 5 には見えない．一方，図 3.7(c) は人が見ると 4 だとわかるが，1 画目と 2 画目の始点が近いために，誤って 9 と分類されたものだと考えられる．

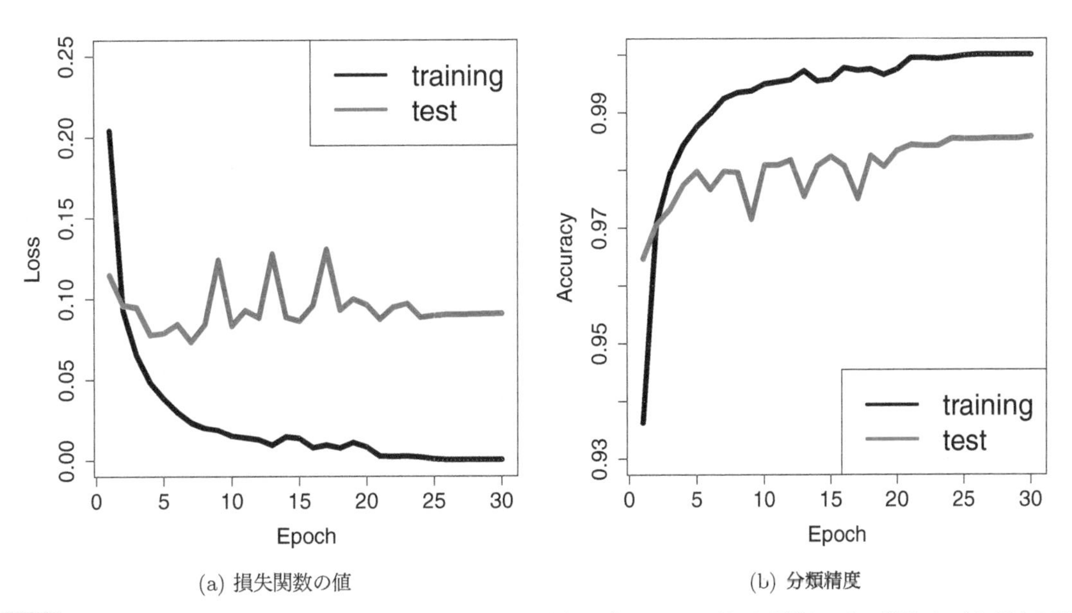

(a) 損失関数の値　　(b) 分類精度

図 3.6　エポックごとに得られた (a) 損失関数の値と (b) 分類精度のプロット．エポックが増えると，訓練データに対する損失関数の値と分類精度はいずれも増加していることが見てとれる．一方，テストデータに対する分類精度は増加しているものの，損失関数はそれほど減少していない．

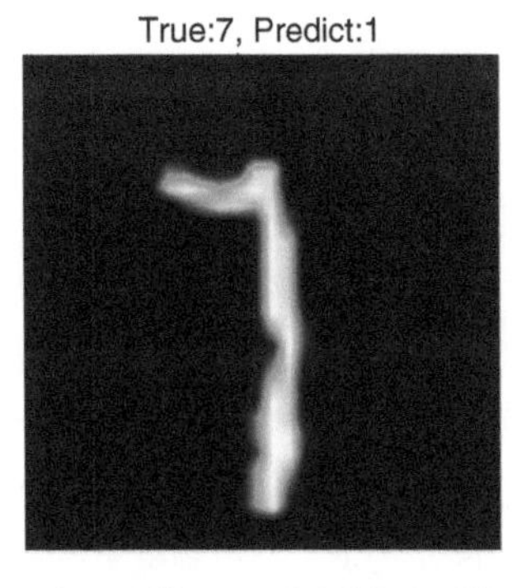

(a) 7 を誤って 1 と予測した画像

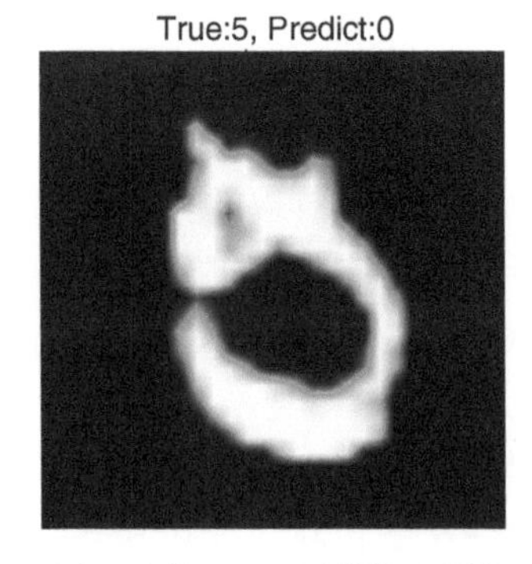

(b) 5 を誤って 0 と予測した画像

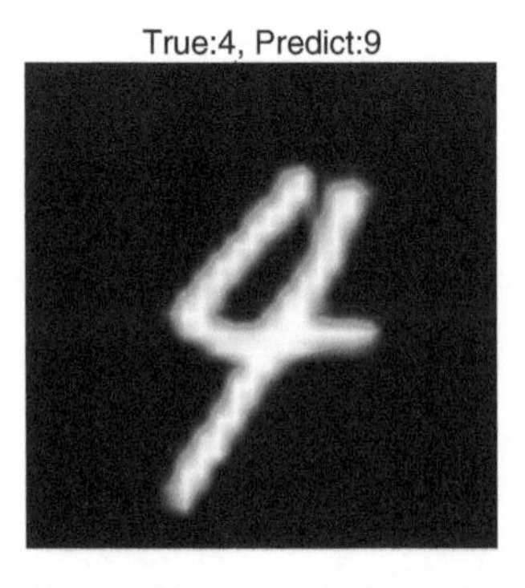

(c) 4 を誤って 9 と予測した画像

図 3.7 コード 3.2 で構成した 4 層ニューラルネットワークによる MNIST の誤分類例．それぞれの図で，True は実際のラベル，Predict は予測ラベルを表している．人の目で見ても判断に困る画像が誤分類されていることがわかる．

3.2 効率よくパラメータを推定するためのテクニック

3.2.1 ミニバッチ学習

確率的勾配降下法では，ランダムにシャッフルしたサンプルを一つずつ用いてパラメータの更新を行った．ところが，更新に用いるサンプルの順番によっては解が安定しなかったり，過学習が起こってしまうことがしばしばある．

そこで，サンプルの添え字 $\{1,\ldots,n\}$ をランダムにシャッフルする代わりに，b 個ずつの互いに排反な集合 $\mathcal{N}_1,\ldots,\mathcal{N}_m$ $(m=n/b)$ にランダムに分割し [*6]，分割した集合ごとにパラメータを更新する．ここで，$\mathcal{N}_i$ $(i=1,\ldots,m)$ を**ミニバッチ** (mini batch) と呼び，ミニバッチに基づくアルゴリズムを**ミニバッチ学習** (mini batch learning) と呼ぶ．b は**バッチサイズ** (batch size) と呼ばれ，$b=1$ ならば通常の確率的勾配降下法のように添え字 $\{1,\ldots,n\}$ をランダムにシャッフルすることに対応している．また，$b=n$ ならば何もしない，つまり，すべてのサンプルを一度にすべて用いてパラメータを更新することに対応しており，これを**バッチ学習** (batch learning) と呼ぶ．ミニバッチ学習は，具体的には以下の手順で行われる．

Step 1. サンプルの添え字 $\{1,\ldots,n\}$ をバッチサイズ b のミニバッチ $\mathcal{N}_1,\ldots,\mathcal{N}_m$ $(m=n/b)$ にランダムに分割する．

Step 2. 各 $t=1,\ldots,m$ に対して，ミニバッチ $\mathcal{N}_t$ の誤差を $\tilde{E}_t(\mathcal{W})=\sum_{i\in\mathcal{N}_t}E_i(\mathcal{W})/b$ とし，

$$\mathcal{W}^{(t)}=\mathcal{W}^{(t-1)}-\eta\nabla\tilde{E}_t(\mathcal{W}^{(t-1)})$$

によりパラメータを更新する．パラメータの更新は，3.1.2a 節で述べた逆伝播に基づき，出力

[*6] n が b で割り切れない場合，実装の簡単さを優先して，余ったサンプルはそのエポックで利用しないこともある．これは，エポックごとに余りに対応する添え字が異なることと，n に対して非常に小さな余りの部分を用いなくてもパラメータの更新にそれほど影響は与えないだろうという考え方による．

層から入力層へ，層ごとに行う．

Step 3. あらかじめ定めた回数 (**エポック数** (epoch size)) に達するまで，Step 1, Step 2 を繰り返す．

ミニバッチ学習では，b 個のサンプルを用いてパラメータを更新する．そのため，

$$\nabla \tilde{E}_t(\mathcal{W}^{(t-1)}) = \frac{1}{b} \sum_{i \in \mathcal{N}_t} \nabla E_i(\mathcal{W}^{(t-1)})$$

は，確率的勾配降下法とは異なり，極端な値の影響を受けづらくなることが期待される．

3.2.2 オプティマイザ

確率的勾配降下法は，「現在のパラメータの値に対して，勾配降下方向に学習率の大きさだけ移動する」という単純なパラメータ更新の規則であった．ところが，実際には，学習率の選び方や，アルゴリズムの収束に時間がかかってしまうなどの問題が残っている．本節では，確率的勾配降下法の収束の速さを改善したり，学習率を不要にするためのパラメータ更新法について述べる．パラメータを更新するためのアルゴリズムは**オプティマイザ** (optimizer) と呼ばれる．

本節では，確率的勾配降下法における上述の問題を解消するためのオプティマイザについて述べる．以下，表記の簡略化のため，アルゴリズムの t ステップ目におけるパラメータを $\boldsymbol{w}^{(t)}$ と表すことにし，確率的勾配降下法の t ステップ目で用いる損失関数を E_t とする．なお，オプティマイザを用いて更新する場合でも，ミニバッチを利用できることに注意する．

a モーメンタム法とネステロフの加速法

モーメンタム法:　確率的勾配降下法は，目的関数 $E_t(\boldsymbol{w}^{(t-1)})$ の勾配を用いて，

$$\boldsymbol{w}^{(t)} = \boldsymbol{w}^{(t-1)} - \eta \nabla E_t(\boldsymbol{w}^{(t-1)}) \tag{3.5}$$

により，パラメータを更新するものであった．ここで，η (> 0) は学習率である．**モーメンタム法** (momentum method) (Rumelhart et al., 1988) では，直前の勾配情報 $\nabla E_{t-1}(\boldsymbol{w}^{(t-2)})$ を慣性 [*7] と考え，

$$\boldsymbol{w}^{(t)} = \boldsymbol{w}^{(t-1)} - \tilde{\alpha} \nabla E_{t-1}(\boldsymbol{w}^{(t-2)}) - \eta \nabla E_t(\boldsymbol{w}^{(t-1)})$$

によってパラメータを更新する．ただし，$t = 1$ ならば，$\nabla E_{t-1}(\boldsymbol{w}^{(t-2)}) = \boldsymbol{0}$ とする．確率的勾配降下法では，式 (3.5) より $t-1$ ステップ目 $(t \geq 2)$ で $\nabla E_{t-1}(\boldsymbol{w}^{(t-2)}) = -(\boldsymbol{w}^{(t-1)} - \boldsymbol{w}^{(t-2)})/\eta$ となる．これを上式に代入することで

$$\boldsymbol{w}^{(t)} = \boldsymbol{w}^{(t-1)} + \alpha \Delta^{(t-1)} - \eta \nabla E_t(\boldsymbol{w}^{(t-1)}) \tag{3.6}$$

---

*7 勾配降下法を，近似した関数の「坂道からボールを転がすこと」と思えば，ボールは谷底でピタッと止まることはない．したがって，残った運動エネルギーの分だけ少し坂を登るイメージを慣性と呼んでいる．

となる．ただし，$\Delta^{(t-1)} = \boldsymbol{w}^{(t-1)} - \boldsymbol{w}^{(t-2)}$ は直前のステップの慣性，$\alpha = \tilde{\alpha}/\eta \in [0,1)$ は学習率とは別のパラメータである．$\alpha = 0$ ならば，通常の確率的勾配降下法の更新式が得られる．

ネステロフの加速法: $\boldsymbol{v}^{(t-1)} = \boldsymbol{w}^{(t-1)} + \alpha\Delta^{(t-1)}$ とすると，モーメンタム法の更新式 (3.6) は

$$E_t(\boldsymbol{w}^{(t-1)}) + \nabla E_t(\boldsymbol{w}^{(t-1)})^\top(\boldsymbol{w} - \boldsymbol{v}^{(t-1)}) + \frac{1}{2\eta}\|\boldsymbol{w} - \boldsymbol{v}^{(t-1)}\|_2^2$$

の最小化点を求めることと等価である．3.1.2b 節の注意で述べたように，はじめの 2 項が損失関数の線形近似であることを考慮すると，$E_t(\boldsymbol{w}^{(t)})$ および $\nabla E_t(\boldsymbol{w}^{(t)})$ は不自然である．そのため，代わりに，

$$E_t(\boldsymbol{v}^{(t-1)}) + \nabla E_t(\boldsymbol{v}^{(t-1)})^\top(\boldsymbol{w} - \boldsymbol{v}^{(t-1)}) + \frac{1}{2\eta}\|\boldsymbol{w} - \boldsymbol{v}^{(t-1)}\|_2^2$$

の最小化点 $\boldsymbol{w}^{(t)} = \boldsymbol{v}^{(t-1)} - \eta\nabla E_t(\boldsymbol{v}^{(t-1)})$ を用いることを考える．**ネステロフの加速法** (Nesterov's accelerated method) (Nesterov, 1983) では慣性の強さを表すパラメータも t に依存させ，次のようにパラメータを更新する．まず，$\Delta^{(0)} = \boldsymbol{0}$ とし，$\alpha = \alpha_t$ の初期値 α_0 を適当に定める．このとき，α_t を更新するための補助パラメータを β_0 は自動的に初期化されることに注意する．次に，各 t で以下の更新を繰り返す．

$$\begin{aligned}
\boldsymbol{v}^{(t-1)} &= \boldsymbol{w}^{(t-1)} + \alpha_{t-1}\Delta^{(t-1)}, \\
\boldsymbol{w}^{(t)} &= \boldsymbol{v}^{(t-1)} - \eta\nabla E_t(\boldsymbol{v}^{(t-1)}), \\
\beta_t &= \frac{1 + \sqrt{1 + 4\beta_{t-1}^2}}{2}, \\
\alpha_t &= \frac{\beta_{t-1} - 1}{\beta_t}.
\end{aligned}$$

ネステロフの加速法では，慣性の強さ α をステップごとに自動的に調整するため，モーメンタム法と比較すると，調整すべきパラメータが一つ少ない．また，モーメンタム法では，直前のパラメータの値 $\boldsymbol{w}^{(t-1)}$ で勾配を計算していたのに対し，ネステロフの加速法では，慣性も考慮した $\boldsymbol{v}^{(t-1)}$ での勾配を利用する．図 3.8 は，通常の確率的勾配降下法，モーメンタム法，およびネステロフの加速法によるパラメータ更新の違いを示したものである．

歴史的にはモーメンタム法はネステロフの加速法に遅れて提案されているが，いずれの手法も慣性を利用することから，ネステロフの加速法もモーメンタム法の一種ととらえられることが多い．また，"加速法" という単語は，ネステロフの加速法における目的関数の収束速度が，通常の確率的勾配降下法の収束速度よりも速いためである．アルゴリズムの収束の詳細については鈴木 (2015) などを参照されたい．なお，`keras` を用いてこれらの手法を実装する場合は，`sgd` の引数 `momentum` と `nesterov` を指定すればよい [*8]．

[*8] 例えば，`compile` の引数で `optimizer = optimizer_sgd(lr = 0.01, momentum = 0.9, nesterov = TRUE)` などとすればよい．この場合，$\eta = 0.01$, $\alpha_0 = 0.9$ でネステロフの加速法がオプティマイザとなる．

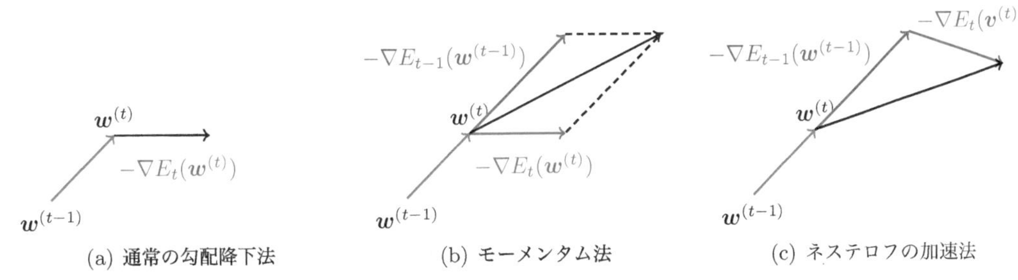

図 3.8　勾配降下法におけるパラメータ更新のイメージ．それぞれの図で，灰色の実線は直前の更新，黒の実線はパラメータの更新方向を表している．(b), (c) の赤の実線は直前のパラメータで評価した際の勾配 (慣性の向き) を表しており，青の実線は，各手法で考慮する勾配方向を表している．また，(c) において $\boldsymbol{v}^{(t)} = \boldsymbol{w}^{(t)} + \alpha(\boldsymbol{w}^{(t)} - \boldsymbol{w}^{(t-1)})$ である．ネステロフの加速法とモーメンタム法の違いは，勾配を評価する位置のみであり，更新後のパラメータの値はそれぞれの手法で異なる．

b AdaGrad

モーメンタム法やネステロフの加速法は，損失関数の勾配のみを利用して更新を行うものだが，より一般に，正定値行列 G_t を用いて

$$\boldsymbol{w}^{(t)} = \boldsymbol{w}^{(t-1)} - G_t^{-1}\nabla E_t(\boldsymbol{w}^{(t-1)})$$

と更新することが考えられる．例えば，G_t として，ニュートン法では損失関数 E_t の 2 回微分 $\nabla^2 E_t(\boldsymbol{w}^{(t-1)})$ が用いられる．また，**フィッシャーのスコア法** (Fischer's scoring method) では，損失関数 E_t が確率変数 $\boldsymbol{y}_t$ に対する対数尤度関数であれば，フィッシャー情報量行列

$$\mathcal{I}(\boldsymbol{w}) = \mathbb{E}[\nabla E_t(\boldsymbol{w})\nabla E_t(\boldsymbol{w})^\top] \tag{3.7}$$

を現在のパラメータ $\boldsymbol{w}^{(t-1)}$ で置き換えたものが G_t として用いられる．損失関数の 2 回微分や，フィッシャー情報量行列を用いることによって，パラメータの次元ごとに異なる学習率を割り当てられることができるうえ，収束も改善されることが期待される．**AdaGrad** (Adaptive Gradient) (Duchi et al., 2011) はこのような 2 次の情報を考慮してパラメータ更新を行うオプティマイザである．

AdaGrad では $\boldsymbol{v}_0 = \boldsymbol{0}$ とし，各 t で以下の更新を繰り返す．

$$\boldsymbol{v}_t = \boldsymbol{v}_{t-1} + \nabla E_t(\boldsymbol{w}^{(t-1)}) \odot \nabla E_t(\boldsymbol{w}^{(t-1)}), \tag{3.8a}$$

$$\boldsymbol{w}^{(t)} = \boldsymbol{w}^{(t-1)} - \eta\frac{\nabla E_t(\boldsymbol{w}^{(t-1)})}{\sqrt{\boldsymbol{v}_t} + \varepsilon}. \tag{3.8b}$$

ただし，$\odot$ は定理 3.2 で定義したアダマール積であり，$\nabla E_t(\boldsymbol{w}^{(t-1)})/(\sqrt{\boldsymbol{v}_t} + \varepsilon)$ は成分ごとに計算されるものとする．また，ε はゼロ割を防ぐためのものであり，`keras` の関数 `optimizer_adagrad` では $\eta = 0.01$ および $\varepsilon = 10^{-7}$ がデフォルトとして，そのまま使用することが推奨されている．

式 (3.8a) の $\nabla E_t(\boldsymbol{w}^{(t-1)}) \odot \nabla E_t(\boldsymbol{w}^{(t-1)})$ は，フィッシャー情報量行列 (3.7) の対角成分の推定値である．したがって，AdaGrad は勾配の分散を用いたアルゴリズムであると解釈できる．実際には，

AdaGrad では G_t として，フィッシャー情報量行列の対角成分の推定値のみを用いているため，式 (3.8b) の分母の平方根によりスケールを調整している．また，式 (3.8b) の第 2 項は成分ごとに計算されるため，$\boldsymbol{w}^{(t-1)}$ の座標ごとに異なる学習率でパラメータを更新していることがわかる．さらに，式 (3.8a) より，

$$\boldsymbol{v}_t = \sum_{k=1}^{t} \nabla E_k(\boldsymbol{w}^{(k-1)}) \odot \nabla E_k(\boldsymbol{w}^{(k-1)}) \tag{3.9}$$

となることから，AdaGrad では過去の勾配の分散をすべて考慮してパラメータを更新する．

c RMSProp

式 (3.9) より，AdaGrad では過去の勾配の履歴をすべて同じ重みで足しあげたものを用いてパラメータを更新する．ところが，ステップ数が増えるにつれ $\boldsymbol{v}_t$ が無視できないほど大きくなってしまうことで，急速に学習率が低下するという問題が生じてしまう．一方で，過去の勾配の履歴，つまり，$\nabla E_t(\boldsymbol{w}^{(t-1)}) \odot \nabla E_t(\boldsymbol{w}^{(t-1)})$ は現在までで徐々に薄れるだろうということを考慮すれば，重み付きで更新することにより現在の情報をより反映した勾配の更新が行えることが期待できる．このようなアイデアのもと，AdaGrad における更新式 (3.8a) を指数移動平均に置き換え，

$$\boldsymbol{v}_t = \rho \boldsymbol{v}_{t-1} + (1-\rho) \nabla E_t(\boldsymbol{w}^{(t-1)}) \odot \nabla E_t(\boldsymbol{w}^{(t-1)}) \tag{3.10}$$

と修正したものが **RMSProp** である [*9]．式 (3.10) より，t 回目の更新で，

$$\boldsymbol{v}_t = (1-\rho) \sum_{k=1}^{t} \rho^{t-k} \nabla E_k(\boldsymbol{w}^{(k-1)}) \odot \nabla E_1(\boldsymbol{w}^{(k-1)}) \tag{3.11}$$

となる．つまり，k ステップ目の勾配の 2 次の情報 $\nabla E_k(\boldsymbol{w}^{(k-1)}) \odot \nabla E_k(\boldsymbol{w}^{(k-1)})$ は t ステップ目で ρ^{t-k} だけ縮小される．したがって，勾配の古い情報は最近の更新にそれほど大きな影響を与えないことがわかる．なお，`keras` の関数 `optimizer_rmsprop` では，$\eta = 0.001, \varepsilon = 10^{-7}$ および $\rho = 0.9$ がデフォルトとして用いられている．

d Adam

式 (3.9) を考慮すると，AdaGrad の更新式 (3.8b) の分子は t ステップ目の勾配 $\nabla E_t(\boldsymbol{w}^{(t-1)})$ だけでなく，スケールを正しく調整する意味でも過去の勾配を利用するほうがよいように思われる．**Adam** (Kingma and Ba, 2014) では，RMSProp と同様に指数移動平均を用いることで，勾配 $\nabla E_t(\boldsymbol{w}^{(t-1)})$ も

$$\boldsymbol{m}_t = \beta_1 \boldsymbol{m}_{t-1} + (1-\beta_1) \nabla E_t(\boldsymbol{w}^{(t-1)}) \tag{3.12}$$

[*9] G. Hinton による講義資料 (https://www.cs.toronto.edu/~tijmen/csc321/slides/lecture_slides_lec6.pdf) でのみ RMSProp は紹介されており，論文としては公開されていない．

と更新し，$\boldsymbol{w}^{(t)} = \boldsymbol{w}^{(t-1)} - \boldsymbol{\eta}_{t-1} \odot \boldsymbol{m}_{t-1}$ によって，パラメータをアップデートすることを考える．ただし，$\boldsymbol{m}_0 = \boldsymbol{0}$ である．式 (3.12) より，

$$\boldsymbol{m}_t = (1-\beta_1) \sum_{k=1}^{t} \beta_1^{t-k} \nabla E_t(\boldsymbol{w}^{(t-1)})$$

となる．$\boldsymbol{w}^{(t-1)}$ がデータの添え字の並べ替えに依存する確率変数であることに注意すると，$\boldsymbol{m}_t$ は本来利用すべき $\mathbb{E}[\nabla E_t(\boldsymbol{w}^{(t-1)})]$ に対してバイアスを持つ．説明の簡略化のため，$\mathbb{E}[\nabla E_t(\boldsymbol{w}^{(t-1)})]$ は添え字に依存しないとすると

$$\mathbb{E}[\boldsymbol{m}_t] = (1-\beta_1) \sum_{k=1}^{t} \beta_1^{t-k} \mathbb{E}[\nabla E_t(\boldsymbol{w}^{(t-1)})] = (1-\beta_1^t)\mathbb{E}[\nabla E_t(\boldsymbol{w}^{(t-1)})]$$

であるから，$\boldsymbol{m}_t$ ではなく $\boldsymbol{m}_t/(1-\beta_1^t)$ を用いてバイアスを補正することで，パラメータを効率よく更新できることが期待される．同様に，$\nabla E_t(\boldsymbol{w}^{(t-1)}) \odot \nabla E_t(\boldsymbol{w}^{(t-1)})$ についてもバイアス補正を行うことで，Adam では以下の通りパラメータを更新する．

$$\begin{aligned}
\tilde{\boldsymbol{m}}_t &= \beta_1 \boldsymbol{m}_{t-1} + (1-\beta_1)\nabla E_t(\boldsymbol{w}^{(t-1)}), \\
\boldsymbol{m}_t &= \frac{\tilde{\boldsymbol{m}}_t}{1-\beta_1^t}, \\
\tilde{\boldsymbol{v}}_t &= \beta_2 \boldsymbol{v}_{t-1} + (1-\beta_2)\nabla E_t(\boldsymbol{w}^{(t-1)}) \odot \nabla E_t(\boldsymbol{w}^{(t-1)}), \\
\boldsymbol{v}_t &= \frac{\tilde{\boldsymbol{v}}_t}{1-\beta_2^t}, \\
\boldsymbol{w}^{(t)} &= \boldsymbol{w}^{(t-1)} - \eta \frac{\boldsymbol{m}_t}{\sqrt{\boldsymbol{v}_t} + \varepsilon}.
\end{aligned}$$

なお，`keras` の関数 `optimizer_adam` では，$\eta = 0.001$, $\beta_1 = 0.9$, $\beta_2 = 0.999$ および $\varepsilon = 10^{-7}$ がデフォルトとして用いられている．

e オプティマイザの数値比較

3.1.3 節のモデルを用いて，オプティマイザの比較を行う．データセットは MNIST を用いた．ここで，モーメンタム法とネステロフの加速法のパラメータは $\alpha = 0.9$ とし，それ以外はすべて `keras` のデフォルトの値を用いた．また，バッチサイズは $b = 128$ とした．

表 3.1 は 30 エポック終了時点での損失関数の値と分類精度をまとめたものである．確率的勾配降下法 (SGD) と比較すると，モーメンタム法などのオプティマイザでの訓練データに対する損失関数の値は小さくなっている．また，分類精度に関しても，確率的勾配降下法をそのまま用いず，モーメンタム法などのほかのオプティマイザを用いることで，テストデータに対しても改善されることが見てとれる．特に，RMSProp と Adam はテストデータに対して，損失関数の値は確率的勾配降下法と同程度であるが，分類精度には 2%ほどの差があることがわかる．

図 3.9 は確率的勾配降下法を除くオプティマイザの，エポックごとの損失関数の値と分類精度を

表 3.1 30 エポック終了時の損失関数の値分類精度．訓練データとテストデータに対してそれぞれ評価している．オプティマイザとして確率的勾配降下法 (SGD), モーメンタム法 (Momentum), ネステロフの加速法 (Nesterov), AdaGrad, RMSProp, および Adam を用いた．

	オプティマイザ	SGD	Momentum	Nesterov	AdaGrad	RMSProp	Adam
損失関数の値	訓練データ	0.119	0.003	0.001	0.000	0.004	0.003
	テストデータ	0.131	0.071	0.080	0.091	0.153	0.130
分類精度	訓練データ	0.967	1.000	1.000	1.000	0.999	0.999
	テストデータ	0.961	0.980	0.981	0.980	0.980	0.982

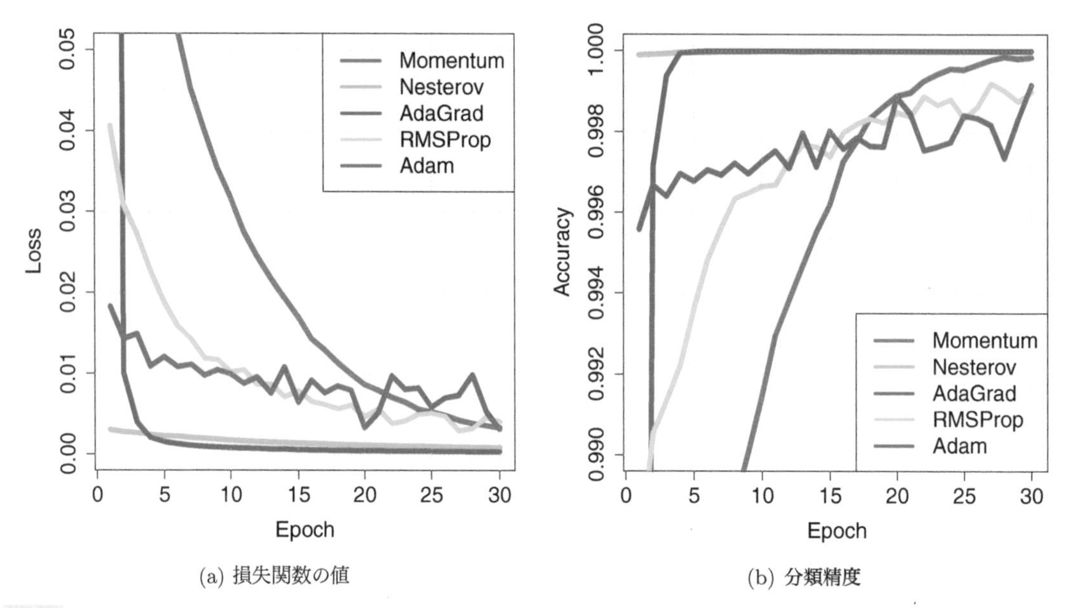

(a) 損失関数の値　　(b) 分類精度

図 3.9 エポックごとに得られた，訓練データに対する (a) 損失関数の値と (b) 分類精度のプロット．ネステロフの加速法と AdaGrad は，他のオプティマイザと比べて損失関数の値 (分類精度) が早く 0 (1) に近づいていることがわかる．

訓練データに対して比較したものである．図 3.9(a) より，AdaGrad およびネステロフの加速法は，他のオプティマイザと比較して早い段階で損失関数の値が小さくなっていることがわかる．同様に，AdaGrad およびネステロフの加速法は分類精度においても早い段階でほぼ 1 となっている．

一見すると，オプティマイザとして AdaGrad やネステロフの加速法を用いればよいように見えるが，モデルによっては Adam や RMSProp などのオプティマイザを用いたほうがよい場合もある．そのため，実際にデータ解析を行う場合は，いくつかのオプティマイザを，パラメータの調整も含めて試すべきである．

3.2.3 正則化

ミニバッチ学習や，オプティマイザはアルゴリズムを工夫することによって深層学習モデルのパラメータを効率よく推定するための方法である．一方，モデル，つまり，ネットワークを工夫することによってもパラメータ推定の性能を向上させることができる．本節では，**正則化** (regularization) と呼ばれる手法について述べる．深層学習モデルの正則化では，リッジ回帰やラッソのように，目的関数に明示的に正則化項を付加するするだけでなく，スキップコネクションやドロップアウトと呼ばれる方法を用いることで，暗黙的に正則化を行うことができる．

a 重み減衰

重み減衰 (weight decay) は，リッジ回帰と同様に，目的関数 (3.1) にパラメータに関する ℓ_2 ノルムを付加することで

$$\min_{\mathcal{W}} L(W) + \frac{\lambda}{2}\|\mathcal{W}\|_2^2 = \min_{\mathcal{W}} \frac{1}{n}\sum_{i=1}^{n}\left(E_i(\mathcal{W}) + \frac{\lambda}{2}\|\mathcal{W}\|_2^2\right)$$

によって，ニューラルネットワークのパラメータ $\mathcal{W}$ を推定する方法である．ここで，$\lambda\ (>0)$ は正則化項であり，$\|\mathcal{W}\|_2^2$ は，パラメータの成分ごとの 2 乗和を表す．したがって，確率的勾配降下法を用いる場合，元の損失関数 E_i ではなく，$J_i(\mathcal{W}) = E_i(\mathcal{W}) + \lambda\|\mathcal{W}\|_2^2/2$ に基づきパラメータを更新する．例えば，第 l 層のパラメータ $\boldsymbol{w}_0^{(l)}$ や $W^{(l)}$ による $J_i(\mathcal{W})$ の微分は

$$\frac{\partial J_i(\mathcal{W})}{\partial \boldsymbol{w}_0^{(l)}} = \frac{\partial E_i(\mathcal{W})}{\partial \boldsymbol{w}_0^{(l)}} + \lambda \boldsymbol{w}_0^{(l)}, \qquad \frac{\partial J_i(\mathcal{W})}{\partial \boldsymbol{w}_0^{(l)}} = \frac{\partial E_i(\mathcal{W})}{\partial W^{(l)}} + \lambda W^{(l)}$$

であり，$\partial E_i(\mathcal{W})/\partial \boldsymbol{w}_0^{(l)}$ や $\partial E_i(\mathcal{W})/\partial W^{(l)}$ は定理 3.2 の逆伝播を用いて計算できる．

b スキップコネクション

深層学習モデルでは，層の数が増えるにつれ**勾配消失** (vanishing gradient) の問題が生じることが知られている．簡単のため，図 3.10 のような，中間層のユニット数が 1 であるような L 層ニューラルネットワークを考える．ただし，各層の重みを $w^{(l)}$, 活性化関数 f_{l+1} はシグモイド関数であるとする．このとき，$w^{(k)} = \mathrm{O}(1)$ および $\delta^{(L)} = \mathrm{O}(1)$ とすれば，定理 3.2 より，第 l 層の逆伝播は

$$\delta^{(l)} = w^{(l)}\nabla f_l(u^{(l)})\delta^{(l+1)} = \delta^{(L)}\prod_{k=l}^{L-1} w^{(k)}\nabla f_k(u^{(k)}) = \mathrm{O}\left(\prod_{k=l}^{L-1}\nabla f_k(u^{(k)})\right)$$

となる．いま，活性化関数はシグモイド関数であるから，$\nabla f_k(u^{(k)}) = f_k(u^{(k)})(1 - f_k(u^{(k)})) \leq 1/4$ なので，

図 3.10　各層で 1 次元のユニットを持つニューラルネットワーク．各層の重みを $w^{(l)}$ とし，活性化関数を f_l とすれば，逆伝播は $\delta^{(l)} = w^{(l)}\nabla f_l(u^{(l)})\delta^{(l+1)}$ で計算できる．

$$\delta^{(l)} = \mathrm{O}(1/4^{L-l}),$$

つまり，層を重ねるごとに逆伝播は指数的に小さくなり，誤差をうまく伝えられなくなってしまう[*10]．

スキップコネクション (skip connection) (He et al., 2016) は，ネットワークに分岐を作ることで勾配消失の問題を回避するために提案された手法である．スキップコネクションについて説明するため，L 層ニューラルネットワーク F を考える．ニューラルネットワークのモデルの定義より，第 l 層の出力を $\boldsymbol{z}^{(l)} = F^{(l)}(\boldsymbol{x}; \mathcal{W})$ とすれば，F は適当な関数 G を用いて

$$F(\boldsymbol{x}) = G(\boldsymbol{z}^{(l)}; \mathcal{V}) = G(F^{(l)}(\boldsymbol{x}; \mathcal{W}); \mathcal{V})$$

とかける．ただし，$\mathcal{W}, \mathcal{V}$ はそれぞれ，第 l 層までと，第 $l+1$ 層からのパラメータをまとめたものである．ここで，第 l 層を出力層としたモデルが適切な場合，その後のネットワーク G は冗長である．そのため，G が恒等写像となるようにパラメータを推定することが望まれる．そこで，最適な関数 $G^*(\boldsymbol{x})$ に対して，その残差 $G(\boldsymbol{z}^{(l)}; \mathcal{V}) = G^*(\boldsymbol{z}^{(l)}) - \boldsymbol{z}^{(l)}$ に基づき，

$$G^*(\boldsymbol{z}^{(l)}) = G(\boldsymbol{z}^{(l)}; \mathcal{V}) + \boldsymbol{z}^{(l)}$$

によって，ニューラルネットワークをモデリングする．残差をモデリングしパラメータ推定を行うニューラルネットワークを **ResNet** (Residual Network) と呼ぶ．実際には，G は第 $l+1$ 層から第 L 層までのネットワークである必要はなく，状況に応じて適当な層で第 l 層の出力 $\boldsymbol{z}^{(l)}$ を加えることができる．

図 3.11 はスキップコネクションの例を示したものである．第 l 層の出力 $\boldsymbol{z}^{(l)}$ は，通常の順伝播

$$\boldsymbol{z}^{(l+1)} = f_{l+1}(\boldsymbol{u}^{(l+1)}) = f_{l+1}(\boldsymbol{w}_0^{(l)} + W^{(l)}\boldsymbol{z}^{(l)})$$

とは別に，第 $l+1$ 層をスキップして伝播するネットワークを持つ．このとき，第 $l+2$ 層の出力 $\boldsymbol{z}^{(l+2)}$ は

$$\boldsymbol{z}^{(l+2)} = f_{l+2}(\boldsymbol{u}^{(l+2)}), \qquad \boldsymbol{u}^{(l+2)} = \boldsymbol{w}_0^{(l+1)} + W^{(l+1)}(\boldsymbol{z}^{(l+1)} + \boldsymbol{z}^{(l)})$$

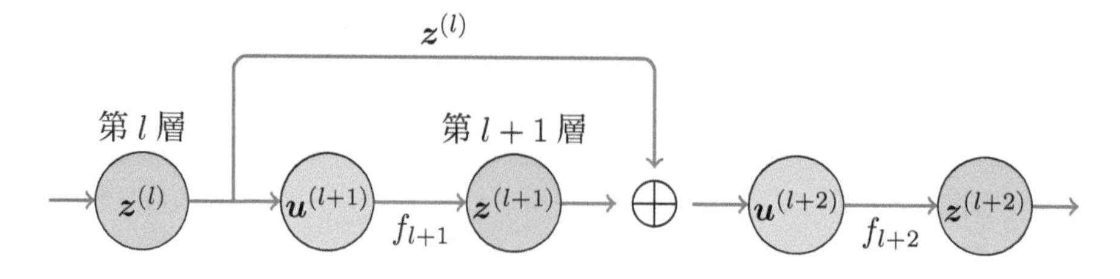

図 3.11　スキップコネクションの例．l 層の出力 $\boldsymbol{z}^{(l)}$ は，$l+1$ 層に接続する順伝播とは別に，$l+2$ 層へ直接接続される．

[*10] 同様に，$\nabla f_k(u^{(k)}) > 1$ である場合，**勾配発散** (exploding gradient) の問題が生じる．

で与えられる．通常の順伝播とは，$\boldsymbol{u}^{(l+2)}$ を計算する際に，第 $l+1$ 層をスキップした $\boldsymbol{z}^{(l)}$ も用いる点が異なる．スキップコネクションを用いてネットワークを構成する場合，スキップするユニット $\boldsymbol{z}^{(l)}$ とスキップせずに伝播するユニット $\boldsymbol{z}^{(l+1)}$ のサイズが等しくなるようにしなければならないことに注意する．そうでない場合，線形射影 P を用いて，$P\boldsymbol{z}^{(l)}$ が $\boldsymbol{z}^{(l+1)}$ と同じサイズになるように変換し，$\boldsymbol{z}^{(l+1)} + P\boldsymbol{z}^{(l)}$ を用いて第 $l+2$ 層へ順伝播する．

$q_l = q_{l+1} = q$，つまり，第 l および第 $l+1$ 層のユニット数は q であるとする．このとき，第 l 層から伸びるネットワークは $\boldsymbol{u}^{(l+1)}$ および $\boldsymbol{z}^{(l)}$ に依存して定まるから，定理 3.1 より，第 l 層の誤差 $\boldsymbol{\delta}^{(l)}$ の第 i 成分は

$$\begin{aligned}\delta_i^{(l)} &= \sum_{k=1}^{q} \frac{\partial E(\mathcal{W})}{\partial u_k^{(l+1)}} \frac{\partial u_k^{(l+1)}}{\partial u_i^{(l)}} + \sum_{k=1}^{q} \frac{\partial E(\mathcal{W})}{\partial u_k^{(l+1)}} \frac{\partial u_k^{(l+1)}}{\partial z_i^{(l)}} \\ &= (\nabla f_l(u_i^{(l)}) + 1) \sum_{k=1}^{q} \delta_k^{(l+1)} w_{ki}^{(l)} \end{aligned} \tag{3.13}$$

となる．したがって，勾配 $\nabla f_l(u_i^{(l)})$ が非常に小さな値であったとしても，第 $l+1$ 層の逆伝播 $\boldsymbol{\delta}^{(l+1)}$ は効率的に第 l 層へ伝えることができる．

keras では，スキップコネクションは層の一部であると考えられ，例えばコード 3.4 のように実装する．スキップコネクションを持つネットワークは，関数 sequential で実装することはできないため，functional API を用いて実装する．コード 3.2 と比較すると，スキップコネクションを用いたことで，Connected to という項目があることがわかる．これは，中間層がどのユニットと接続しているかを表しており，例えば，add (Add) では，dense および dense_2 がスキップコネクションによって結合しているということを意味している．

コード 3.4　keras を用いた実行例: スキップコネクションを持つモデル

```
## スキップコネクションを持つモデルの定義
x<- layer_input(784)
z1<- x %>% layer_dense(units = 256, activation="relu")
z2<- z1 %>% layer_dense(units = 128, activation="relu")
z3<- z2 %>% layer_dense(units = 256, activation="relu")
skip<- layer_add(c(z1, z3))
y <- z3 %>% layer_dense(units = 10, activation="softmax")
model<- keras_model(x, y)

model  # model の出力
Model
______________________________________________________________________
Layer (type)              Output Shape     Param #       Connected to
======================================================================
```

```
15  input_1 (InputLayer)    (None, 784)     0
16  ------------------------------------------------------------------------
17  dense (Dense)           (None, 256)     200960          input_1[0][0]
18  ------------------------------------------------------------------------
19  dense_1 (Dense)         (None, 128)     32896           dense[0][0]
20  ------------------------------------------------------------------------
21  dense_2 (Dense)         (None, 256)     33024           dense_1[0][0]
22  ------------------------------------------------------------------------
23  add (Add)               (None, 256)     0               dense[0][0]
24                                                          dense_2[0][0]
25  ------------------------------------------------------------------------
26  dense_3 (Dense)         (None, 10)      2570            add[0][0]
27  ========================================================================
28  Total params: 269,450
29  Trainable params: 269,450
30  Non-trainable params: 0
31  ------------------------------------------------------------------------
```

c ドロップアウト

スキップコネクションと同様に，**ドロップアウト** (drop out) (Srivastava et al., 2014) もまた暗黙的に深層ニューラルネットワークを正則化するための手法であり，図 3.12 のように一部のユニットの値を 0 にすることで，擬似的にモデルに含まれるパラメータを削減する．

ドロップアウトでは，第 l 層から第 $l+1$ 層へのネットワークにおいて，$\psi_j^{(l)} \in \{0,1\}$ をパラメータ $\pi = \mathrm{P}(\psi_j^{(l)} = 1)$ のベルヌーイ分布 $\mathrm{Ber}(\pi)$ から独立に発生させる．

$$\psi_j^{(l)} \overset{\text{i.i.d.}}{\sim} \mathrm{Ber}(\pi), \qquad j = 1, \ldots, q_l.$$

次に，$\boldsymbol{\psi}^{(l)} = (\psi_j^{(l)})_{j=1,\ldots,q_l}$ を用いて，$\boldsymbol{u}^{(l+1)} = \boldsymbol{w}_0^{(l)} + W^{(l)}(\boldsymbol{\psi}^{(l)} \odot \boldsymbol{z}^{(l)})$ とし，$\boldsymbol{z}^{(l+1)} = f_{l+1}(\boldsymbol{u}^{(l+1)})$ として，第 $l+1$ 層へ順伝播する．

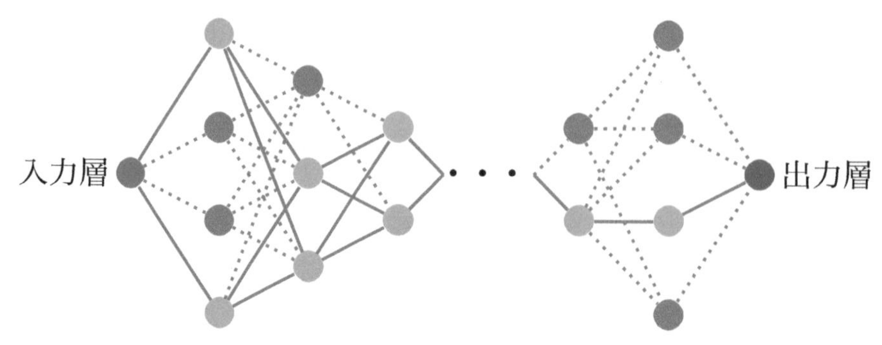

図 3.12　ドロップアウトの例．順伝播の際に，ランダムに選択された灰色のユニットは用いられず，オレンジ色のユニットのみを用いる．そのため，オレンジ色で用いられたネットワークのみで逆伝播を計算する．

定理 3.2 の逆伝播の更新式 (3.3) と見比べれば，第 $l+1$ 層の逆伝播 $\boldsymbol{\delta}^{(l+1)}$ は

$$\begin{aligned}\boldsymbol{\delta}^{(l+1)} &= \nabla f_{l+1}(\boldsymbol{u}^{(l+1)}) \odot W^{(l+1)\top}\boldsymbol{\delta}^{(l+2)} \\ &= \nabla f_{l+1}(\boldsymbol{w}_0^{(l)} + W^{(l)}(\boldsymbol{\psi}^{(l)} \odot \boldsymbol{z}^{(l)})) \odot W^{(l+1)\top}\boldsymbol{\delta}^{(l+2)}\end{aligned}$$

となることがわかる．

ドロップアウトが暗黙的に正則化を行うことを確認するために，出力は 1 次元であるとし，第 $L-1$ 層から第 L 層 (出力層) へのネットワークでドロップアウトを用いる場合を考える．簡単のため，第 $L-1$ 層から第 L 層へのパラメータの添え字を省略し，第 $L-1$ 層のユニット数を q とし，$\boldsymbol{z}^{(L-1)}$ を単に $\boldsymbol{z}$ と表す．出力層へのバイアス項を $w_0=0$ とし，活性化関数として恒等写像を用いれば，出力層の値は $\sum_{j=1}^{q} w_j\psi_j z_j$ である．出力層が 1 次元であるため，パラメータ w_j は一つの添え字のみで表現できることに注意する．2 乗誤差を損失関数とし，

$$L(\mathcal{W}) = \frac{1}{2n}\sum_{i=1}^{n}\left(y_i - \sum_{j=1}^{q} w_j\psi_{ij}z_{ij}\right)^2$$

の最小化問題を考える．このとき，ψ_{ij} に関する期待値をとることで，

$$\mathbb{E}[L(\mathcal{W})] = \frac{1}{2n}\sum_{i=1}^{n}\left(y_i - \pi\sum_{j=1}^{q} w_j z_{ij}\right)^2 + \frac{\pi(1-\pi)}{2}\sum_{j=1}^{q}\|\tilde{\boldsymbol{z}}_j\|_n^2 w_j^2 \tag{3.14}$$

となる．ただし，$\tilde{\boldsymbol{z}}_j = (z_{1j}, \ldots, z_{nj})^\top$ は，$Z = (z_{ij})_{i=1,\ldots,n,j=1,\ldots,q}$ の j 番目の列ベクトルである．つまり，ドロップアウトは，リッジ回帰のように 2 乗和を正則化項としてパラメータを推定するモデルであると解釈することができる．式 (3.14) をパラメータ $\boldsymbol{w}$ で偏微分して $\boldsymbol{0}$ とおくことで，

$$\hat{\boldsymbol{w}} = (\pi Z^\top Z + n(1-\pi)D)^{-1}Z^\top\boldsymbol{y} \tag{3.15}$$

と書けることがわかる．ただし，$D = \mathrm{diag}(\|\tilde{\boldsymbol{z}}_1\|_n^2, \ldots, \|\tilde{\boldsymbol{z}}_q\|_n^2)$ は，$Z^\top Z/n$ の対角成分からなる対角行列である．また，各 j に対して，$\|\tilde{\boldsymbol{z}}_j\|_n^2 = 1$ となるように正規化されている場合，式 (3.15) は通常のリッジ回帰におけるパラメータの推定値とほぼ等価となる．

`keras` を用いてドロップアウトを行う場合，関数 `layer_dropout` を用いる．コード 3.5 は中間層 `z1` から `z2` へのネットワークでドロップアウトを用いた例を示している．`layer_dropout` の引数 `rate` は，0 とするユニットの割合を表している．したがって，`rate = 0.25` の場合，25%のユニットを 0 にするので，前述のネットワークでいえば，`rate` は $1-\pi$ に対応していることに注意する．

コード 3.5 keras を用いた実行例: ドロップアウトを持つモデル

```
x<- layer_input(784)
z1<- x %>% layer_dense(units = 256, activation="relu")
dropout<- z1 %>% layer_dropout(rate = 0.25)
z2<- dropout %>% layer_dense(units = 128, activation="relu")
y <- z2 %>% layer_dense(units = 10, activation="softmax")
model<- keras_model(x, y)
```

3.2.4 バッチ正規化

深層学習モデルにおいて，ミニバッチごとに得られる Z の平均を 0, 分散を 1 に近づけるように変換する操作を**バッチ正規化** (batch normalization) (Ioffe and Szegedy, 2015) と呼び，近年では非常によく用いられるものである．バッチ正規化そのものも正則化の効果があるといわれているが，実際には明確な説明がなされておらず，なぜバッチ正規化を利用することでニューラルネットワークの学習がうまくいくのかは (少なくとも 2019 年の時点では) あまりよくわかっていない．

keras を用いてバッチ正規化を行う場合，layer_batch_normalization を用いる．この関数では，どの次元で正規化を施すかを表す引数 axis のほか，正規化の際に用いる慣性 momentum や許容誤差 epsilon を指定することができる．例えば，バッチサイズを n として，q 次元のユニットを持つ層 $\boldsymbol{z}_1, \ldots, \boldsymbol{z}_n$ をバッチ正規化する場合，keras の内部では次の処理を行う．

- **指数移動平均の計算**: ミニバッチでの中間層の指数移動平均を求める．

$$\boldsymbol{\mu}_{i+1} = \alpha\boldsymbol{\mu}_i + (1-\alpha)\boldsymbol{z}_i, \qquad \boldsymbol{\mu}_1 = \boldsymbol{0}, \quad \boldsymbol{\mu}_{n+1} = \boldsymbol{\mu}$$

  keras では，$\alpha = 0.99$ がデフォルトとして実装されている．
- **分散の計算**: 分散 $\boldsymbol{\sigma}^2 = (\sigma_j^2)_{j=1,\ldots,q}$ を計算する．ここで，$\sigma_j^2 = \frac{1}{n}\sum_{i=1}^n (z_{ij} - \mu_j)^2$ である．
- **正規化**: $\boldsymbol{\mu}$ および $\boldsymbol{\sigma}^2$ を用いて，入力ごとに $\boldsymbol{z}_i$ の正規化を行う．

$$\bar{\boldsymbol{z}}_i = \frac{\boldsymbol{z}_i - \boldsymbol{\mu}}{\sqrt{\boldsymbol{\sigma}^2 + \varepsilon}}$$

  ただし，演算はすべて成分ごとに行うものとする．ε は 0 割を防ぐための誤差であり，keras では 0.001 がデフォルトとして用いられている．
- **スケール変換と平行移動**: $\gamma\bar{\boldsymbol{z}}_i + \beta$ をバッチ正規化の出力とする．ここで，$\gamma = 1, \beta = 0$ としたものが keras のデフォルトである．

バッチ正規化は中間層の一種と考えられ，$\boldsymbol{\mu}$ や $\boldsymbol{\sigma}^2$ も推定対象となる．keras で実装すると，コード 3.6 のように，バッチ正規化層 (17 行目) で推定すべきパラメータがあることがわかる．ここで，パラメータ数 1024 とは，バッチ正規化を施す 256 次元の中間層 `z1` から得られる平均 $\boldsymbol{\mu}$ および分散 $\boldsymbol{\sigma}^2$ の 512 個と，それぞれを計算するために用いた (2 回分の) `z1` を意味している．ただし，中間層そのものの値は推定対象ではないため，25 行目にあるように，`Non-trainable params` として `z1` の 512 個を除いたもののみが実際に推定されるべきパラメータとしてカウントされている．

コード 3.6　keras を用いた実行例: バッチ正規化を持つモデル

```
x<- layer_input(784)
z1<- x %>% layer_dense(units = 256, activation="relu")
batch_norm<- z1 %>% layer_batch_normalization()
z2<- batch_norm %>% layer_dense(units = 128, activation="relu")
y<- z2 %>% layer_dense(units = 10, activation="softmax")
model<- keras_model(x, y)

model  # model の出力
Model
______________________________________________________________________
Layer (type)                              Output Shape        Param #
======================================================================
input (InputLayer)                        (None, 784)         0
______________________________________________________________________
dense (Dense)                             (None, 256)         200960
______________________________________________________________________
batch_normalization_v1 (BatchNormalizationV1) (None, 256)     1024
______________________________________________________________________
dense_1 (Dense)                           (None, 128)         32896
______________________________________________________________________
dense_2 (Dense)                           (None, 10)          1290
======================================================================
Total params: 236,170
Trainable params: 235,658
Non-trainable params: 512
______________________________________________________________________
```

3.3　畳み込みニューラルネットワーク

画像や物体認識の分野で大きな成功を収めている深層学習モデルの一つとして**畳み込みニューラルネットワーク** (convolutional neural network) と呼ばれるネットワークがある．畳み込みニューラル

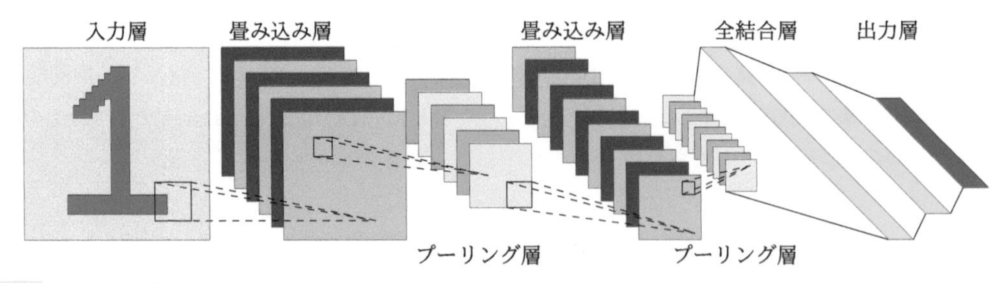

図 3.13 LeNet のグラフ表現．畳み込み層，プーリング層および全結合層と呼ばれる中間層を繰り返し用いることで，モデリングを行う．

ネットワークでは，入力画像をこれまでのようにベクトル化せずに，ピクセルの近傍情報も含めたネットワーク構造をモデリングする．畳み込みニューラルネットワークのアーキテクチャーの歴史そのものは古く，1980 年に福島邦彦によって提案された**ネオコグニトロン** (Neocognitron) (Fukushima, 1980) が脳科学の分野ですでに知られていた．その後，1999 年に **LeNet** (LeCun et al., 1999) と呼ばれるモデルが，現在でも用いられている畳み込みニューラルネットワークの原型としてコンピュータビジョンの分野で提案された．

LeNet をはじめとして，ほとんどの畳み込みニューラルネットワークは，**畳み込み層** (convolution layer), **プーリング層** (pooling layer) および**全結合層** (fully connected layer) と呼ばれる中間層を用いてモデリングされる．図 3.13 は，LeNet のモデルのグラフ表現である．3.1 節で述べた深層ニューラルネットワークとは異なり，畳み込みニューラルネットワークにおける入力は多次元の配列である．例えば，MNIST のようなグレースケール画像ならば，1 枚の 27×27 ピクセル画像，つまり，$27 \times 27 \times 1$ の 3 次元配列が入力であり，RGB などのカラー画像ならば入力の次元は $27 \times 27 \times 3$ となる．3.1 節の深層ニューラルネットワークとは異なり，畳み込み層やプーリング層では，ピクセルの近傍の線形結合のみを用いて部分的に順伝播を行うことで，画像処理におけるフィルタリングや縮小処理に対応する演算を繰り返し行う．そのため，畳み込み層やプーリング層の出力もやはり 3 次元配列となる．一方，全結合層は，これまでの深層ニューラルネットワークと同様，直前の層のユニットをすべて用いて順伝播を行う．

以下では，畳み込み層，プーリング層および全結合層の順伝播について説明し，`keras` を用いた実行例を述べる．なお，ネットワークの一部として，3.2.3 節で説明したスキップコネクションやドロップアウトなどの正則化を自由に組み込むことができる．

3.3.1 畳み込み層

中間層の添え字 (l) を省略して，第 l 層のユニットを $Z = (Z_1, \ldots, Z_K) \in \mathbb{R}^{P \times P \times K}$ と表すことにする．ここで，$Z_k = (z_{ijk})_{i,j=1,\ldots,P} \in \mathbb{R}^{P \times P}$ は k 番目のフィルタにおける $P \times P$ ピクセルの画像である．畳み込み層では，カーネルと呼ばれるパラメータ $W_1, \ldots, W_L \in \mathbb{R}^{H \times H \times L}$ を用いて順伝播を行う．ここで，$H\ (< P)$ はカーネルサイズと呼ばれ，L は順伝播で出力するフィルタ数，

$W_l = (w_{ijkl})_{i,j=1,\ldots,H,k=1,\ldots,K}$ はパラメータを並べた3次元配列である．したがって，L 個の異なるフィルタによってネットワークが伝播する．なお，W_l のフィルタ数は中間層 Z のフィルタ数と等しくとらなければならないことに注意する．

畳み込み層ではまず，Z_k の $H \times H$ 部分行列

$$\tilde{Z}_{ijk} = \begin{pmatrix} z_{i,j,k} & \cdots & z_{i,j+H-1,k} \\ \vdots & \ddots & \vdots \\ z_{i+H-1,j,k} & \cdots & z_{i+H-1,j+H-1,k} \end{pmatrix}$$

と l 番目のカーネル W_l の k 番目のフィルタ $W_{kl} = (w_{ijkl})_{i,j=1,\ldots,H}$ の線形和

$$\sum_{p,q=1}^{H} w_{pqkl} z_{i+p-1,j+q-1}, \qquad k = 1, \ldots, K$$

を計算する．次に，このようにして得られた K 個の値とバイアス項の和を

$$u_{ijl} = \sum_{k=1}^{K} \sum_{p,q=1}^{H} w_{pqkl} z_{i+p-1,j+q-1} + b_l = \langle \tilde{Z}_{ij}, W_l \rangle + b_l$$

とする．ここで，$\langle \tilde{Z}_{ij}, W_l \rangle$ は2つの配列 $\tilde{Z}_{ij} = (\tilde{Z}_{ij1}, \ldots, \tilde{Z}_{ijK})$ と $W_l = (W_{1l}, \ldots, W_{Kl})$ の内積であり，これまでと同じように，中間層のアフィン変換で u_{ijl} が定義されていることがわかる．また，バイアス項 b_l は，ピクセル単位ではなくフィルタごとに作用する．なお，畳み込み後の画像サイズは $(P-H+1) \times (P-H+1)$ ピクセルとなる．最後に，活性化関数 f を用いて $z'_{ijl} = f(u_{ijl})$ を第 $l+1$ 層の (i,j,l) ユニットとする．図3.14は，畳み込み層における順伝播のイメージを示したものであり，3×3 ピクセルの3枚の画像 Z_1, Z_2, Z_3 を，カーネルサイズ 2×2 のパラメータ W_1, W_2, W_3 で畳み込んでいる．結果として，出力は 2×2 の画像となる．

図3.15(a) および (b) はフィルタごとに行われる演算の様子を表している．それぞれの伝播において，一部のユニットのみで線形結合を計算している様子が見てとれる．`keras` で畳み込み層を用いる場合，`layer_conv_2d` という関数を用いることができる．

畳み込みにより，どのような画像が出力されるかを確認するために，3つのカーネル

$$W_1 = \begin{pmatrix} -1 & -1 & 0 \\ -1 & 0 & 1 \\ 0 & 1 & 1 \end{pmatrix}, \quad W_2 = \begin{pmatrix} 0 & 1 & 0 \\ 1 & -4 & 1 \\ 0 & 1 & 1 \end{pmatrix}, \quad W_3 = \begin{pmatrix} 1 & 1 & 1 \\ 1 & 1 & 1 \\ 1 & 1 & 1 \end{pmatrix}$$

とバイアス項 $b_1 = b_2 = b_3 = 0$ を用いて，MNIST の画像の畳み込みを行った．それぞれのパラメータは，画像処理で知られているエッジ抽出，輪郭抽出および平均ぼかしを行うためのフィルタに対応している．図3.16(a) の原画像に対してそれぞれのカーネルを用いて畳み込みを行ったものが図3.16(b), (c) および (d) に示されている．畳み込みを行うことで，画像の部分的な特徴を抽出できていることが見てとれる．

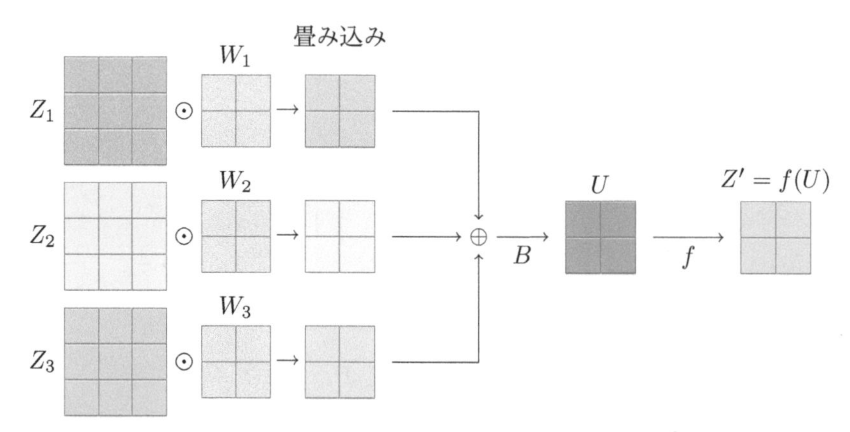

図 3.14 畳み込み層で行われる処理のイメージ．3×3 ピクセルの 3 枚の画像 Z_1, Z_2, Z_3 を，同じフィルタ数の大きさ 2×2 カーネル W_1, W_2, W_3 を用いて次の層 Z' で伝播する様子を示している．畳み込み後の画像の大きさは 2×2 であり，畳み込まれた 3 枚の画像にバイアス項 B を加えて，活性化関数で変換したものが Z' である．同様の操作を複数のカーネルで行うことで，畳み込み層の出力は 3 次元配列となる．

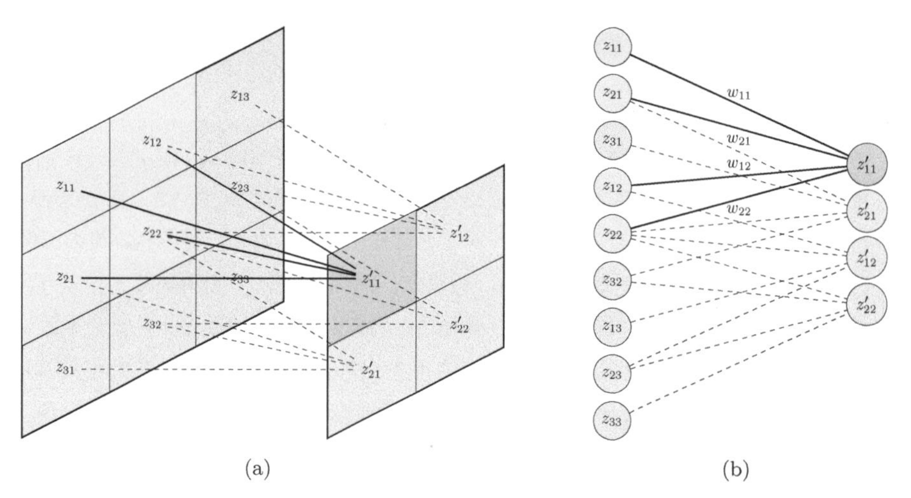

図 3.15 (b) 図 3.14 の各フィルタにおけるネットワークの伝播の様子および (c) 伝播の様子を深層ニューラルネットワークのようにグラフ表現したもの．一部のユニットの線形結合のみを用いてネットワークが伝播していることがわかる．

次に，畳み込み層の逆伝播について述べる．3.1.2a 節の注意で述べたように，逆伝播は実際に接続されている矢線のみを用いて計算できる．例えば，図 3.15(b) のネットワークを考えると，z_{11} は z'_{11} にのみ接続しており，他のユニットとは無関係である．そのため，z'_{11} の逆伝播を δ'_{11} とすると，z_{11} における逆伝播 δ_{11} は

$$\delta_{11} = (z_{11}\text{の勾配}) \times w_{11}\delta'_{11}$$

とかける．また，z_{21} は z'_{11} と z'_{21} に接続しており，それぞれの矢線の重みは w_{21}, w_{11} である．したがって，z'_{21} の逆伝播を δ'_{21} とすれば，

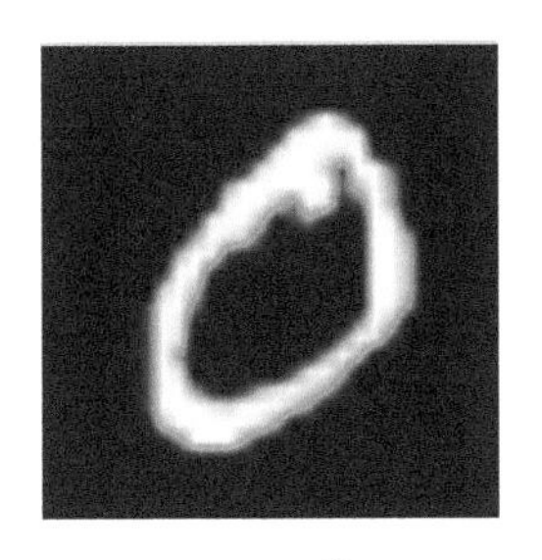

(a) 原画像

(b) W_1 による畳み込み後の画像

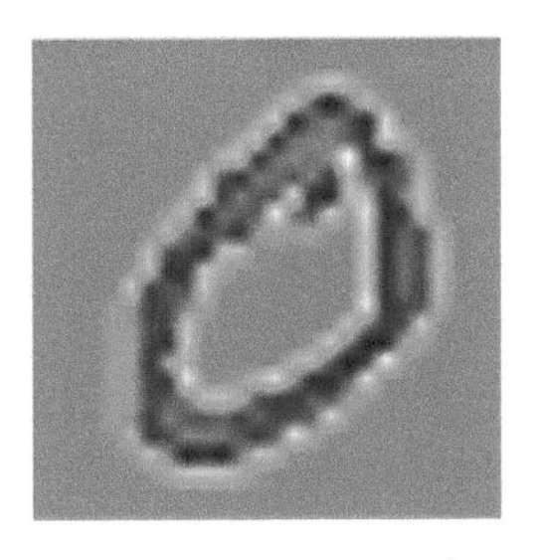

(c) W_2 による畳み込み後の画像

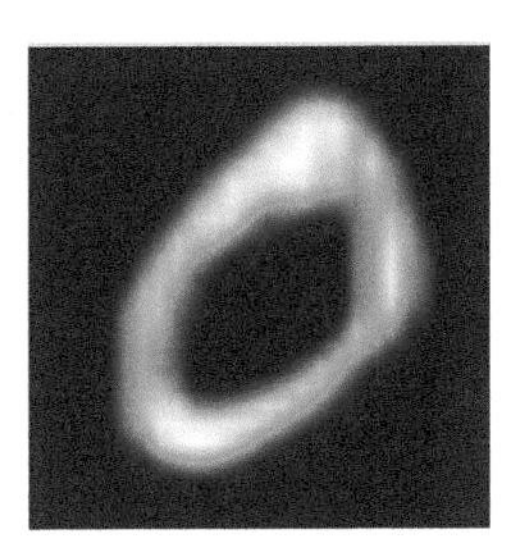

(d) W_3 による畳み込み後の画像

図 3.16　(b) 図 3.14 の各フィルタにおけるネットワークの伝播の様子および (c) 伝播の様子を深層ニューラルネットワークのようにグラフ表現したもの．一部のユニットの線形結合のみを用いてネットワークが伝播していることがわかる．

$$\delta_{21} = (z_{21}\text{の勾配}) \times (w_{21}\delta'_{11} + w_{11}\delta'_{21})$$

である．同様に，z_{22} については

$$\delta_{22} = (z_{22}\text{の勾配}) \times (w_{22}\delta'_{11} + w_{21}\delta'_{12} + w_{12}\delta'_{21} + w_{11}\delta'_{22})$$

などとなる．上記の計算方法は，フィルタが複数ある場合も同様である．

畳み込み層の順伝播を計算する際，中央部分に対して端の部分があまり考慮されないという問題がある．例えば，図 3.15(a) で z_{22} は z'_{11} から z'_{22} のすべてを計算で用いられるものの，z_{11} は z'_{11} の計算でしか用いられない．そこで，畳み込み層の入力を適当に拡大することで，z_{11} のような端のピクセルの計算を増やすことが行われる．また，畳み込みにより $P \times P$ ピクセルの画像は $(P-H+1) \times (P-H+1)$ ピクセルに縮小されるが，画像処理ではこのような状況は必ずしも好ましいというわけではない．そのため，入力を拡大することで，画像が小さくなりすぎないようにすることができる．一方，畳み込みの際に，1 ピクセルずつカーネルを移動する必然性もない．つまり，もう少し粗いフィルタリングを行いたい場合には，例えば 2 ピクセルずつ移動させることも考えられる．上記のような状況を考慮して畳み込み層の伝播を行うために，**パディング** (padding) や**ストライド** (stride) という処理も同時に行われることが多く，以下でこれらについて説明する．

a パディング

パディングは，入力の k 番目のフィルタ Z_k の端の部分が中央部分に比べてスキャンされる回数が少ないという問題を解消するために用いられるものである．また，直前に述べたように，パディングを用いることで畳み込み後の入力が小さくなりすぎないようにすることができる．

最も単純なパディングは**ゼロパディング** (zero padding) と呼ばれるものであり，Z_k の周りに 0 を並べるものである．パディング数を α とすれば，ゼロパディングでは $Z_k \in \mathbb{R}^{P \times P}$ の周りに 0 を並べた $(P+2\alpha) \times (P+2\alpha)$ の入力に対して畳み込みを行う．例えば，Z_k をパディング数 1 でゼロパディングすると，変換後の入力は

$$\begin{pmatrix} 0 & \cdots & 0 \\ \vdots & Z_k & \vdots \\ 0 & \cdots & 0 \end{pmatrix}$$

のような $(P+2)\times(P+2)$ ピクセルの画像となる．

パディング後の $(P+2\alpha)\times(P+2\alpha)$ ピクセルの画像を畳み込むことで，畳み込み後の画像の大きさは $(P+2\alpha-H+1)\times(P+2\alpha-H+1)$ となる．keras では layer_conv_2d の引数としてパディングを行うか否かを指定することができる．具体的には，padding = "same" と指定すると，畳み込み層の出力が入力の大きさと同じになるようにパディングを行う．また，"valid" とすると，パディングを行わずに縮小された画像が出力される．

keras では引数 padding を指定することで，ゼロパディングを行う．また，α は 0 (valid) か入力のサイズと同じ大きさになるようにパディングする (same) かの 2 択となる．一方，当然ながら，Z_k の周りを 0 で埋めることの正当性はなく，Z_k の周期性を考慮したものなどをはじめとして，いろいろなパディング方法が提案されている．

b ストライド

ストライドでは，入力の k 番目のフィルタ Z_k に対して，カーネル W_k を 1 ピクセルずつスキャンせず，複数個のピクセルごとにスキャンする．ストライド数を β とすると，畳み込み層における u_{ijl} の計算は次のようになる．

$$u_{ijl} = \sum_{k=1}^{K} \sum_{p,q=1}^{H} w_{pqkl} z_{\beta(i-1)+p,\beta(j-1)+q,k} + b_{ijl}$$

ただし，$i,j = 1,\ldots,(P-H)/\beta+1$ である．そのため，ストライドによって，畳み込み後の画像は $((P-H)/\beta+1)\times((P-H)/\beta+1)$ である．通常，ストライド数 β は $P-H$ の約数となるように設定する [*11]．

図 3.17 は，ストライド数 $\beta=1$ および $\beta=2$ の場合の畳み込みの様子を示したものである．$\beta=1$ の場合，ストライドを用いない通常の順伝播と同じ結果が得られる．一方，ストライドを用いることで，畳み込み層の出力はより小さなものとなる．

ストライドは，パディングと同時に行うことができることに注意する．つまり，パディング数 α で拡大した入力をストライド数 β で畳み込むと，結果として $((P+2\alpha-H)/\beta+1)\times((P+2\alpha-H)/\beta+1)$ の画像が出力される．また，keras を用いてストライドを行う場合，layer_conv_2d の引数 strides を指定する．例えば，strides = 2 とすれば，$\beta=2$ のストライドを適用できる．デフォルトは，strides = 1，つまり，ストライドを用いずに畳み込み層の出力を計算する．

[*11] ただし，keras では少数を切り上げることにより，畳み込み後の画像の大きさを強制的に自然数とするため，割り切れなかったとしても実行できてしまう．

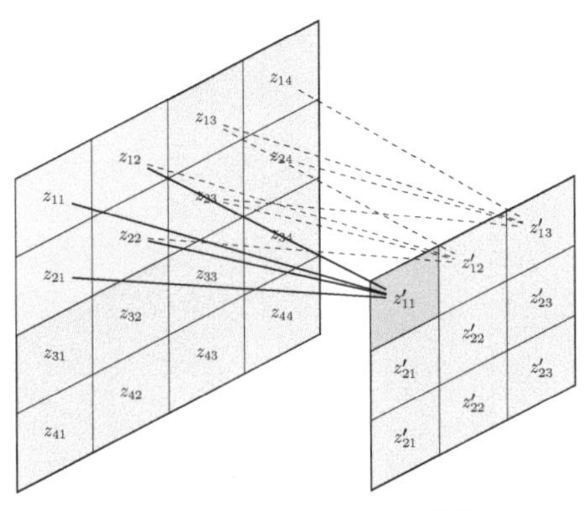

(a) ストライド数 $\beta = 1$ の場合

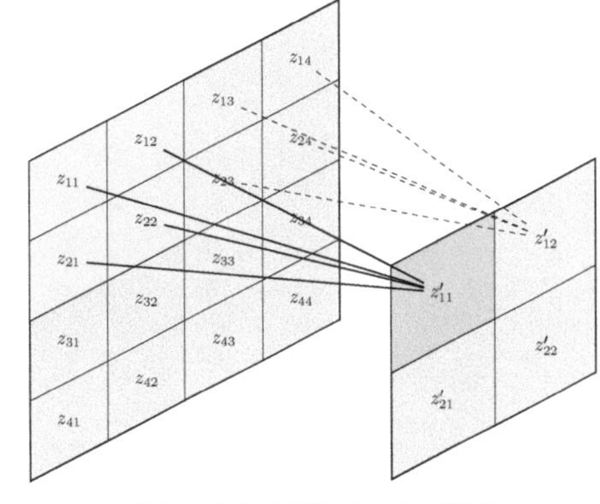

(b) ストライド数 $\beta = 2$ の場合

図 3.17　ストライド数 $\beta = 1$ と $\beta = 2$ の場合の順伝播の様子．$\beta = 2$ の場合，(a) とは異なり，$z_{12}, z_{13}, z_{22}, z_{23}$ からなるネットワークは生じず，畳み込み後の画像サイズは 2×2 ピクセルとなる．

3.3.2　プーリング層

畳み込み層と同様に，プーリング層でも k 番目のフィルタ $Z_k \in \mathbb{R}^{P \times P}$ を，より小さな $H \times H$ のフィルタを用いて縮小する．畳み込み層との違いは，プーリング層ではパラメータとフィルタの線形結合を考えず，通常はパディングを行わないことが多いという点である．一方，ストライド数は $\beta = H$ のように，縮小するためのフィルタサイズと同じにすることが多い．ストライド数を β とすると，プーリング層では $I_{ij} = \{(\beta(i-1)+p, \beta(j-1)+q) \mid p, q = 1, \ldots, H\}$ に含まれる部分行列

$$\tilde{Z}_{ijk} = \begin{pmatrix} z_{\beta(i-1)+1, \beta(j-1)+1, k} & \cdots & z_{i, \beta(j-1)+H, k} \\ \vdots & \ddots & \vdots \\ z_{\beta(i-1)+H, j, k} & \cdots & z_{\beta(i-1)+H, \beta(j-1)+H, k} \end{pmatrix}$$

ごとにプーリングを行う．そして，プーリングのための写像 g を用いて

$$z'_{ijk} = g(\tilde{Z}_{ijk})$$

をプーリング層の出力の (i, j, k) 成分とする．したがって，プーリングの処理はチャネルごとに作用し，結果として出力のフィルタ数は入力のフィルタ数と同じとなる．

写像 g は例えば，

$$g(\tilde{Z}_{ijk}) = \max_{(r,s) \in I_{ij}} \tilde{z}_{rsk}$$

とする**最大プーリング** (max pooling) や，

$$g(\tilde{Z}_{ijk}) = \frac{1}{H^2} \sum_{(r,s) \in P_{ij}} \tilde{z}_{rsk}$$

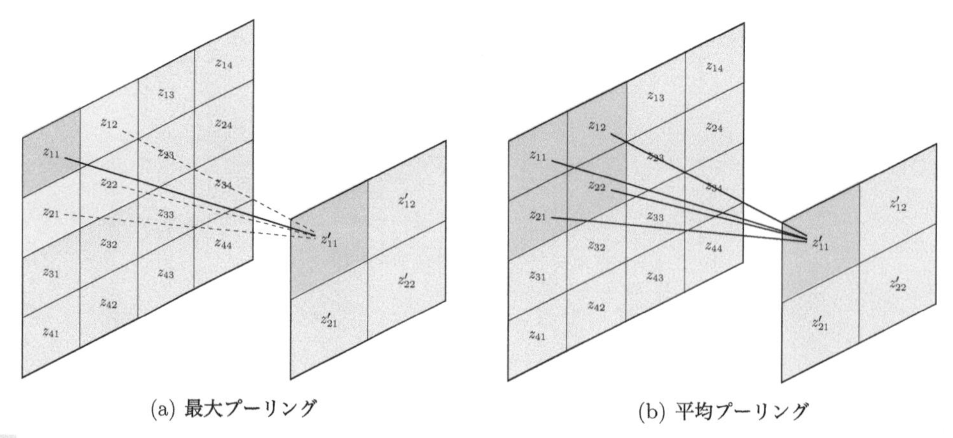

図 3.18　最大プーリングと平均プーリングの順伝播．最大プーリングでは，I_{ij} に含まれる一部のユニットのみでネットワークがつながっているのに対し，平均プーリングでは I_{ij} 内のすべてのユニットが順伝播に用いられる．(a) は，$z_{11}, z_{12}, z_{21}, z_{22}$ のうち，z_{11} が最大である場合の伝播の様子である．

とする**平均プーリング** (average pooling) がしばしば用いられる．`keras` ではそれぞれ，関数 `layer_max_pooling_2d` および `layer_average_pooling_2d` を利用することができる．これらの関数の引数 `pool_size` を例えば 2 とすると，大きさ $H = 2$ でプーリングを行うことができる．また，`strides` と `padding` デフォルトはそれぞれ，プーリングで用いるフィルタの大きさ (`pool_size`) および，パディングを行わない (`valid`) である．

図 3.18 は，最大プーリングと平均プーリングの順伝播の様子を示したものである．平均プーリングは，I_{ij} に含まれるユニットすべての平均をとるため，例えば，z'_{11} を計算する際にすべてのユニットで矢線がある．一方，最大プーリングでは，I_{ij} に含まれるユニットをすべて用いるものの，その中で最大値を求めることから，実際につながっているのは，最大値に対応するユニットのみである．

次に，プーリング層の逆伝播について説明する．写像 g は既知の行列 $V \in \mathbb{R}^{H \times H}$ を用いて，

$$g(\tilde{Z}_{ijk}) = \mathrm{tr}(V\tilde{Z}_{ijk})$$

のように，行列の内積としてかけることに注意する．例えば，最大プーリングを用いる場合，V は $\tilde{z}_{ijk}$ の I_{ij} における最大値に対応する部分でのみ 1，それ以外で 0 であるような行列である．また，平均プーリングを用いる場合，V の各成分は $1/H^2$ である．簡単のため，ストライド数はフィルタサイズと同じ，つまり，$\beta = H$ であるとする．このとき，I_{ij} は i, j について互いに排反である．V の各成分を深層ニューラルネットワークのパラメータ W と考えることで，z'_{ij} に対応する逆伝播 δ'_{ij} を用いて

$$\delta_{pq} = (z_{pq}\text{の勾配}) \times (z_{pq}\text{から } z'_{ij}\text{への重み})\delta'_{ij}$$

とかける．具体的には，図 3.18(a) の場合，

$$\delta_{11} = (z_{11}\text{の勾配})\delta'_{ij}, \qquad \delta_{12} = \delta_{21} = \delta_{22} = 0$$

であり，図 3.18(b) の場合，

$$\delta_{pq} = (z_{pq}\text{の勾配})\delta'_{ij}/H^2, \qquad p,q \in \{1,2\}$$

となる．

3.3.3 全結合層

全結合層は，ネットワークの出力層の前にいくつかおかれるものである．言い換えれば，畳み込み層とプーリング層の間に全結合層が用いられることはない．全結合層では，畳み込みとプーリングを繰り返して得られた $Z \in \mathbb{R}^{P\times P\times K}$ のすべての z_{ijk} に対して通常の (深層) ニューラルネットワークを構築する．したがって，全結合層の出力を $\boldsymbol{z}' \in \mathbb{R}^L$ であるとすれば，まず，

$$u_l = \sum_{k=1}^{K}\sum_{p,q=1}^{P} w_{pqkl} z_{pqk} + b_l = \langle W_l, Z\rangle + b_l$$

により，全結合層の入力とパラメータの線形結合をとる．ここで，$W_l = (w_{pqkl})_{p,q=1,\dots,P,k=1,\dots,K}$ は $\boldsymbol{z}'$ の l 番目の成分に接続するネットワークの重みであり，b_l はバイアス項である．そして，活性化関数 f を用いて，$z'_l = f(u_l)$ を並べたものを全結合層の出力 $\boldsymbol{z}' = (h(u_l))_{l=1,\dots,L} \in \mathbb{R}^L$ とする．図 3.19 は全結合の様子を図示したものである．$\boldsymbol{z}$ から $\boldsymbol{z}'$ への伝播は深層ニューラルネットワークと同様であることがわかる．

keras を用いる場合，全結合層の前に layer_flatten を用いることで $Z \in \mathbb{R}^{P\times P\times K}$ を 1 次元のベクトル $\boldsymbol{z} \in \mathbb{R}^{P^2K}$ に変換する．その後，コード 3.2 のように，layer_dense を用いて次の層へ伝播

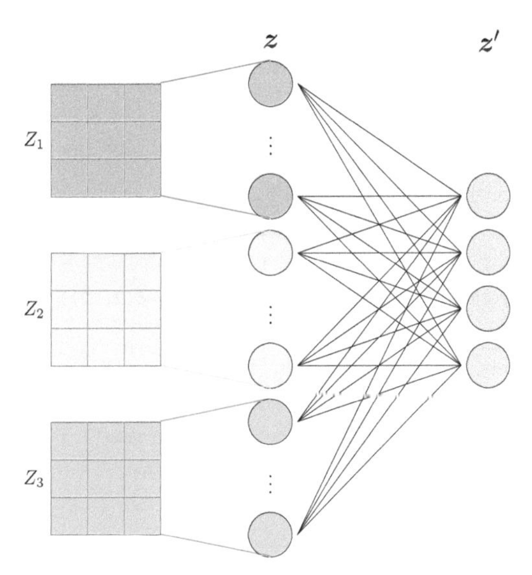

図 3.19　全結合層の順伝播．直前のすべてのユニットの線形結合を考えることで，深層ニューラルネットワークのように順伝播を行う．

するモデルを構築する.

3.3.4 Rによる実行例

本節冒頭で述べたLeNet (図3.13)を，kerasを用いて実装する．データセットはMNISTとし，出力層を除くすべての伝播で活性化関数としてReLUを用いた．プーリング層は大きさ2のフィルタによる最大プーリングとした．畳み込み層でのカーネルサイズは3×3とし，入出力が同じになるようにパディング数を設定した．さらに，はじめの畳み込み層の出力フィルタ数を64とし，2つ目の畳み込み層では32とした．全結合層はユニット数128および64として，出力層ではソフトマックス関数を用いた．

コード3.7は上記のネットワークをkerasを用いて定義したものである．パラメータ推定後のモデルにおいて，どのようなカーネルが推定されているかを畳み込みにより確認するため，畳み込み層では活性化関数を用いず，layer_activationを別途用意している．畳み込み層ではpadding ="same"を用いているので，出力の画像サイズは入力と同じであることがわかる．プーリング層では2×2のフィルタを用いており，ストライド数は2である．そのため，プーリング層の出力画像の大きさは，入力の大きさの半分となっている．また，すでに述べたように，プーリング層はパラメータを用いない伝播を行うので，推定すべきパラメータは0となっている．さらに，layer_flattenを用いることで，$7 \times 7 \times 32$の画像が$7^2 \times 32 = 1568$個のユニットに変換されていることがわかる．

コード3.7 kerasを用いたLeNetの実行例

```
1  x<- layer_input(c(28, 28, 1))
2  z1<- x %>% layer_conv_2d(filters = 64, kernel_size = c(3, 3),
3                            padding = "same")
4  activation1<- z1 %>% layer_activation("relu")
5  z2<- activation1 %>% layer_max_pooling_2d(pool_size=c(2, 2))
6  z3<- z2 %>% layer_conv_2d(filters = 32, kernel_size = c(3, 3),
7                            padding = "same")
8  activation2<- z3 %>% layer_activation("relu")
9  z4<- activation2 %>% layer_max_pooling_2d(pool_size=c(2, 2))
10 flatten<- z4 %>% layer_flatten()
11 z5<- flatten %>% layer_dense(units = 128, activation = "relu")
12 z6<- z5 %>% layer_dense(units = 64, activation = "relu")
13 y<- z6 %>% layer_dense(units = 10, activation = "softmax")
14
15 model<- keras_model(x, y)
16
17 model  # model の出力
18 Model
```

```
19  _________________________________________________________________
20  Layer (type)                 Output Shape              Param #
21  =================================================================
22  input_1 (InputLayer)         (None, 28, 28, 1)         0
23  _________________________________________________________________
24  conv2d (Conv2D)              (None, 28, 28, 64)        640
25  _________________________________________________________________
26  activation (Activation)      (None, 28, 28, 64)        0
27  _________________________________________________________________
28  max_pooling2d (MaxPooling2D) (None, 14, 14, 64)        0
29  _________________________________________________________________
30  conv2d_1 (Conv2D)            (None, 14, 14, 32)        18464
31  _________________________________________________________________
32  activation_1 (Activation)    (None, 14, 14, 32)        0
33  _________________________________________________________________
34  max_pooling2d_1 (MaxPooling2D) (None, 7, 7, 32)        0
35  _________________________________________________________________
36  flatten (Flatten)            (None, 1568)              0
37  _________________________________________________________________
38  dense (Dense)                (None, 128)               200832
39  _________________________________________________________________
40  dense_1 (Dense)              (None, 64)                8256
41  _________________________________________________________________
42  dense_2 (Dense)              (None, 10)                650
43  =================================================================
44  Total params: 228,842
45  Trainable params: 228,842
46  Non-trainable params: 0
47  _________________________________________________________________
```

オプティマイザとして RMSProp を用い，バッチサイズ 128, エポック数 30 でパラメータを指定した結果が図 3.20 である．図 3.6 と比較すると，エポックを通して分類精度が大きいことがわかる．30 エポック終了時点で訓練データとテストデータに対する損失関数の値はそれぞれ 0.001 および 0.075 であった．また，分類精度はそれぞれ 1.000 および 0.991 であった．分類精度は 99%程度であるものの，5 エポックを過ぎた頃から損失関数の値が徐々に増加しているため，過適合の可能性があることが示唆される．このことは，深層学習のパラメータ推定においてしばしば起こる現象である．この問題を解決するために，**早期終了** (early stopping) により，適切なタイミングでエポックを打ち切る方法などが用いられることもある．

次に，推定したパラメータを用いて，畳み込みによってどのようなフィルタリングが行われているのかを確認する．コード 3.7 の 15 行目で定義した `model` に含まれる変数 `get_layer` を用いること

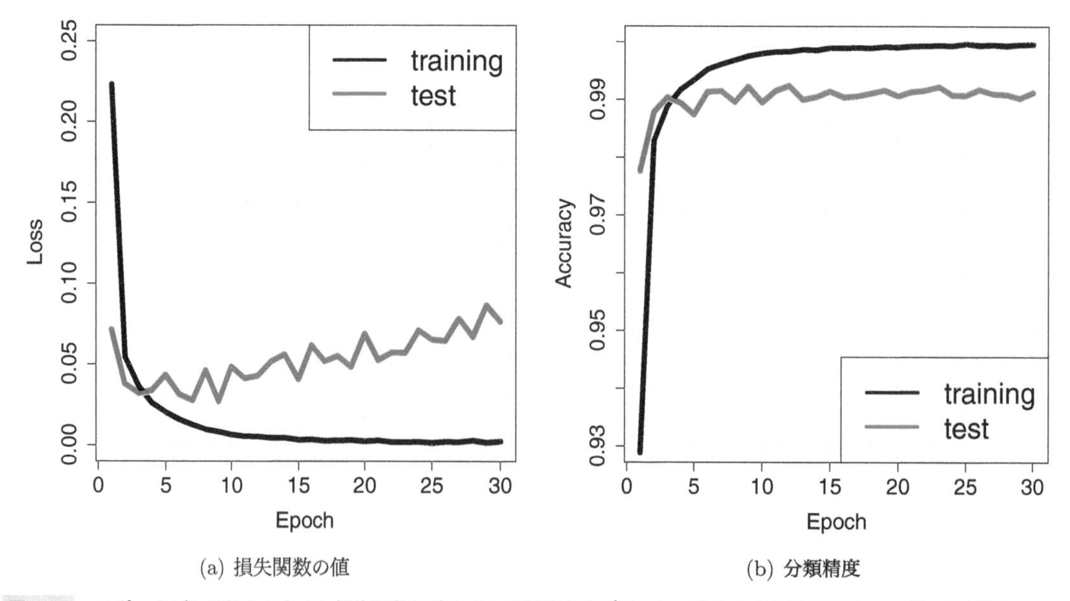

(a) 損失関数の値　(b) 分類精度

図 3.20 エポックごとに得られた (a) 損失関数の値と (b) 分類精度のプロット．図 3.6 と比較すると，エポックを通してテストデータに対する損失関数の値が小さく分類精度が大きい．そのため，画像の近傍情報を用いる畳み込みニューラルネットワークは，よりよくパラメータを推定できていることが見てとれる．

で，コード 3.8 のように特定の中間層の値を出力するモデルを作ることができる．コード内の関数 keras_model の引数 input は model の入力の次元が保存してある変数である．一方，output では model$get_layer(layer_names)$output により，特定の層の出力を取り出している．layer_names は model に含まれる層の名前であり，例えば，はじめの畳み込み層は conv2d であり，2 つ目の畳み込み層は conv2d_1 である．層に割り当てられた名前は，model を出力することで確認できる．次に，畳み込み後の出力を得るために，predict を用いる．コード 3.8 の 7 行目では，入力 X に対して畳み込み層の出力を Z としており，8 行目でピクセルの値が 0 から 1 までの値をとるように変換している．

コード 3.8　中間層の可視化

```
# 畳み込み層の取り出し
layer<- keras_model(inputs = model$input,
                    outputs = model$get_layer("conv2d")$output)

# 畳み込み後の配列の作成
X<- array_reshape(x_train[123, , , ], c(1, dim(x_train[123, , , ]), 1))
Z<- layer %>% predict(X)
img<- apply(Z, 4, function(x){matrix((x-min(x))/max(x-min(x)), 28, 28)})

plot(as.raster(matrix(img[, 1], 28, 28)))
```

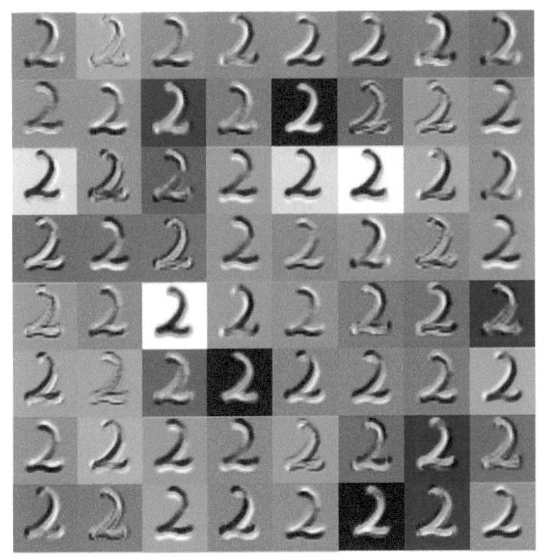

(a) 1 つ目の畳み込み層の出力

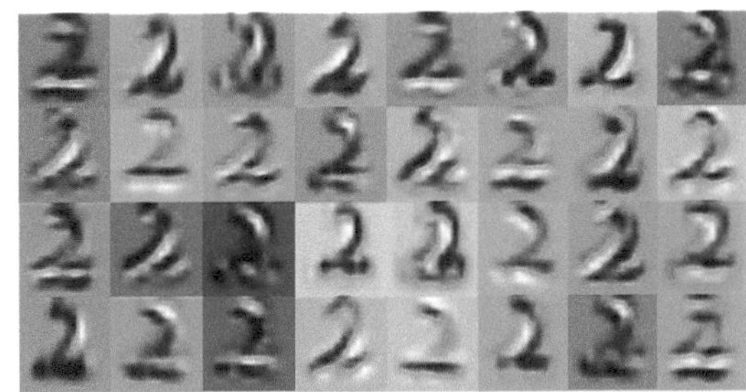

(b) 2 つ目の畳み込み層の出力

図 3.21　**パラメータ推定後の畳み込み層における畳み込みの出力．(a) コード 3.7 における 1 つ目の畳み込み層** (conv2d) **の 64 フィルタからなる出力．それぞれの画像は** 28×28 **ピクセルであり，図 3.16 のような輪郭やエッジを抽出するようなカーネルが推定されていることが見てとれる．(b) コード 3.7 における 2 つ目の畳み込み層** (conv2d_1) **の 32 フィルタからなる出力．それぞれの画像は** 14×14 **ピクセルであり，プーリング層を一度はさんでいるため，(a) よりも粗い情報が抽出されている．**

図 3.21 はコード 3.8 の Z1 および Z2 を出力した結果である．図 3.21(a) は 1 つ目の畳み込み層で出力される 64 個のフィルタを可視化したものであり，図 3.16 のような輪郭やエッジを抽出するようなカーネルが推定されていることが見てとれる．一方，2 つ目の畳み込み層の 32 個の出力は図 3.21(b) の通りである．プーリングで圧縮された画像に対して畳み込みを行っているため，図 3.21(a) と比較すると，より粗い輪郭情報が抽出されていることがわかる．

本節では，LeNet を用いて畳み込みニューラルネットワークについて説明したが，ドロップアウトやスキップコネクションを利用することで，より複雑なネットワークを構成することもできる．特に，スキップコネクションは，ニューラルネットワークの層を深くするために重要な役割を果たしており，**ResNet** (He et al., 2016) はもともと，畳み込みニューラルネットワークの文脈で提案されたモジュールである．2010 年頃までは，10 層程度のニューラルネットワークでもパラメータ推定が困難であったが，スキップコネクションを用いることで，152 層もの畳み込みニューラルネットワーク (ResNet) のパラメータを勾配消失することなく推定できるようになった．また，近年では，10,000 層のニューラルネットワークでさえも推定できるようになっている (Xiao et al., 2018).

本節では，深層学習における具体的なモデルとして，畳み込みニューラルネットワークについて述べた．深層学習では，これ以外にもさまざまなモデルが提案されており，例えば，ボルツマンマシンや再帰型ニューラルネットワークなどが挙げられる．特に，再帰型ニューラルネットワークで頻繁に利用される**長短期記憶** (LSTM: long short term memory) も，スキップコネクションと関連する重要なものであるので，興味のある読者は岡谷 (2015) や瀧 (2017) などを参照されたい．

➤ 3.4 生成モデル

最近の深層学習の成功の一つに，画像を生成することができるというものがある．画像の生成とは大雑把にいえば，手元のデータを用いつつ，データとは無関係なノイズもニューラルネットワークに提示することで，ノイズをデータと似たように変換するモデルを推定することで実行される．結果として，パラメータ推定後の深層学習モデルにノイズ (潜在変数) を入力すると，元のデータと似た画像を生成できる．本節では，このような生成モデルで代表的な**変分オートエンコーダ** (VAE: variational autoencoder) と**敵対的生成ネットワーク** (GAN: generative adversarial network) について説明する．

生成モデルでも，これまでと同様に，最終的にはニューラルネットワークのパラメータを推定することになるが，その発想がやや異なる．つまり，前節までのように，入出力関係をよく記述するような非線形関数を同定することが目標ではない．むしろ，生成モデルでは，データをよく説明する空間 (多様体) を同定することが目標となる．例えば，変分オートエンコーダでは，似たデータ同士 (例えば MNIST ならば，同じカテゴリの文字) が同じような座標に変換されるような低次元空間を推定する．また，敵対的生成ネットワークでは，乱数から生成される画像が実際のデータを「だます」ように低次元空間を推定する．このような低次元空間を推定することで，結果的に，ニューラルネットワークを通して変換された (低次元空間での) 乱数が，あたかも実際のデータであるかのように見えるようになる．

3.4.1 変分オートエンコーダ

変分オートエンコーダ (Kingma and Welling, 2013) は，**符号化器** (encoder) と**復号化器** (decoder) と呼ばれる 2 つのアーキテクチャーを組合せたニューラルネットワークである．符号化器 $F : \mathbb{R}^d \to \mathbb{R}^q$ とは，入力 $\boldsymbol{x} \in \mathbb{R}^d$ を低次元の中間層 $\boldsymbol{z} \in \mathbb{R}^q$ へ圧縮する関数であり，復号化器 $G : \mathbb{R}^q \to \mathbb{R}^d$ は圧縮された $\boldsymbol{z} \in \mathbb{R}^q$ を $\tilde{\boldsymbol{x}} \in \mathbb{R}^d$ へ復元する関数である (図 3.22)．ここで，入力 $\boldsymbol{x}$ はベクトルである必要はなく，画像などのように行列や配列でもよいことに注意する．それぞれの関数はパラメータ $\boldsymbol{\theta}$ および $\boldsymbol{\phi}$ を持ち，$F(\boldsymbol{x}; \boldsymbol{\theta})$ や $G(\boldsymbol{z}; \boldsymbol{\phi})$ によって伝播する．

$$\tilde{\boldsymbol{x}} = G(\boldsymbol{z}; \boldsymbol{\phi}) = G(F(\boldsymbol{x}; \boldsymbol{\theta}); \boldsymbol{\phi})$$

を 3 層ニューラルネットワークとして，誤差 $\|\boldsymbol{x} - \tilde{\boldsymbol{x}}\|_n^2$ を最小にするようにパラメータを推定するモデルは**オートエンコーダ** (auto encoder) と呼ばれる．オートエンコーダは主成分分析などと同様に低次元の特徴抽出などを行うために利用され，オートエンコーダに基づく色々なモデルが提案されている (例えば， Hinton and Salakhutdinov, 2006; Vincent et al., 2008, 2010; Makhzani and Frey, 2013)．

変分オートエンコーダでは，中間層 $\boldsymbol{z}$ が q 次元の事前分布 $p(\boldsymbol{z})$ に従う確率変数であると考え，対数周辺尤度 $\log p(\boldsymbol{x})$ を最大にするようにパラメータを推定する．符号化器 $F(\boldsymbol{x}; \boldsymbol{\theta})$ と復号化器 $G(\boldsymbol{z}; \boldsymbol{\phi})$

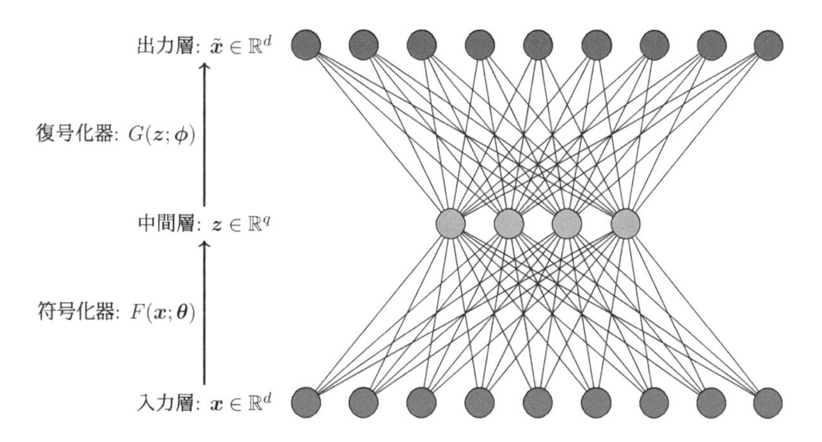

図 3.22　符号化器と復号化器．図のような 3 層ニューラルネットワークは，中間層 $\boldsymbol{z}$ の次元は入出力の次元よりも小さいことから砂時計型ニューラルネットワークとしても知られている．一般に，符号化器や復号化器は，より深いニューラルネットワークや畳み込みニューラルネットワークを用いて定義することができ，それぞれのモデルは深層オートエンコーダや畳み込みオートエンコーダとも呼ばれる．

に対応する確率分布をそれぞれ $f(\boldsymbol{z}|\boldsymbol{x};\boldsymbol{\theta})$ および $g(\boldsymbol{x}|\boldsymbol{z};\boldsymbol{\phi})$ とする．さらに，確率密度関数 $p(\boldsymbol{z})$ の $q(\boldsymbol{z})$ に対するカルバック・ライブラー情報量を

$$\mathrm{KL}(p||q) = \mathbb{E}_p\left[\log\frac{p(\boldsymbol{z})}{q(\boldsymbol{z})}\right] = \int p(\boldsymbol{z})\log\frac{p(\boldsymbol{z})}{q(\boldsymbol{z})}\mathrm{d}\boldsymbol{z}$$

とする．ただし，$\mathbb{E}_p$ は分布 $p(\boldsymbol{z})$ に対する期待値を表すものとする．このとき，以下の定理が成り立つ．

定理 3.3　$\log p(\boldsymbol{x})$ の下界

$\mathbb{E}_f$ を条件付き分布 $f(\boldsymbol{z}|\boldsymbol{x};\boldsymbol{\theta})$ に関する期待値とすれば，以下の不等式が成り立つ．

$$\log p(\boldsymbol{x}) \geq L(\boldsymbol{\theta},\boldsymbol{\phi};\boldsymbol{x}) = -\mathrm{KL}(f(\cdot|\boldsymbol{x};\boldsymbol{\theta})||p) + \mathbb{E}_f[\log g(\boldsymbol{x}|\boldsymbol{z};\boldsymbol{\phi})].$$

証明 ベイズの定理とイエンセンの不等式 [*12] より，

$$\begin{aligned}\log p(\boldsymbol{x}) &= \log\int g(\boldsymbol{x}|\boldsymbol{z};\boldsymbol{\phi})p(\boldsymbol{z})\mathrm{d}\boldsymbol{z} = \log\mathbb{E}_f\left[\frac{g(\boldsymbol{x}|\boldsymbol{z};\boldsymbol{\phi})p(\boldsymbol{z})}{f(\boldsymbol{z}|\boldsymbol{x};\boldsymbol{\theta})}\right] \\ &\geq \mathbb{E}_f\left[\log\frac{g(\boldsymbol{x}|\boldsymbol{z};\boldsymbol{\phi})p(\boldsymbol{z})}{f(\boldsymbol{z}|\boldsymbol{x};\boldsymbol{\theta})}\right] = -\mathrm{KL}(f(\cdot|\boldsymbol{x};\boldsymbol{\theta})||p) + \mathbb{E}_f[\log g(\boldsymbol{x}|\boldsymbol{z};\boldsymbol{\phi})]\end{aligned}$$

より，主張が成立する． ■

定理 3.3 の右辺 $L(\boldsymbol{\theta},\boldsymbol{\phi};\boldsymbol{x})$ は**変分下限** (variational lower bound) や**エビデンス下限** (ELBO: evidence lower bound) と呼ばれる．周辺尤度 $\log p(\boldsymbol{x})$ は，実際には最大化することが困難であるため，

[*12] 確率変数 X と凸関数 f に対して，$f(E(X)) \leq E[f(X)]$．f が凹関数なら逆向きの不等式が成り立つ．

代わりに，変分オートエンコーダでは変分下限 $L(\boldsymbol{\theta},\boldsymbol{\phi};\boldsymbol{x})$ を最大化する．

変分オートエンコーダを用いる場合，$p(\boldsymbol{z})$ と $f(\boldsymbol{z}|\boldsymbol{x};\boldsymbol{\theta})$ はそれぞれ，正規分布 $\mathrm{N}(\boldsymbol{0},I_q)$ および $\mathrm{N}(\boldsymbol{\mu}(\boldsymbol{x}),\Sigma(\boldsymbol{x}))$ と仮定される．ただし，$\Sigma(\boldsymbol{x})=\mathrm{diag}(\sigma_1^2(\boldsymbol{x}),\ldots,\sigma_q^2(\boldsymbol{x}))$ である．$\boldsymbol{\mu}(\boldsymbol{x})$ および $\Sigma(\boldsymbol{x})$ はパラメータ $\boldsymbol{\theta}$ に依存しており，符号化器の出力 $F(\boldsymbol{x};\boldsymbol{\theta})$ を用いてニューラルネットワークでモデリングする．このとき，変分下限の第 1 項は

$$
\begin{aligned}
\mathrm{KL}(f(\cdot|\boldsymbol{x};\boldsymbol{\theta})||p) &= -\frac{q}{2}-\frac{1}{2}\log|\Sigma(\boldsymbol{x})|+\frac{1}{2}\|\boldsymbol{\mu}(\boldsymbol{x})\|_2^2+\frac{1}{2}\mathrm{tr}(\Sigma(\boldsymbol{x})) \\
&= -\frac{1}{2}\sum_{j=1}^{q}\{1+\log\sigma_j^2(\boldsymbol{x})-\mu_j(\boldsymbol{x})^2-\sigma_j^2(\boldsymbol{x})\}
\end{aligned}
\tag{3.16}
$$

となる．

一方，変分下限の第 2 項は $f(\boldsymbol{z}|\boldsymbol{x};\boldsymbol{\theta})$ に関する期待値であるため，直接評価することは困難である．そこで，分布 $f(\boldsymbol{z}|\boldsymbol{x};\boldsymbol{\theta})$ からの乱数 $\boldsymbol{z}_1,\ldots,\boldsymbol{z}_M$ を用いて，

$$
\mathbb{E}_f[\log g(\boldsymbol{x}|\boldsymbol{z};\boldsymbol{\phi})]\approx\frac{1}{M}\sum_{m=1}^{M}\log g(\boldsymbol{x}|\boldsymbol{z}_m;\boldsymbol{\phi}) \tag{3.17}
$$

と近似する．Kingma and Welling (2013) の数値実験によれば，バッチサイズを $b=100$ 程度の大きな値にとることができるならば，$M=1$ としてサンプリングしてよいと述べられている．例えば，g を平均 $G(\boldsymbol{z};\boldsymbol{\phi})$, 分散共分散行列 I_d の正規分布でモデリングすれば，

$$
\log g(\boldsymbol{x}|\boldsymbol{z};\boldsymbol{\phi})=-\frac{1}{2}\|\boldsymbol{x}-G(\boldsymbol{z};\boldsymbol{\phi})\|_2^2
$$

となり，入力 $\boldsymbol{x}$ と復号後の出力 $\tilde{\boldsymbol{x}}=G(\boldsymbol{z};\boldsymbol{\phi})$ との誤差を評価していることがわかる．そのため，第 2 項は**復号誤差** (reconstruction error) と呼ばれる．また，入力が 0 から 1 までの値をとるグレースケール画像などであれば，g としてパラメータ $G(\boldsymbol{z};\boldsymbol{\phi})$ のベルヌーイ分布が用いられることもある．この場合，復号誤差はロジスティック回帰モデルに対応する．一方，第 1 項のカルバック・ライブラー情報量 $\mathrm{KL}(f(\cdot|\boldsymbol{x};\boldsymbol{\theta})||p)$ は復号誤差がデータに過適合しすぎないようにするための正則化項として解釈できる．

`keras` では目的関数を最小化するようにパラメータを更新するため，符号を反転させた

$$
-L(\boldsymbol{\theta},\boldsymbol{\phi};\boldsymbol{x})\approx\mathrm{KL}(f(\cdot|\boldsymbol{x};\boldsymbol{\theta})||p)-\frac{1}{M}\sum_{m=1}^{M}\log g(\boldsymbol{x}|\boldsymbol{z}_m;\boldsymbol{\phi})
$$

を目的関数として用いる．

a 再パラメータ化

式 (3.17) のように $\boldsymbol{z}_m$ を直接 $f(\boldsymbol{z}|\boldsymbol{x};\boldsymbol{\theta})$ からサンプリングしてしまうと，$\partial\boldsymbol{z}_m/\partial\boldsymbol{\theta}$ などを具体的に計算することができない．そのため，損失関数をパラメータで微分することが困難となってしまう．

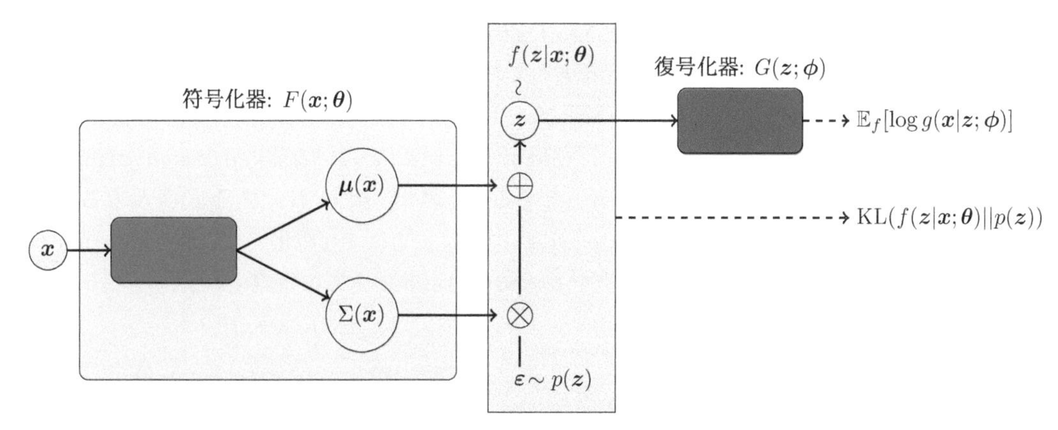

図 3.23　変分オートエンコーダのグラフ表現． $\boldsymbol{\mu}(\boldsymbol{x})$ **や** $\Sigma(\boldsymbol{x})$ **はニューラルネットワークの中間層として定義され，符号化器** $F(\boldsymbol{x};\boldsymbol{\theta})$ **の一部とする．また，変分下限は** $p(\boldsymbol{z})$ **と** $f(\boldsymbol{z}|\boldsymbol{x};\boldsymbol{\theta})$ **のカルバック・ライブラー情報量および，** $\boldsymbol{z}$ **を復号する際の復号誤差を用いて得られる．**

そこで，標準正規分布 $\mathrm{N}(\mathbf{0}, I_q)$ に従う確率変数 $\varepsilon_1, \ldots, \varepsilon_M$ を用いる．このとき，正規分布の再生性より

$$\boldsymbol{z}_m = \boldsymbol{\mu}(\boldsymbol{x}) + \Sigma^{1/2}(\boldsymbol{x})\varepsilon_m \tag{3.18}$$

の条件付き分布は $f(\boldsymbol{z}|\boldsymbol{x};\boldsymbol{\theta})$ となるから，パラメータ推定に無関係な $\boldsymbol{\varepsilon_m}$ を用いることで，間接的に $f(\boldsymbol{z}|\boldsymbol{x};\boldsymbol{\theta})$ からの乱数を発生させることができる．このようにして $\boldsymbol{z}_m$ を定義することで，$\boldsymbol{z}_m$ をパラメータ $\boldsymbol{\theta}$ で微分できるため，上記の問題が解消される．このように，間接的に $\boldsymbol{z}_m$ をサンプリングすることで計算できるようにすることを**再パラメータ化** (reparametrization trick) と呼ぶ．

図 3.23 は変分オートエンコーダのグラフ表現を示したものである．符号化器 $F(\boldsymbol{x};\boldsymbol{\theta})$ や復号化器そのものも深層学習モデルを用いて定義される．$f(\boldsymbol{z}|\boldsymbol{x};\boldsymbol{\theta})$ の平均 $\boldsymbol{\mu}(\boldsymbol{x})$ と分散共分散行列 $\Sigma(\boldsymbol{x}) = \mathrm{diag}(\sigma_1^2(\boldsymbol{x}), \ldots, \sigma_q^2(\boldsymbol{x}))$ をそれぞれ，q 個のユニットからなる中間層とし，パラメータとは無関係な確率変数 ε を用いることで，逆伝播を効率的に計算することができる．なお，実際にネットワークを構築する際には，$\sigma_j^2(\boldsymbol{x})$ に対応するユニット s_j は負になりうる．そのため，$s_j = \log \sigma_j^2(\boldsymbol{x})$ と考え，e^{s_j} によって $\sigma_j^2(\boldsymbol{x})$ を推定する．

b　R による実行例

本節では，keras を用いた変分オートエンコーダの実行例を紹介し，MNIST の画像へ適用した結果について述べる．符号化器 $F(\boldsymbol{x};\boldsymbol{\theta})$ と復号化器 $G(\boldsymbol{z};\phi)$ は畳み込みニューラルネットワークを用いてモデリングし，復号誤差は 2 値交差エントロピーを用いる．また，復号誤差の近似は $M = 1$ 個のサンプルで行い，バッチサイズは $b = 128$ とし，中間層 $\boldsymbol{z}$ の次元は $q = 2$ であるとする．変分オートエンコーダは 3 つのパーツ，つまり，符号化器，復号化器およびサンプリングを行う部分で定義される．さらに，目的関数は keras に用意されていないので，これも定義しなければならない．

コード 3.9 は符号化器の定義である．見やすさを優先するため，部分的に keras_model_sequential

を用いて記述している．符号化器では $\boldsymbol{\mu}(\boldsymbol{x})$ と $\Sigma(\boldsymbol{x})$ を出力するために，ネットワークを分割しなければならないことに注意する．q は中間層 $\boldsymbol{z}$ の次元を表しており，これが $\boldsymbol{\mu}(\boldsymbol{x})$ や $\Sigma(\boldsymbol{x})$ のサイズとなる [*13]．コードの 3 行目から 13 行目までで，畳み込み層とプーリング層を用いたネットワークを定義している．また，復号化器を定義する際に必要となるので，layer_flatten を用いる前に dim_convolution で畳み込みニューラルネットワークの次元を保存している．その後，$\boldsymbol{\mu}(\boldsymbol{x})$ および $\Sigma(\boldsymbol{x})$ を異なる全結合層により z_mean と z_log_var で定義する．さらに，中間層 $\boldsymbol{z}$ を後で可視化できるように，input を入力として，z_mean を出力するネットワークを encoder_latent として定義する．

コード 3.9　符号化器の定義

```
q <- 2L
input <- layer_input(shape = c(28, 28, 1))
x <- input %>%
  layer_conv_2d(filters = 64, kernel_size = 3,
                padding = "same", activation = "relu") %>%
  layer_conv_2d(filters = 64, kernel_size = 3,
                padding = "same", activation = "relu") %>%
  layer_max_pooling_2d(pool_size = c(2, 2)) %>%
  layer_conv_2d(filters = 32, kernel_size = 3,
                padding = "same", activation = "relu") %>%
  layer_conv_2d(filters = 32, kernel_size = 3,
                padding = "same", activation = "relu") %>%
  layer_max_pooling_2d(pool_size = c(2, 2))

dim_convolution <- k_int_shape(x)

x <- x %>%
  layer_flatten() %>%
  layer_dense(units = 32, activation = "relu")

z_mean <- x %>% layer_dense(units = q)
z_log_var <- x %>% layer_dense(units = q)

encoder_latent<- keras_model(input, z_mean)
```

次に，$\boldsymbol{z}$ のサンプリングを行う部分について説明する．keras の変数はすべて “層” として定義されるため，rnorm を使って $\boldsymbol{z}$ を生成することはできない．代わりに，keras の関数 k_random_normal

[*13] コード 3.10 で用いる関数 k_random_normal の引数で整数が要求されるため，あらかじめ q は整数として定義する．

を用いて乱数を生成する．コード 3.10 で定義した関数 `sampling` は，q 次元の標準正規乱数をサンプリングし，式 (3.18) のように変換するものである．コード 3.9 の出力 `z_log_var` は負になることもあるので，`k_exp` によって非負の値に変換している．最後に 8 行目のように，`z_mean` と `z_log_var` を入力として，`sampling` の出力を中間層 z として保存する．なお，`layer_lambda` は任意の関数をあたかも keras の関数として利用するために用いられるものである．

コード 3.10　潜在変数 z のサンプリング

```
1  sampling <- function(args) {
2    c(z_mean, z_log_var) %<-% args
3    epsilon <- k_random_normal(shape = list(k_shape(z_mean)[1], q),
4                               mean = 0, stddev = 1)
5    z_mean + k_exp(z_log_var) * epsilon
6  }
7
8  z <- list(z_mean, z_log_var) %>% layer_lambda(sampling)
```

符号化後のデータを元の MNIST の次元 28×28 に変換するため，逆畳み込みを行うための関数 `layer_conv_2d_transpose` を用いる．逆畳み込みは，直感的には，畳み込みで小さくした画像を，元の大きさに戻す変換である．`layer_conv_2d_transpose` では，引数 `stride` でストライド数を指定することで，どの程度大きな画像に変換するかを決めることができる．大雑把にいえば，`padding = "same"`, `stride = 2` とすることで，変換後の画像を 2 倍の大きさにすることができる．逆畳み込みの詳細な計算方法については，Dumoulin and Visin (2016) を参照されたい．

復号化器への入力は，コード 3.10 で定義した `z` であり，その後，逆畳み込みを用いて大きな画像に変換させつつ，畳み込みニューラルネットワークを構成している．本節では，復号誤差にベルヌーイ分布の尤度を用いるため，最後の層では活性化関数としてシグモイド関数を用いている．また，入力の次元と出力の次元をそろえるため，最後の層の出力フィルタ数は 1 である．

コード 3.11　復号化器の定義

```
1  decoder_input<- layer_input(k_int_shape(z)[-1])
2  x <- decoder_input %>%
3    layer_dense(units = prod(as.integer(dim_convolution[-1])),
4                activation = "relu") %>%
5    layer_reshape(target_shape = dim_convolution[-1]) %>%
6    layer_conv_2d_transpose(filters = 32, kernel_size = 3,
```

```
7                padding = "same", activation = "relu", stride = 2) %>%
8   layer_conv_2d(filters = 32, kernel_size = 3,
9                padding = "same", activation = "relu") %>%
10  layer_conv_2d_transpose(filters = 64, kernel_size = 3,
11               padding = "same", activation = "relu", stride = 2) %>%
12  layer_conv_2d(filters = 64, kernel_size = 3,
13               padding = "same", activation = "relu") %>%
14  layer_conv_2d(filters = 1, kernel_size = 3,
15               padding = "same", activation = "sigmoid")
16
17 decoder <- keras_model(decoder_input, x)
```

最後に，損失関数を定義して，最終的な変分オートエンコーダのモデルを実装する．損失関数は R のパッケージ R6 に含まれる関数 R6Class を用いて定義する．R6 は C++のようにクラスを定義するためのオブジェクト指向のシステムである．R6Class を用いて継承するクラス KerasLayer と変数 public を定義することで，keras で定義されていない関数を比較的簡単に定義することができる．コード 3.12 では，まず vae_loss で復号誤差 xent_loss とカルバック・ライブラー情報量 kl_loss を用いて，負の変分下限 xent_loss + kl_loss を出力している．ここで，metric_binary_crossentropy は 2 つの変数 $\boldsymbol{x}, \boldsymbol{y} \in [0,1]^d$ に対して

$$\frac{1}{d}\sum_{i=1}^{d}\{-x_i \log y_i - (1-x_i)\log(1-y_i)\}$$

の値を出力するため，MNIST の次元 $28^2 = 784$ をかけていることに注意する．また，call で add_loss を用いることで，vae_loss を計算している．なお，出力が必要なため x を 20 行目で出力するようにしているが，実際には使われないことに注意する．CustomVariationalLayer で定義した誤差を keras のネットワークとして用いるため，y を定義し，変分オートエンコーダのモデルを keras_model として保存する．最終的に得られたモデル vae を用いてパラメータを，オプティマイザを RMSProp として 10 エポックで推定する．変分オートエンコーダでは，実際のラベル情報を用いないため，入力は $\boldsymbol{x}$ のみである．

コード 3.12　損失関数の定義とモデルの当てはめ

```
1 CustomVariationalLayer <- R6Class(
2   "CustomVariationalLayer",
3   inherit = KerasLayer,
4   public = list(
5     vae_loss = function(x, z_decoded) {
```

```
6        x <- k_flatten(x)
7        z_decoded <- k_flatten(z_decoded)
8        xent_loss <- 784* metric_binary_crossentropy(x, z_decoded)
9        kl_loss <- -0.5* k_sum(
10         1 + z_log_var - k_square(z_mean) - k_exp(z_log_var),
11         axis = -1L
12       )
13       k_mean(xent_loss + kl_loss)
14     },
15     call = function(inputs, mask = NULL) {
16       x <- inputs[[1]]
17       z_decoded <- inputs[[2]]
18       loss <- self$vae_loss(x, z_decoded)
19       self$add_loss(loss, inputs = inputs)
20       x
21     }
22   )
23 )
24
25 layer_variational <- function(object) {
26   create_layer(CustomVariationalLayer, object, list())
27 }
28 y <- list(input, z_decoded) %>% layer_variational()
29
30 vae <- keras_model(input, y)
31
32 vae %>% compile(
33   optimizer = "rmsprop",
34   loss = NULL
35 )
36
37 history<- vae %>% fit(
38   x = x_train, y = NULL,
39   epochs = 10,
40   batch_size = 128,
41   validation_data = list(x_test, NULL)
42 )
```

変分オートエンコーダは，MNISTの28×28ピクセルの画像をq次元の潜在空間へ写像するため，図3.24(a)のように，似たラベルを持つデータは似たような部分へ写像される．特に，ラベル2, 3, 5および8であるような画像は潜在空間の中央付近に集中しているが，これは2, 3, 5および8の画像

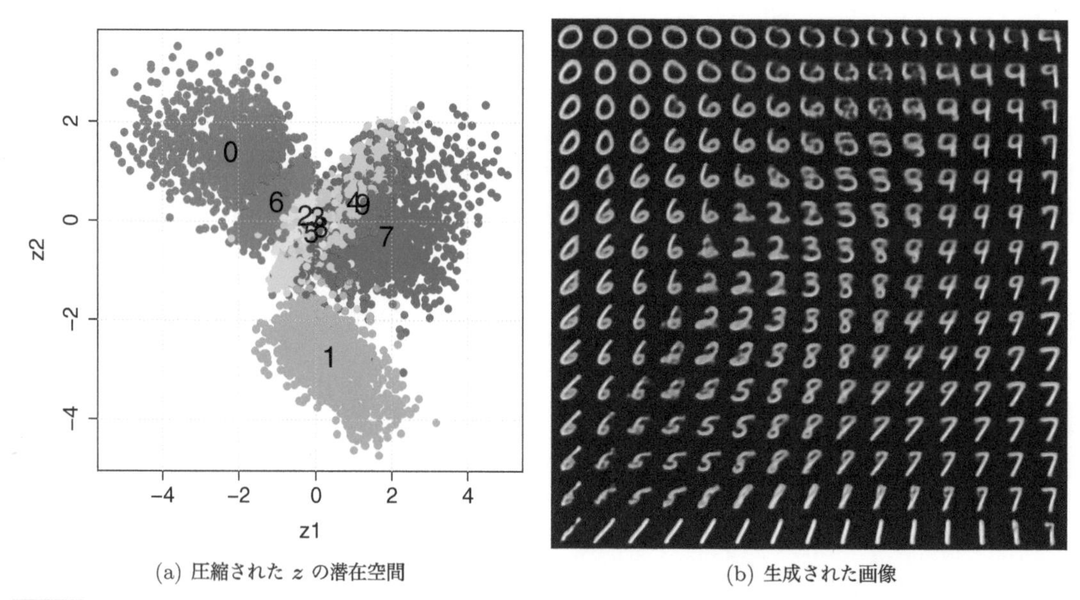

(a) 圧縮された $\boldsymbol{z}$ の潜在空間　　(b) 生成された画像

図 3.24　推定した変分オートエンコーダを用いて画像を生成したもの．(a) は MNIST の 10000 枚のテストデータを符号化器を用いて圧縮した 2 次元の $\mu(\boldsymbol{x})$ をプロットしたものである．それぞれの色はクラスラベルを表しており，0 や 1 などは図の中央付近から離れたところでかたまっていることがわかる．一方，分類しづらい 2, 3, 5 および 8 などは中央付近でばらついている．(b) は (a) の横軸と縦軸を 15 等分割し，それぞれの座標を入力として復号化器で復号したものである．復号した画像が連続的に変形していく様子が見てとれる．

が分類しづらいためであると考えられる．一方，0 や 1 などは，比較的分類しやすいものであるため，図の中央付近から離れたところでかたまっていることがわかる．

また，図 3.24(b) は，図 3.24(a) の横軸と縦軸を 15 等分割し，それぞれの座標を入力として復号化器で復号したものである．したがって，これらの画像は MNIST の 60000 枚の画像には含まれていないものであるが，よく手書き文字を再現していることが見てとれる．特に，潜在空間上の座標を細かく区切って復号化器の入力とすることで，連続的に画像が変形している様子が見られる．

3.4.2　敵対的生成ネットワーク

敵対的生成ネットワーク (generative adversarial network) (Goodfellow et al., 2014) は，**生成器** (generator) と**分類器** (discriminator) と呼ばれる 2 つのアーキテクチャーを組合せたニューラルネットワークである．したがって，生成器と分類器はそれぞれ，ニューラルネットワークのパラメータ $\boldsymbol{\theta}$ および $\boldsymbol{\phi}$ を持つ．生成器は，ノイズ $\boldsymbol{z}$ を入力と同じ次元に変換するニューラルネットワークであり，分類器は変換されたノイズ $G(\boldsymbol{z};\boldsymbol{\theta})$ と実際のデータが同じ画像か否かを区別 (分類) するニューラルネットワーク $D(G(\boldsymbol{z};\boldsymbol{\theta});\boldsymbol{\phi})$ である．つまり，分類器は提示された $G(\boldsymbol{z};\boldsymbol{\theta})$ が本物か偽物かを区別するため，ベルヌーイ分布のパラメータのような役割を果たす．図 3.25 は敵対的生成ネットワークのグラフを表現したものである．生成器で変換されたノイズ $G(\boldsymbol{z};\boldsymbol{\theta})$ と実際のデータ $\boldsymbol{x}$ が分類器への入力となる．

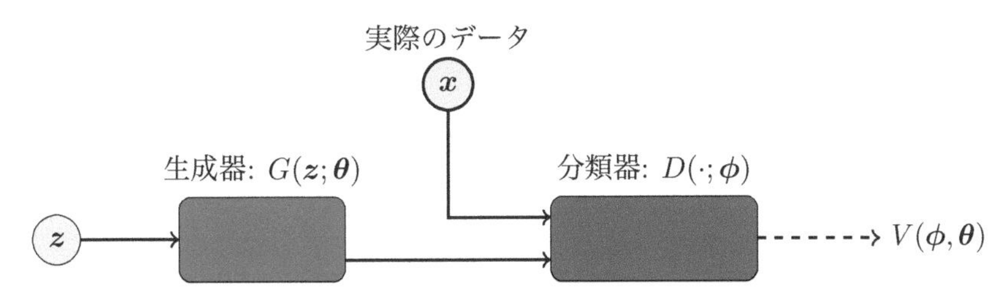

図 3.25　敵対的生成ネットワークのグラフ表現．生成器で変換されたノイズ $G(z;\theta)$ と実際のデータ x を同時に分類器への入力とする．例えば，実際のデータが 28×28 ピクセルの画像の場合，変換されたノイズも 28×28 ピクセルの画像であり，分類器へは x と $G(z;\theta)$ の大きさ $2 \times 28 \times 28$ の配列が分類器の入力となる．

敵対的生成ネットワークでは，生成器は分類器をだますようなデータ $G(\boldsymbol{z};\boldsymbol{\theta})$ を生成するように推定される一方，分類器は $G(\boldsymbol{z};\boldsymbol{\theta})$ にだまされないために分類精度を高めるように推定される．具体的に数式で表現すれば，敵対的生成ネットワークでは

$$\min_{\boldsymbol{\theta}} \max_{\boldsymbol{\phi}} V(\boldsymbol{\phi},\boldsymbol{\theta}) = \min_{\boldsymbol{\theta}} \max_{\boldsymbol{\phi}} \mathbb{E}_p[\log D(\boldsymbol{x};\boldsymbol{\phi})] + \mathbb{E}_q[\log(1 - D(G(\boldsymbol{z};\boldsymbol{\theta});\boldsymbol{\phi}))] \tag{3.19}$$

を達成するようなニューラルネットワーク G と D を推定する．ここで，$p(\boldsymbol{x})$ と $q(\boldsymbol{z})$ はそれぞれ，データの分布およびノイズの分布である．$D(\boldsymbol{x};\boldsymbol{\phi})$ は実際のデータに基づく分類器の出力であるから 1 に近い値をとる一方で，$D(G(\boldsymbol{z});\boldsymbol{\phi})$ はノイズが変換された画像であるから 0 に近い値をとるように推定されることが期待される．

一方，式 (3.19) の目的関数を最大化する分類器に対して，どのような生成器が推定されるのだろうか．生成器のパラメータ $\boldsymbol{\theta}$ を任意に固定したとき，分類器の最適解は次のようにかける．

定理 3.4　最適な分類器

生成器のパラメータ $\boldsymbol{\theta}$ を任意に固定する．このとき，分類器 $D(\boldsymbol{x};\boldsymbol{\phi})$ の最適解は以下で与えられる．

$$D(\boldsymbol{x};\boldsymbol{\phi}^*) = \frac{p(\boldsymbol{x})}{p(\boldsymbol{x}) + g(\boldsymbol{x};\boldsymbol{\theta})}.$$

ただし，$g(\boldsymbol{x};\boldsymbol{\theta})$ は生成器 $G(\boldsymbol{z};\boldsymbol{\theta})$ の密度関数であり，$\boldsymbol{\phi}^*$ は $\boldsymbol{\theta}$ に依存していることに注意する．

証明　式 (3.19) の第 2 項で $\boldsymbol{x} = G(\boldsymbol{z};\boldsymbol{\theta})$ と変数変換すれば，

$$\begin{aligned} V(\boldsymbol{\phi},\boldsymbol{\theta}) &= \int p(\boldsymbol{x}) \log(D(\boldsymbol{x};\boldsymbol{\phi}))\mathrm{d}\boldsymbol{x} + \int q(\boldsymbol{z}) \log(1 - D(G(\boldsymbol{z};\boldsymbol{\theta});\boldsymbol{\phi}))\mathrm{d}\boldsymbol{z} \\ &= \int \{p(\boldsymbol{x}) \log(D(\boldsymbol{x};\boldsymbol{\phi})) + g(\boldsymbol{x};\boldsymbol{\theta}) \log(1 - D(\boldsymbol{x};\boldsymbol{\phi}))\}\,\mathrm{d}\boldsymbol{x} \end{aligned}$$

となる．a, b が非負の定数ならば関数 $x \mapsto a \log x + b \log(1 - x)$ は $x = a/(a + b)$ で最大となるから主張が得られる． ■

定理 3.4 の最適解を代入すれば，式 (3.19) の目的関数は

$$\begin{aligned} V(\boldsymbol{\phi}^*, \boldsymbol{\theta}) &= \mathbb{E}_p\left[\log\frac{p(\boldsymbol{x})}{p(\boldsymbol{x})+g(\boldsymbol{x};\boldsymbol{\theta})}\right] + \mathbb{E}_g\left[\log\frac{g(\boldsymbol{x};\boldsymbol{\theta})}{p(\boldsymbol{x})+g(\boldsymbol{x};\boldsymbol{\theta})}\right] \\ &= -\log 4 + 2\mathrm{JS}(p||g(\cdot;\boldsymbol{\theta})) \end{aligned}$$

と書き換えることができる．ここで，任意の密度関数 p, q に対して，$\mathrm{JS}(p(\boldsymbol{x})||q(\boldsymbol{x}))$ はイエンセン・シャノン情報量と呼ばれ，カルバック・ライブラー情報量を用いて

$$\mathrm{JS}(p||q) = \frac{1}{2}\left\{\mathrm{KL}\left(p \,||\, \frac{p+q}{2}\right) + \mathrm{KL}\left(q \,||\, \frac{p+q}{2}\right)\right\} \tag{3.20}$$

で定義される [*14]．イエンセン・シャノン情報量は非負であるから，$V(\boldsymbol{\phi}^*, \boldsymbol{\theta})$ は $p(\boldsymbol{x}) = g(\boldsymbol{x};\boldsymbol{\theta})$，つまり，生成器の分布 g がデータの分布と等しいときに最小となることがわかる．このとき，分類器の最適解は 1/2，つまり，実際のデータと，生成器が生成したデータの区別が付かなくなってしまうため，生成器は実際のデータと似たものを生成するように推定されることが期待できる．

誤差逆伝播を行う際には，式 (3.19) をバッチサイズ b のデータ $\{\boldsymbol{x}_1, \ldots, \boldsymbol{x}_b\}$ とノイズ $\{\boldsymbol{z}_1, \ldots, \boldsymbol{z}_b\}$ で経験近似し，

$$L(\boldsymbol{\phi}, \boldsymbol{\theta}) = \frac{1}{b}\sum_{i=1}^{b}\{\log D(\boldsymbol{x}_i;\boldsymbol{\phi}) + \log(1 - D(G(\boldsymbol{z}_i;\boldsymbol{\theta});\boldsymbol{\phi}))\}$$

を損失関数とする．損失関数をそれぞれのパラメータで偏微分すると

$$\begin{aligned} \frac{\partial L(\boldsymbol{\phi}, \boldsymbol{\theta})}{\partial \boldsymbol{\phi}} &= \frac{1}{b}\sum_{i=1}^{b}\frac{\partial}{\partial \boldsymbol{\phi}}\{\log D(\boldsymbol{x}_i;\boldsymbol{\phi}) + \log(1 - D(G(\boldsymbol{z}_i;\boldsymbol{\theta});\boldsymbol{\phi}))\}, \\ \frac{\partial L(\boldsymbol{\phi}, \boldsymbol{\theta})}{\partial \boldsymbol{\theta}} &= \frac{1}{b}\sum_{i=1}^{b}\frac{\partial}{\partial \boldsymbol{\theta}}\log(1 - D(G(\boldsymbol{z}_i;\boldsymbol{\theta});\boldsymbol{\phi})) \end{aligned}$$

となり，逆伝播を用いて，$\boldsymbol{\phi}$ と $\boldsymbol{\theta}$ を交互に更新する．つまり，まず分類器のパラメータを更新したのち，分類器のパラメータを固定して，生成器のパラメータを更新する．分類器のパラメータ $\boldsymbol{\phi}$ は生成器と共有されているため，$\boldsymbol{\theta}$ を更新する際には，$\boldsymbol{\phi}$ は固定しておかなければならない．分類器のパラメータを固定しなければ，直前に更新した $\boldsymbol{\phi}$ がノイズに当てはまるように更新されてしまうためである．

a R による実行例

`keras` に含まれるデータセット cifar10[*15] を用いて敵対的生成ネットワークの推定を行う．`cifar10` は，全部で 60000 枚の 32×32 ピクセルのカラー画像からなるデータセットであり，それぞれイヌやカエル，飛行機などといった 10 クラスのラベルを持っている．それぞれのクラスで，訓練データは 5000 枚，テストデータは 1000 枚である．図 3.26 は `cifar10` に含まれる画像の一部を表示したものである．32×32 ピクセルの小さな画像であるため，やや判断の難しいものもあるが，人が見ればイ

図 3.26　cifar10 に含まれる画像の一部．上から，飛行機，車，トリ，ネコ，シカ，イヌ，カエル，ウマ，船およびトラックの画像である．

ヌやネコなどとはっきりわかるものが多い．

本節では，カエルの画像を用いて敵対的生成ネットワークを推定し，カエルらしい画像を生成する方法について述べる．生成器と分類器は畳み込みニューラルネットワークを用いてモデリングする [*16]．

まず，ノイズの次元を 32 として生成器を定義する．生成器はこれまでの畳み込みニューラルネットワークと同様であるが，$32 \times 32 \times 3$ の画像に変換しなければならないため，変分オートエンコーダで

[*14] 任意の $\lambda \in [0,1]$ に対して $\lambda \mathrm{KL}(p \,||\, \lambda p + (1-\lambda)q) + (1-\lambda)\mathrm{KL}(q \,||\, \lambda p + (1-\lambda)q)$ で定義されることもある．

[*15] 「サイファーテン」と読む．

[*16] 畳み込みニューラルネットワークを用いた敵対的生成ネットワークは DCGAN (deep convolutional generative adversarial network) (Radford et al., 2015) と呼ばれる．

用いたように，逆畳み込みを用いて定義する．Radford et al. (2015) に従って，中間層の活性化関数はリーキー ReLU, 出力層の活性化関数はハイパボリックタンジェントを用いた．生成器のパラメータ数は 6264579 である．

コード 3.13　生成器と分類器の定義

```
latent_dim <- 32
channels <- 3

generator_input <- layer_input(shape = c(latent_dim))
generator_output <- generator_input %>%
  layer_dense(units = 128 * 16 * 16) %>%
  layer_activation_leaky_relu() %>%
  layer_reshape(target_shape = c(16, 16, 128)) %>%
  layer_conv_2d(filters = 256, kernel_size = 5, padding = "same") %>%
  layer_activation_leaky_relu() %>%
  layer_conv_2d_transpose(filters = 256, kernel_size = 4,
              strides = 2, padding = "same") %>%
  layer_activation_leaky_relu() %>%
  layer_conv_2d(filters = 256, kernel_size = 5, padding = "same") %>%
  layer_activation_leaky_relu() %>%
  layer_conv_2d(filters = 256, kernel_size = 5, padding = "same") %>%
  layer_activation_leaky_relu() %>%
  layer_conv_2d(filters = channels, kernel_size = 7,
              activation = "tanh", padding = "same")

generator <- keras_model(generator_input, generator_output)
```

次に，分類器もこれまで通り定義する．敵対的生成ネットワークは 2 値分類問題なので，出力層の活性化関数はシグモイド関数である．結果として，分類器のパラメータ数は 790913 個となる．オプティマイザは RMSProp を用い，誤差はベルヌーイ分布の対数尤度関数で測る．オプティマイザのパラメータは 19 行目から 23 行目で定義したものを用いた．

コード 3.14　生成器と分類器の定義

```
height <- 32
width <- 32

```

```
4   discriminator_input <- layer_input(shape = c(height, width, channels))
5   discriminator_output <- discriminator_input %>%
6     layer_conv_2d(filters = 128, kernel_size = 3) %>%
7     layer_activation_leaky_relu() %>%
8     layer_conv_2d(filters = 128, kernel_size = 4, strides = 2) %>%
9     layer_activation_leaky_relu() %>%
10    layer_conv_2d(filters = 128, kernel_size = 4, strides = 2) %>%
11    layer_activation_leaky_relu() %>%
12    layer_conv_2d(filters = 128, kernel_size = 4, strides = 2) %>%
13    layer_activation_leaky_relu() %>%
14    layer_flatten() %>%
15    layer_dropout(rate = 0.4) %>%
16    layer_dense(units = 1, activation = "sigmoid")
17
18  discriminator <- keras_model(discriminator_input, discriminator_output)
19  discriminator_optimizer <- optimizer_rmsprop(
20    lr = 0.0008,
21    clipvalue = 1.0,
22    decay = 1e-8
23  )
24  discriminator %>% compile(
25    optimizer = discriminator_optimizer,
26    loss = "binary_crossentropy"
27  )
```

さらに，先に述べたように生成器のパラメータを更新するためには，分類器のパラメータを固定しておかなければならない．これは，`freeze_weights` を用いて分類器のパラメータを固定して，ノイズ $\boldsymbol{z}$ から分類器の出力までのネットワークを定義することで実装できる．生成器と分類器のネットワークはすでに定義しているので，`keras_model` を用いて敵対的生成ネットワークの入出力関係をモデル化する．このとき，定義したモデル gan には，分類器のパラメータが `Non-trainable params` として含まれることになる．オプティマイザは，分類器と同様に RMSProp を用い，パラメータの設定は 6 行目から 10 行目の通りである．また，2 値分類問題なので，誤差はベルヌーイ分布の対数尤度関数である．

コード 3.15　生成器と分類器からなるネットワーク gan の定義

```
1   freeze_weights(discriminator)
2
3   gan_input <- layer_input(shape = c(latent_dim))
```

```
gan_output <- discriminator(generator(gan_input))
gan <- keras_model(gan_input, gan_output)
gan_optimizer <- optimizer_rmsprop(
  lr = 0.0004,
  clipvalue = 1.0,
  decay = 1e-8
)

gan %>% compile(
  optimizer = gan_optimizer,
  loss = "binary_crossentropy"
)
```

以上で，ネットワークを構成できたので，最後に `fit` などを用いてパラメータを推定すればよい．`cifar10` のデータは比較的メモリを多く消費してしまうので，実行中に強制終了される場合は，関数 `train_on_batch` を用いてミニバッチごとにパラメータを更新することもできる．バッチごとのパラメータ更新についての詳細は Chollet and Allaire (2018) を参照されたい．図 3.27 はパラメータを 100 回更新するごとに生成された画像を並べたものである．左上の画像はパラメータを 100 回更新した後に生成された画像であり，カエルらしき画像を構成できておらず，非常に大雑把な模様なものが見えるのみである．一方，最下段は左から順にパラメータを 9100 回から 100 回ごとに更新した後に生成された画像である．上段と比較すると，少しずつカエルの特徴をとらえた画像が生成されているように見える．

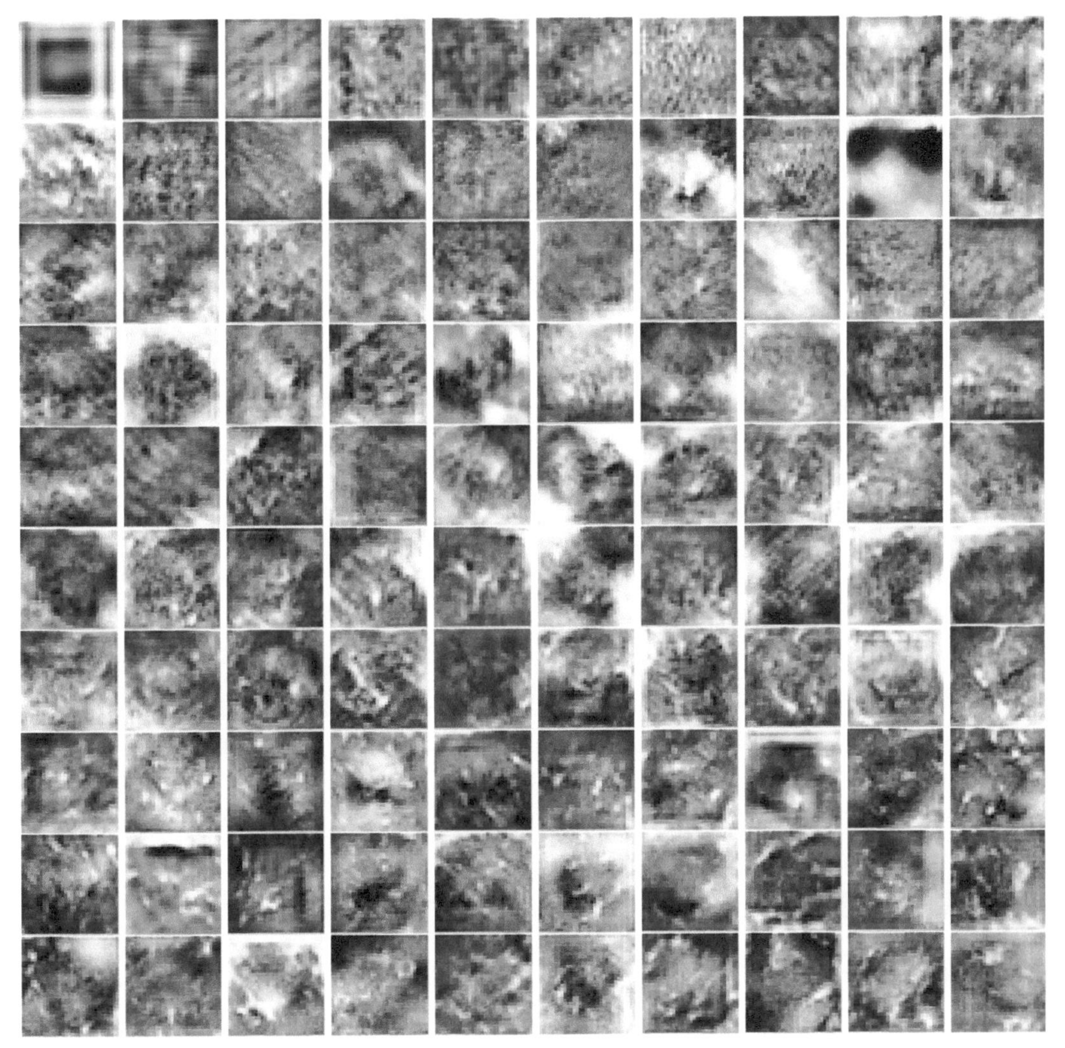

図 3.27　パラメータ推定中に生成された画像．上から 4 段目の左から 2 番目は 4200 回の更新後に生成された画像というように，上から m 段目の左から n 段目には $1000m + 100n$ 回目の更新後にノイズから生成された画像を示している．

また，図 3.28 は実際のカエルの画像と生成されたカエルらしき画像を比較したものである．上段の 3 枚は実際に cifar10 に含まれている画像であり，下段の 3 枚は推定された敵対的生成ネットワークにノイズを提示し，生成器によって生成された画像である．実際のカエルの画像と比べると，輪郭がぼやけているためわかりづらいが，形や色といった特徴はとらえており，カエルの画像といわれればカエルであるように見えなくもない．

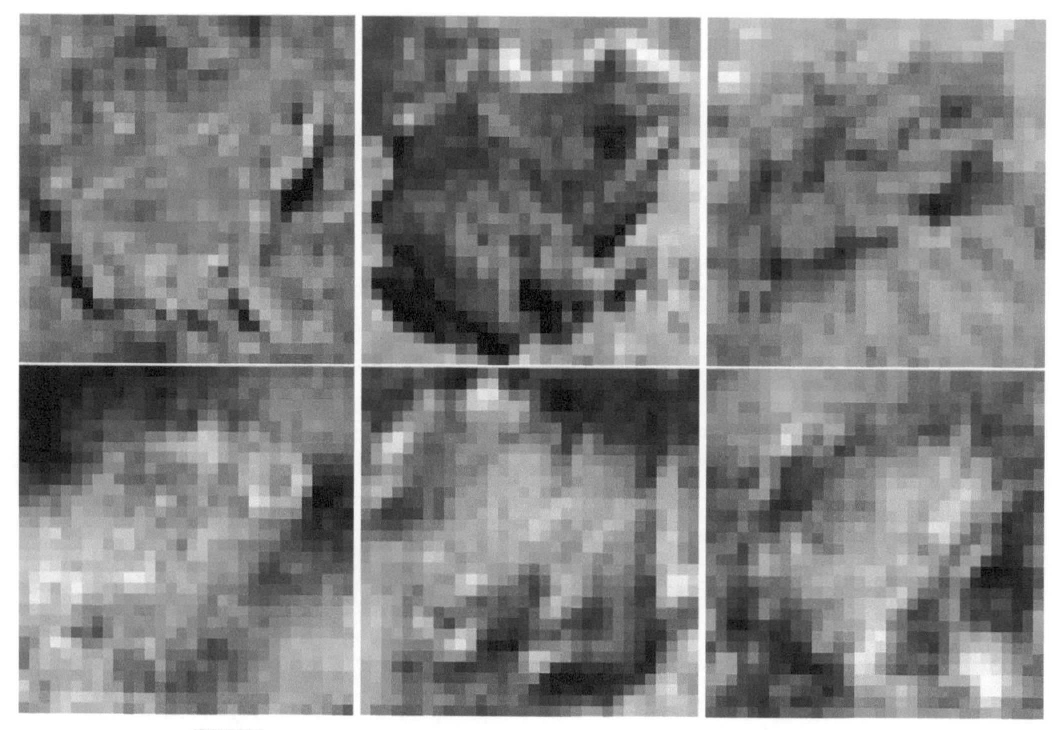

図 3.28　実際のカエルの画像 (上段) と生成したカエルの画像 (下段) の比較.

第3章　練習問題

3.1 定理 3.1 を示せ.

3.2 損失関数 $E(\mathcal{W})$ が 2 乗誤差で f_L が恒等写像の場合，および損失関数 $E(\mathcal{E}W)$ が交差エントロピーで f_L がソフトマックス関数の場合に式 (3.2) を示せ.
(ヒント: 損失関数 $E(\mathcal{W})$ が交差エントロピーの場合，$\boldsymbol{y}$ は $\sum_{j=1}^{m} y_j = 1$ を満たすことを用いる.)

3.3 3.2.2a 節で定義した，$\boldsymbol{w}$ を変数とする関数

$$E_t(\boldsymbol{w}^{(t)}) + \nabla E_t(\boldsymbol{w}^{(t)})^\top(\boldsymbol{w} - \boldsymbol{v}^{(t)}) + \frac{1}{2\eta}\|\boldsymbol{w} - \boldsymbol{v}^{(t)}\|_2^2$$

の最小化点を $\boldsymbol{w}^{(t+1)}$ とする. $\boldsymbol{w}^{(t+1)}$ は式 (3.6) を満たすことを示せ.

3.4 RMSProp における指数移動平均 (3.10) を用いて式 (3.11) を示せ.
(ヒント: 式 (3.10) の両辺に ρ^{-t} をかけるとよい.)

3.5 図 3.11 のスキップコネクションにおいて，第 l 層の逆伝播 $\boldsymbol{\delta}^{(l)}$ の第 i 成分が式 (3.13) で与えられることを示せ.

3.6 式 (3.14) を示し，$\mathbb{E}[L(\mathcal{W})]$ の $\boldsymbol{w}$ に関する停留点が式 (3.15) と表されることを示せ.

3.7 式 (3.16) を示せ.

3.8 イエンセン・シャノン情報量 (3.20) について，次を示せ.

(1) $\mathrm{JS}(p \,||\, q) = \mathrm{JS}(q \,||\, p)$. つまり，イエンセン・シャノン情報量は引数に関して対称である.

(2) 任意の確率密度関数 p, q に対して，$\mathrm{JS}(p \,||\, q) \geq 0$. 特に，任意の $\boldsymbol{x}$ に対して $p(\boldsymbol{x}) = q(\boldsymbol{x})$ のとき，かつそのときに限り $\mathrm{JS}(p \,||\, q) = 0$ である.

第 4 章 機械学習によるパターン認識

統計的判別問題においては，母集団がある確率分布に従うことを想定し，ベイズ判別方式に近い判別方法を求めることを述べてきた．一方，確率分布を明示的には意識せず，与えられた教師データから判別方式を直接導く機械学習が提案され，実データで高性能を示している．機械学習（学習理論）の目的は，人間が行っている学習行動 (パターン認識) を計算機上で模擬的に実現することによって，判別／意志決定を高速かつ正確に行うシステムを構築することにある．本章では機械学習のパターン認識手法であるサポートベクターマシン，ランダムフォレスト，アダブーストについて解説する．なお この分野の成書として Hastie et al. (2001, 2014), Bishop (2006, 2012) が挙げられる．

4.1 サポートベクターマシン

サポートベクターマシン (Support Vector Machine: SVM) は線形判別を行う機械学習の手法である．カーネル関数を用いることで教師データを写像した高次元空間での線形判別を実行することが可能であり，最強の判別器とも呼ばれている．

4.1.1 サポートベクターマシンによる線形分離可能な教師データの分離

2 群判別において，線形分離不可能な教師データであっても，データを高次元に写像すると，高次元空間においては線形分離可能となる場合を例示する．クラスラベルが $y_i = \pm 1$ の 2 群の教師データを**排他的論理和** (Exclusive or: XOR)

$$\mathcal{D} = \{((0,0),+1),\ ((1,1),+1),\ ((0,1),-1),\ ((1,0),-1)\}. \tag{4.1}$$

とする．明らかに $\mathcal{D}$ は線形分離不可能だが，教師データを 2 次元空間から 3 次元空間へ

$$\mathbb{R}^2 \ni \boldsymbol{x} = (x_1, x_2) \quad \longrightarrow \quad \boldsymbol{\phi}(\boldsymbol{x}) = (x_1, x_2, x_1 x_2) \in \mathbb{R}^3 \tag{4.2}$$

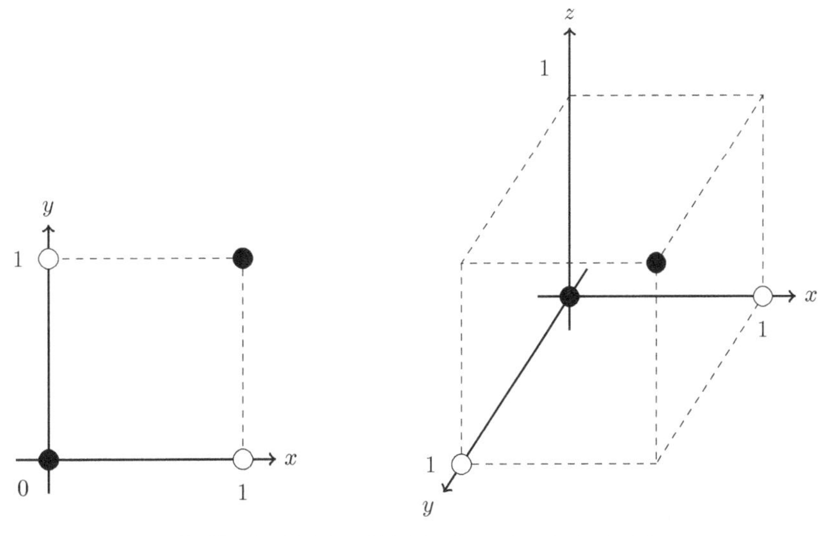

図 4.1　線形分離不可能な教師データと 3 次元への写像

によって写像すると，$\mathcal{D}$ は D' に移る (図 4.1).

$$\mathcal{D}' = \{((0,0,0),+1),\ ((1,1,1),+1),\ ((0,1,0),-1),\ ((1,0,0),-1)\}. \tag{4.3}$$

$\mathcal{D}'$ は超平面 $x + y - 2z = 1/2$ により $+1$ 群と -1 群に分離できる（練習問題 4.2 参照）(Aharoni, 2007).

さてサポートベクターマシンを考えよう．教師データを次で定義する．

$$\mathcal{D} = \{(\boldsymbol{x}_i, y_i) \in \mathbb{R}^d \times \mathbb{R} \mid i = 1, 2, \ldots, n\}.$$

写像 $\boldsymbol{\phi}(\boldsymbol{x})$

$$\mathbb{R}^d \ni \boldsymbol{x} = (x_1, \ldots, x_d)^\top \quad \longrightarrow \quad \boldsymbol{\phi}(\boldsymbol{x}) \in \mathbb{R}^q$$

により $\mathcal{D}$ を q 次元空間 $(q > d)$ に写像すると，$\mathbb{R}^q$ では $\boldsymbol{\phi}(\mathcal{D})$ が線形分離可能となることを仮定する．すなわち $\mathbb{R}^q$ に写像された教師データ $\mathcal{D}$ を完全に分離する超平面

$$\boldsymbol{\beta}^\top \boldsymbol{\phi}(\boldsymbol{x}) + \beta_0 = 0$$

の存在を仮定する．この仮定から次が成り立つ．

$$y_i = +1 \quad \text{なら} \quad \boldsymbol{\beta}^\top \boldsymbol{\phi}(\boldsymbol{x}_i) + \beta_0 > 0; \quad y_j = -1 \quad \text{なら} \quad \boldsymbol{\beta}^\top \boldsymbol{\phi}(\boldsymbol{x}_j) + \beta_0 < 0.$$

このような超平面は無限個存在する (図 4.2)．そこで

$$\min\{y_1(\boldsymbol{\beta}^\top \boldsymbol{\phi}(\boldsymbol{x}_1) + \beta_0), \ldots, y_n(\boldsymbol{\beta}^\top \boldsymbol{\phi}(\boldsymbol{x}_n) + \beta_0)\} = c > 0$$

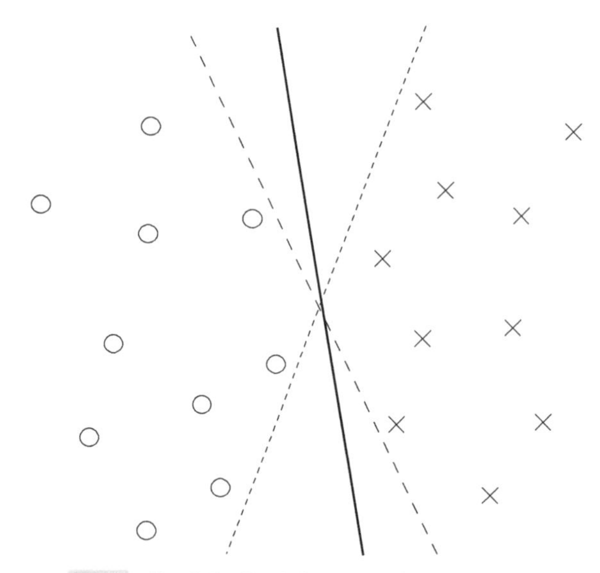

図 4.2　線形分離可能な教師データの最適な分離超平面

とおき，$\boldsymbol{\beta}/c, \beta_0/c$ をそれぞれ $\boldsymbol{\beta}, \beta_0$ と定義し直すと，

$$y_i\{\boldsymbol{\beta}^\top \boldsymbol{\phi}(\boldsymbol{x}_i) + \beta_0\} \geq 1, \quad \forall i = 1, 2, \ldots, n$$

を満たす超平面が存在することになる．

ここで，$\boldsymbol{\beta}^\top \boldsymbol{\phi}(\boldsymbol{x}_s) + \beta_0 = \pm 1$ を満たす点 $\boldsymbol{x}_s$ を**サポートベクター**という．判別境界を構成しているベクターを意味する．超平面とサポートベクターとの距離（マージン）は $y_s\{\boldsymbol{\beta}^\top \boldsymbol{\phi}(\boldsymbol{x}_s) + \beta_0\}/\|\boldsymbol{\beta}\| = 1/\|\boldsymbol{\beta}\|$ で与えられる．SVM はこのマージン $1/\|\boldsymbol{\beta}\|$ を最大にすることを目的とする．すなわち

$$y_i\{\boldsymbol{\beta}^\top \boldsymbol{\phi}(\boldsymbol{x}_i) + \beta_0\} \geq 1,\ \forall i = 1, 2, \ldots, n \text{ の条件下で} \quad \|\boldsymbol{\beta}\|^2 \text{ を最小にせよ}$$

という最適化問題に帰着する．

超平面による 2 群の境界を 2 国間の国境，マージンを非武装地帯，各教師データを一方の国に属する家に例えよう．この場合サポートベクターマシンの目的は，「“家が含まれない非武装地帯の幅をできるだけ広くして，国境を定めよ” という問題である」と言い換えられる．

4.1.2　制約条件下での最適化

サポートベクターマシンに現れる最適化問題をラグランジュの未定係数法により解く．$\boldsymbol{\alpha} = (\alpha_1, \ldots, \alpha_n)^\top$，$\alpha_i \geq 0$ をラグランジュの未定係数とすると，与えられた問題は，次の関数

$$L(\boldsymbol{\beta}, \beta_0, \boldsymbol{\alpha}) = \|\boldsymbol{\beta}\|^2/2 - \sum_{i=1}^{n} \alpha_i\{y_i(\boldsymbol{\beta}^\top \boldsymbol{\phi}(\boldsymbol{x}_i) + \beta_0) - 1\}$$

の極値問題を解くことに帰着する．そこで，偏微分により次の連立方程式を得る．

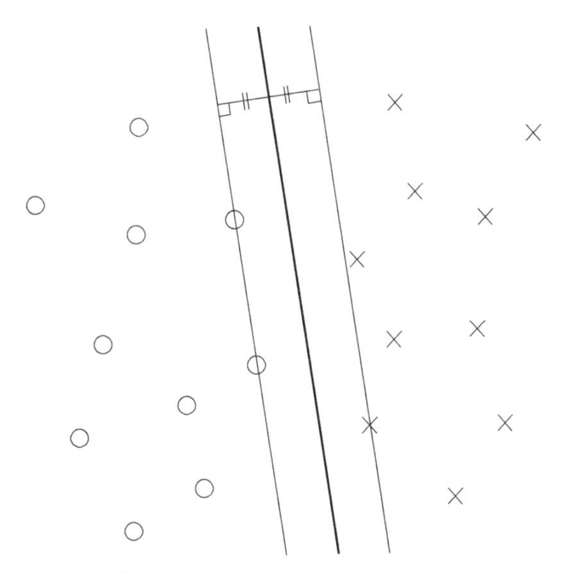

図 4.3　マージンとサポートベクター

$$\frac{\partial L(\boldsymbol{\beta}, \beta_0, \boldsymbol{\alpha})}{\partial \boldsymbol{\beta}} = \boldsymbol{\beta} - \sum_{i=1}^{n} \alpha_i y_i \boldsymbol{\phi}(\boldsymbol{x}_i) = \boldsymbol{o},$$

$$\frac{\partial L(\boldsymbol{\beta}, \beta_0, \boldsymbol{\alpha})}{\partial \beta_0} = -\sum_{i=1}^{n} \alpha_i y_i = 0.$$

これらの関係式を用いて次を得る．

$$L\left(\sum_{i=1}^{n} \alpha_i y_i \boldsymbol{\phi}(\boldsymbol{x}_i), \beta_0, \boldsymbol{\alpha}\right) = \sum_{i=1}^{n} \alpha_i - \sum_{i=1}^{n} \sum_{j=1}^{n} \alpha_i \alpha_j y_i y_j \boldsymbol{\phi}(\boldsymbol{x}_i)^\top \boldsymbol{\phi}(\boldsymbol{x}_j)/2.$$

ここで，2 つの d 次元ベクトル $\boldsymbol{x}_i$，$\boldsymbol{x}_j$ を q 次元空間に写像したベクトルの内積 $\boldsymbol{\phi}(\boldsymbol{x}_i)^\top \boldsymbol{\phi}(\boldsymbol{x}_j)$ を $K(\boldsymbol{x}_i, \boldsymbol{x}_j)$ とおく (これを**カーネル関数**と呼ぶ)．すると与えられた問題は，制約条件

$$\sum_{i=1}^{n} \alpha_i y_i = 0, \quad \alpha_i \geq 0$$

のもとで，2 次計画問題

$$Q(\boldsymbol{\alpha}) \equiv \sum_{i=1}^{n} \alpha_i - \sum_{i=1}^{n} \sum_{j=1}^{n} \alpha_i \alpha_i y_i y_j K(\boldsymbol{x}_i, \boldsymbol{x}_j)/2 \longrightarrow \text{最大化} \tag{4.4}$$

を解くことに帰着する．カーネル関数は $\mathbb{R}^q$ における内積で与えられるため，n 次対称行列 $(K(\boldsymbol{x}_i, \boldsymbol{x}_j))$ は半正定値行列となることがただちにわかり，$Q(\boldsymbol{\alpha})$ は上に凸の関数となる．そのため最適化問題 (4.4) の解が存在する．それを $\widehat{\boldsymbol{\alpha}}$ とおくと，サポートベクター $\boldsymbol{x}_s$ では $\boldsymbol{\beta}^\top \boldsymbol{\phi}(\boldsymbol{x}_s) + \beta_0 = y_s = \pm 1$ が成立

しているため，次が示される．

$$\widehat{\boldsymbol{\beta}} = \sum_{i=1}^{n} \widehat{\alpha}_i y_i \boldsymbol{\phi}(\boldsymbol{x}_i),$$

$$\widehat{\beta}_0 = -(\boldsymbol{\phi}(\boldsymbol{x}_+) + \boldsymbol{\phi}(\boldsymbol{x}_-))^\top \widehat{\boldsymbol{\beta}}/2 = -\sum_{i=1}^{n} \widehat{\alpha}_i y_i \{K(\boldsymbol{x}_i, \boldsymbol{x}_+) + K(\boldsymbol{x}_i, \boldsymbol{x}_-)\}/2.$$

ただし，$\boldsymbol{x}_+, \boldsymbol{x}_-$ はそれぞれカテゴリラベル $+1, -1$ のサポートベクターを表す．なおベクトル $\boldsymbol{x}$ は q 次元空間での線形判別関数 (d 次元では非線形判別関数)

$$\widehat{\boldsymbol{\beta}}^\top \boldsymbol{\phi}(\boldsymbol{x}) + \widehat{\beta}_0 = \sum_{i=1}^{n} \widehat{\alpha}_i y_i K(\boldsymbol{x}_i, \boldsymbol{x}) + \widehat{\beta}_0 \tag{4.5}$$

の符号で判別される．

注 写像 $\boldsymbol{\phi}(\cdot)$ の定義は与えられなくともカーネル関数 $K(\cdot,\cdot)$ さえ与えられれば，$Q(\boldsymbol{\alpha})$ の最大化により係数ベクトルや定数項が決定され，判別関数 (4.5) も得られることに注意せよ．これを**カーネルトリック**という．

4.1.3 カーネル関数の代表例

カーネル関数は $\boldsymbol{\phi}(\boldsymbol{x})$ の空間（**特徴空間**）の内積であった．以下に具体例を挙げる．

例 4.1 XOR 問題では，$\boldsymbol{\phi} : \boldsymbol{x} = (x_1, x_2)^\top \longrightarrow \boldsymbol{\phi}(\boldsymbol{x}) = (x_1, x_2, x_1 x_2)^\top$ と写像が具体的に与えられていたため，

$$K(\boldsymbol{x}, \boldsymbol{x}^*) = \boldsymbol{\phi}(\boldsymbol{x})^\top \boldsymbol{\phi}(\boldsymbol{x}^*) = x_1 x_1^* + x_2 x_2^* + x_1 x_2 x_1^* x_2^*$$

と $\mathbb{R}^2$ から $\mathbb{R}^3$ への写像からカーネル関数が定義できる．

例 4.2 逆に 2 つの 2 次元ベクトル $\boldsymbol{x}$, $\boldsymbol{x}^*$ に対して，カーネル関数を次で与える．

$$K(\boldsymbol{x}, \boldsymbol{x}^*) = (\boldsymbol{x}^\top \boldsymbol{x}^* + 1)^2.$$

このとき，カーネル関数は $\mathbb{R}^2$ から $\mathbb{R}^7$ への写像

$$\boldsymbol{\phi}(\boldsymbol{x}) = (x_1^2, \sqrt{2} x_1 x_2, x_2^2, \sqrt{2} x_1, \sqrt{2} x_2, 1)^\top$$

を用いて，

$$K(\boldsymbol{x}, \boldsymbol{x}^*) = (\boldsymbol{x}^\top \boldsymbol{x}^* + 1)^2 = \boldsymbol{\phi}(\boldsymbol{x})^\top \boldsymbol{\phi}(\boldsymbol{x}^*)$$

と表現できる．

カーネル関数 $K(\cdot,\cdot)$ の代表例を次に示す．

- **多項式カーネル**

$$K_1(\boldsymbol{x},\boldsymbol{x}^*) = (\boldsymbol{x}^\top \boldsymbol{x}^* + 1)^d,\ d = 1,2,3,\ldots$$

- **ガウスカーネル**

$$K_2(\boldsymbol{x},\boldsymbol{x}^*) = \exp\left(-\gamma\|\boldsymbol{x} - \boldsymbol{x}^*\|^2\right),\ \gamma > 0.$$

- **シグモイドカーネル**

$$K_3(\boldsymbol{x},\boldsymbol{x}^*) = 1/\{1 + \exp(-\gamma\boldsymbol{x}^\top \boldsymbol{x}^*)\},\ \gamma > 0.$$

4.1.4　線形分離不可能な教師データでの学習

一般には教師データを高次元空間に写像したとしても線形分離が可能とはならない．そのためマージン内や誤判別される教師データを許容する判別方式を考える必要がある．そこで新たにスラック変数 $\xi_i \geq 0$ を導入し，各データが

$$y_i\{\boldsymbol{\beta}^\top \boldsymbol{\phi}(\boldsymbol{x}_i) + \beta_0\} \geq 1 - \xi_i,\ \forall i = 1,2,\ldots,n$$

を満たすと仮定する．$y_i\{\boldsymbol{\beta}^\top \boldsymbol{\phi}(\boldsymbol{x}_i) + \beta_0\}$ が 1 以上なら $\boldsymbol{\phi}(\boldsymbol{x}_i)$ はマージン外で正判別，0 以上 1 より小ならマージン内で正判別，-1 以上 0 より小ならマージン内で誤判別，-1 以下ならマージン外で誤判別となる．

この定式化により，$y_i\{\boldsymbol{\beta}^\top \boldsymbol{\phi}(\boldsymbol{x}_i) + \beta_0\} \geq 1 - \xi_i,\ \forall i = 1,2,\ldots,n$ の条件下で，目的関数

$$\|\boldsymbol{\beta}\|^2/2 + C\sum_{i=1}^{n}\xi_i$$

を最小化してみよう．ここで $C > 0$ はマージンを大きくすること，および複雑な判別境界を構成することのトレードオフパラメータである．C が小さければマージンは大きく，より単純な判別境界を得る．一方 C が大きければ $\sum_{i=1}^{n}\xi_i$ が小さい複雑な判別境界を作る．その結果 C が大きすぎると教師データにオーバーフィットしてしまう．

さて 固定した C に対して，係数ベクトル $\boldsymbol{\beta}$ などの推定は 線形分離可能な場合と同じくラグランジュの未定係数法を用いて，

$$L(\boldsymbol{\beta},\beta_0,\boldsymbol{\alpha},\boldsymbol{\gamma}) = \|\boldsymbol{\beta}\|^2/2 + C\sum_{i=1}^{n}\xi_i - \sum_{i=1}^{n}\alpha_i\left[y_i\{\boldsymbol{\beta}^\top \boldsymbol{\phi}(\boldsymbol{x}_i) + \beta_0\} - 1 + \xi_i\right] - \sum_{i=1}^{n}\gamma_i\xi_i$$

とおく．ただし $\boldsymbol{\gamma} = (\gamma_1,\ldots,\gamma_n)^\top$ の各成分はゼロ以上である．最適解を求めるため，偏微分により次の連立方程式を得る．

$$\frac{\partial L(\boldsymbol{\beta}, \beta_0, \boldsymbol{\alpha}, \boldsymbol{\gamma})}{\partial \boldsymbol{\beta}} = \boldsymbol{\beta} - \sum_{i=1}^{n} \alpha_i y_i \boldsymbol{\phi}(\boldsymbol{x}_i) = \boldsymbol{o}, \tag{4.6}$$

$$\frac{\partial L(\boldsymbol{\beta}, \beta_0, \boldsymbol{\alpha}, \boldsymbol{\gamma})}{\partial \beta_0} = -\sum_{i=1}^{n} \alpha_i y_i = 0, \tag{4.7}$$

$$\frac{\partial L(\boldsymbol{\beta}, \beta_0, \boldsymbol{\alpha}, \boldsymbol{\gamma})}{\partial \boldsymbol{x} i} = C\mathbf{1} - \boldsymbol{\alpha} - \boldsymbol{\gamma} = \boldsymbol{o}. \tag{4.8}$$

ただし $\mathbf{1} = (1, \ldots, 1)^\top$ である．よって，連立方程式 (4.6)〜(4.8) および，$\boldsymbol{\phi}(\boldsymbol{x}_i)^\top \boldsymbol{\phi}(\boldsymbol{x}_j) = K(\boldsymbol{x}_i, \boldsymbol{x}_j)$ より次を得る．

$$L\left(\sum_{i=1}^{n} \alpha_i y_i \boldsymbol{\phi}(\boldsymbol{x}_i), \beta_0, \boldsymbol{\alpha}, C\mathbf{1} - \boldsymbol{\alpha}\right) = \sum_{i=1}^{n} \alpha_i - \sum_{i=1}^{n} \sum_{j=1}^{n} \alpha_i \alpha_j y_i y_j K(\boldsymbol{x}_i, \boldsymbol{x}_j)/2.$$

式 (4.7), (4.8) および ξ_i の非負性から制約条件

$$\sum_{i=1}^{n} \alpha_i y_i = 0, \qquad 0 \le \alpha_i \le C, \qquad i = 1, 2, \ldots, n$$

が得られる．この制約のもとで $\boldsymbol{\alpha}$ の二次形式

$$Q(\boldsymbol{\alpha}) \equiv \sum_{i=1}^{n} \alpha_i - \sum_{i=1}^{n} \sum_{j=1}^{n} \alpha_i \alpha_i y_i y_j K(\boldsymbol{x}_i, \boldsymbol{x}_j)/2$$

を最大にする 2 次計画問題を解くことに帰着する．この最適解を $\widehat{\boldsymbol{\alpha}}$ とおくと，

$$\sum_{i=1}^{n} \widehat{\alpha}_i y_i K(\boldsymbol{x}_i, \boldsymbol{x}) + \widehat{\beta}_0$$

の符号に応じて $\boldsymbol{x}$ を判別する方式が得られる．ただし $\widehat{\beta}_0$ は KKT 条件から，

$$0 < \widehat{\alpha}_i < C \text{ を満たす } i \text{ に対して } \quad y_i \left\{ \sum_{j=1}^{n} \widehat{\alpha}_j y_j K(\boldsymbol{x}_i, \boldsymbol{x}_j) + \beta_0 \right\} = 1$$

が成り立つ β_0 として決定される．

4.1.5 サポートベクターマシンの特徴と問題点

サポートベクターマシンは教師データを高次元空間に写像し，線形判別を行う手法であり，高次元空間での内積としてカーネル関数が用いられる．母数推定には制約付き 2 次計画問題が用いられ，解の存在が保証されている．この手法は確率分布を仮定しない判別手法である．母数推定が完了したのちは，各テストデータを高速に判別できる．なお 判別境界はサポートベクターと呼ばれる教師データの部分集合で決定される．

欠点としては，カーネル関数の種類の選択とその母数の決定法が確立されていないことが挙げられ

る．特にトレードオフパラメータ C が大きすぎると教師データにオーバーフィットする．そのため10 分割交差検証法などにより C を決定することが利用されている．

4.1.6　R による実行例

サポートベクターマシンによるワイン品種の判別分析の実行例を示す．

コード 4.1　サポートベクターマシンによる実行例

```
## R package [e1071] を利用
library(e1071)

## 5-fold cv でパラメータをチューニング
tune = tune.svm(as.factor(grape) ~ ., data = wine.train,
        kernel = "radial", gamma = 10^(seq(-2, 2, 0.1)),
        cost = 10^(seq(-2, 2, 0.1)),
        tunecontrol = tune.control(sampling = "cross", cross = 5)
        )

## チューニング済みのパラメータを使ってSVM を実行
SVM = svm(as.factor(grape) ~ ., data = wine.train,
        method = "C-classification", kernel = "radial",
        gamma = tune$best.parameters[1], cost = tune$best.parameters[2]
        )

## 教師データに対する判別結果
# 教師データを判別
svm.train = as.integer(predict(SVM))
print(table(正答 = wine.train[, 1], 判別 = svm.train))     # 正誤表
svm.err.train = mean(wine.train[, 1] != svm.train)        # 誤判別確率
print(svm.err.train)

## テストデータに対する判別結果
# テストデータを判別
svm.test = as.integer(predict(SVM, wine.test[, 2:3]))
print(table(正答 = wine.test[, 1], 判別 = svm.test))       # 正誤表
svm.err.test = mean(wine.test[, 1] != svm.test)           # 誤判別確率
print(svm.err.test)

## コード 2.1で作成した格子点grid に対して判別を実行し，判別境界を作成
# 格子点に対して判別を実行
svm.area = as.integer(predict(SVM, grid))
```

```
34  par(mfrow = c(1, 2)) # プロット画面を 2分割
35
36  # 教師データの散布図
37  plot(grid, cex = 0.001, col = grey(0.3 + 0.2*svm.area),
38          xlim = r1, ylim = r2)
39  par(new = TRUE)
40  plot(wine.train[, 2], wine.train[, 3], xlim = r1, ylim = r2,
41          xlab = "", ylab = "", col = wine.train[, 1],
42          pch = wine.train[, 1],
43          main = paste0("SVM (training; n1 = ", n1.train,
44                  ", n2 = ", n2.train, ", n3 = ", n3.train, ") \n",
45                  "error rate = ", signif(svm.err.train, 4))
46          )
47  legend("topright", legend = paste0("grape", 1:3), col = 1:3, pch = 1:3)
48
49  # テストデータの散布図
50  plot(grid, cex = 0.001, col = grey(0.3 + 0.2*svm.area),
51          xlim = r1, ylim = r2)
52  par(new = TRUE)
53  plot(wine.test[, 2], wine.test[, 3], xlim = r1, ylim = r2,
54          xlab = "", ylab = "", col = wine.test[, 1], pch = wine.test[, 1],
55          main = paste0("SVM (test; n1 = ", n1.test,
56                  ", n2 = ", n2.test, ", n3 = ", n3.test, ") \n",
57                  "error rate = ", signif(svm.err.test, 4))
58          )
59  legend("topright", legend = paste0("grape", 1:3), col = 1:3, pch = 1:3)
60
61  par(mfrow = c(1, 1)) # プロット画面の分割を解除
```

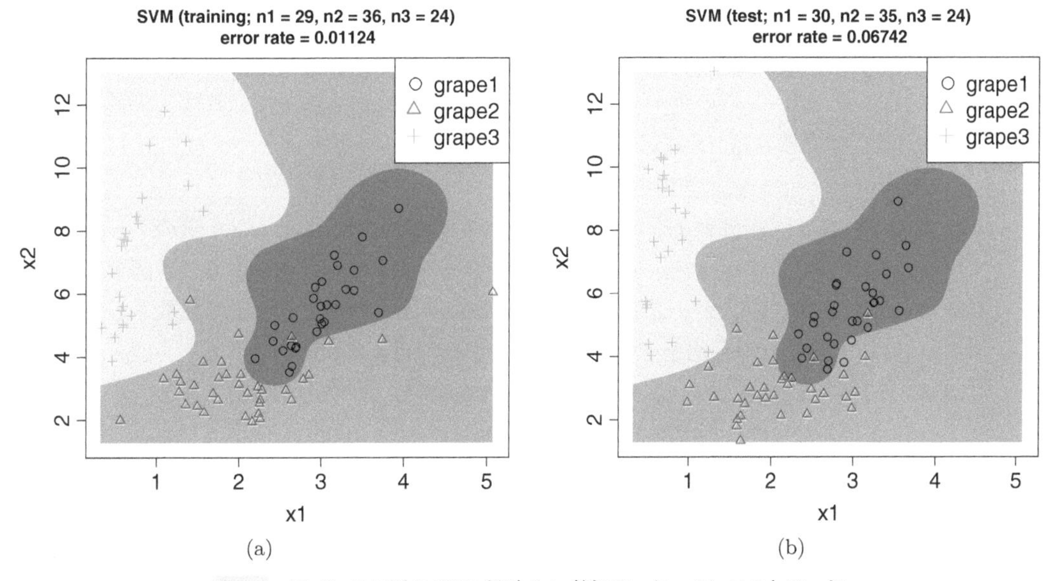

(a)　(b)

図 4.4　ワイン 3 品種の SVM 判別 ((a): 教師データ，(b): テストデータ)

4.2 ランダムフォレスト

ランダムフォレスト (random forest) も判別分析や回帰分析に有効な機械学習の手法である．**決定木**を多く作り，出力結果の多数決あるいは平均で予測する**アンサンブル学習**の一種である．すなわち多くの木からなる森 (フォレスト) により判別や回帰を行うため，このように命名された (Breiman, 2001)．なお決定木において，目的変数が離散値である場合を**分類木**，連続量である場合を**回帰木**という．

4.2.1 決定木

まず 2 群の判別分析について，分類木での判別を概観しよう．教師データの集合

$$\mathcal{D} = \{(\boldsymbol{x}_i, y_i) \in \mathbb{R}^d \times \{+1, -1\} \mid i = 1, 2, \ldots, n\} \tag{4.9}$$

を木の頂点の葉であるとみなし，次の手順で分類木を生成する．

Step 1. ある説明変数がしきい値 c より大きいか小さいかで 2 群を判別するとき，最もよく判別できる変数としきい値 c の組合せを探索する．j 番目の説明変数が選ばれたとすると，$x_j \leq c$, $x_j > c$ による判別を考える．すなわち，

$$\mathcal{D}_l = \{(\boldsymbol{x}_i, y_i) \in \mathbb{R}^d \times \{+1, -1\} \mid x_{ij} \leq c,\ i = 1, 2, \ldots, n\}, \tag{4.10}$$

$$\mathcal{D}_r = \{(\boldsymbol{x}_i, y_i) \in \mathbb{R}^d \times \{+1, -1\} \mid x_{ij} > c,\ i = 1, 2, \ldots, n\} \tag{4.11}$$

と $\mathcal{D}$ を左右に分割し，それぞれを 1 段目の葉に例える．これで決定木の頂点の葉と 1 段目の葉をむすび，2 本の枝を決める．もしこの Step 1 で 2 群に完全に分類できれば，すなわち $\mathcal{D}_l$ が $+1$ 群だけ，$\mathcal{D}_r$ が -1 群のデータだけ (あるいはその逆) からなっていれば，決定木の生成を終える．そうでなければ，Step 2 に進む．

Step 2. 集合 $\mathcal{D}_l$, $\mathcal{D}_r$ (葉) の少なくとも一方には $+1$ 群のデータ，および -1 群のデータが含まれている．$\mathcal{D}_l$ が $+1$ 群のデータ，および -1 群のデータが含まれているなら，教師データの部分集合 $\mathcal{D}_l \subset \mathcal{D}$ に最初のステップを適応し，$\mathcal{D}_l$ を最もよく判別できる説明変数としきい値を求める．それによる $\mathcal{D}_l$ の分割を $\mathcal{D}_{ll}$, $\mathcal{D}_{lr}$ とおき，2 段目の葉に例える．もし，$\mathcal{D}_{ll}$ が $+1$ 群か -1 群のデータだけからなり，かつ $\mathcal{D}_{lr}$ も同様であれば，$\mathcal{D}_l$ の分割は終了する．そうでなければ，Step 3 に進む．同様の考察を $\mathcal{D}_r$ にも行う．

Step 3. この手順を決められたステップ回数だけ繰り返す．生成の途中で得られた部分集合 (葉) がすべて $+1$ 群か -1 群のデータのみから構成されれば，分類木の生成を終了する．

分類木による 2 群の判別例を考えよう．図 4.5 は，説明変数が x_1, x_2 であり，青と赤で表された 2 群のサンプルがそれぞれ 11 点，10 点で与えられた教師データを表す．この教師データの説明変数にしきい値を与えたとき，2 群データを分離する．最もよく分離する変数およびしきい値を探索して，(x_1, a) が得られる．これにより $\mathcal{D}$ を $\mathcal{D}_l$ と $\mathcal{D}_r$ に分割する．つまり図 4.5 の長方形を $x_1 = a$ で右と左に分割し，$\mathcal{D}_l$ と $\mathcal{D}_r$ を得る．次に $\mathcal{D}_l$ に含まれる教師データを $x_2 = b$ で分割すると，2 群は完全に分離できる．また $\mathcal{D}_r$ も同様である．

図 4.6 は，図 4.5 を分割していくステップを樹形図で表している．教師データ全体 $\mathcal{D}$ が $x_1 = a$ で左右に分割され，それらが x_2 のしきい値 b, c で細分化されることを表している．

注 j 番目の変数に対応するしきい値 c の候補値として，観測値 x_{ij} $(i = 1, 2, \ldots, n)$ を小さい順に $x_{(1)j} \leq x_{(2)j} \leq \cdots \leq x_{(n)j}$ と並び替え，その高々 $n-1$ 個の中央の値 $\dfrac{x_{(1)j} + x_{(2)j}}{2}, \dfrac{x_{(2)j} + x_{(3)j}}{2}, \ldots, \dfrac{x_{(n-1)j} + x_{(n)j}}{2}$ とすればよい．これはスタンプ関数に基づくアダブーストの判別関数を生成するときと同じである．

注 分類木は多群の判別問題にも拡張が可能である．C 群の判別問題において，c 群に含まれる割合を $S = (p(1), p(2), \ldots, p(C))$ とおくと，その平均情報量 (エントロピー) を次で定義する

$$H(S) = -\sum_{c=1}^{C} p(c) \log p(c) \geq 0$$

ただし，$0 \log 0 = 0$ とおく．エントロピーは $p(1) = \cdots p(C) = \dfrac{1}{C}$ のとき，すなわち最も無秩序なときに最大値 $\log C$ をとる．また特定のクラスに集中しているとき，$H(1, 0, \ldots, 0) = -1 \log 1 - 0 \log 0 - \cdots - 0 \log 0 = 0$ と最小値 0 をとる．各ノードを $\mathcal{D}_l, \mathcal{D}_r$ と分割したとき，それぞれのノードでのクラス割合が S_l, S_r に変わったとする．そこで

$$|\mathcal{D}_l| H(S_l) + |\mathcal{D}_r| H(S_r)$$

を分割後の情報量とし，$H(S)$ より小さくなれば分割の効果ありと判定する．

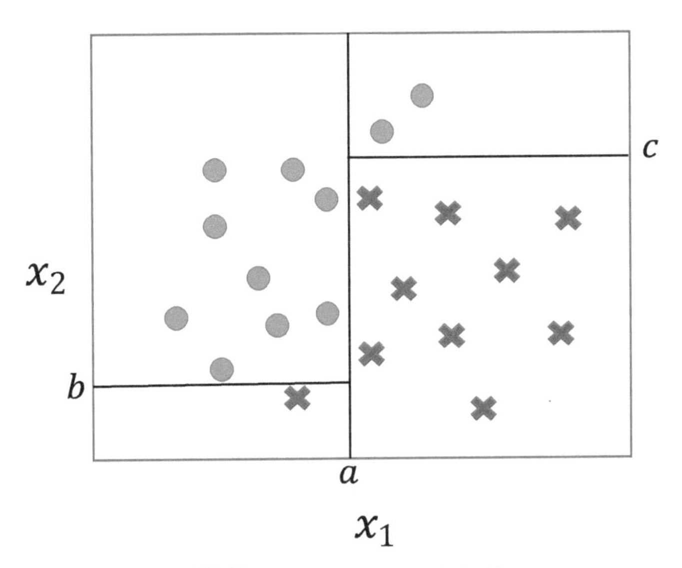

図 4.5　分類木による 2 群判別の例

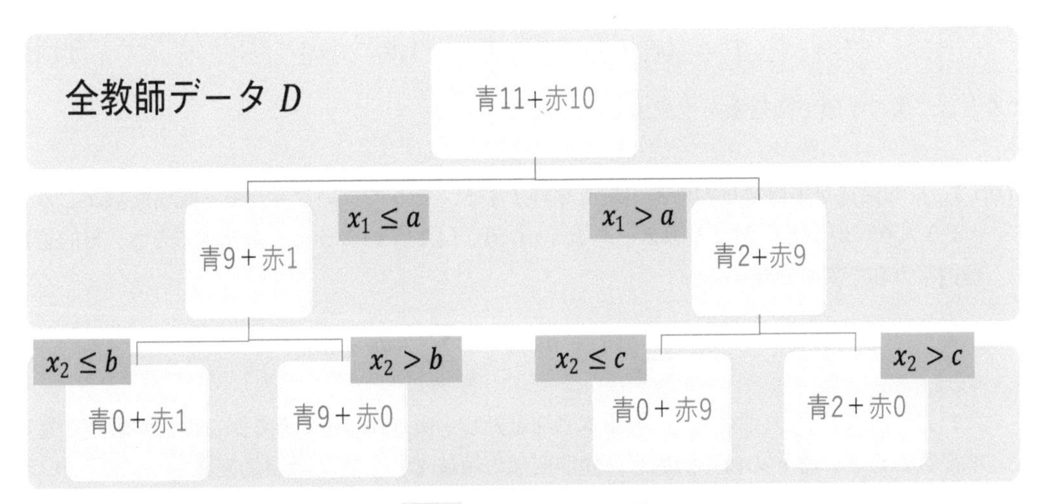

図 4.6　分類木のノードと枝

なおノードを分割する停止則には以下が考えられる.

- 木の深さの最大値.
- ノードに含まれるサンプルの最小数.
- 分割で得られる利得の下限.

一般に分類木の長所は以下の通りである.

- 大小判定と数え上げで決まる手法であるため，判別や予測が高速である.

- 判別基準が直感的にわかりやすい．
- 各変数の計測単位に依存しない (各変数の単調変換で不変)．
- 質的データや量的データが混在したデータに適応可能である．
- 外れ値の混入に対して頑健である．

一方，最初のステップで選ばれた変数が，その下のステップでの判別に直接的に影響するため，得られた分類木は教師データに大きく依存する．つまり柔軟な判別器とはいいがたい．またステップが進むと，教師データの小さい部分集合を対象とすることになる．そのため，どのステップで分割をやめるか (枝刈り，プルーニング) が汎化能力を上げるための重要な課題となる．一般に次のような分類木の短所が知られている．

- 教師データに過学習を引き起こしやすく，汎化能力は高くない．
- 各変数を個別に見ているため，変数間に強い関連がある場合の判別能力は高くない．

回帰木は説明変数の矩形上における階段関数として目的変数を予測する．目的変数が連続値をとる教師データを

$$\mathcal{D} = \{(\boldsymbol{x}_i, y_i) \in \mathbb{R}^d \times \mathbb{R} \mid i = 1, 2, \ldots, n\} \tag{4.12}$$

とするとき，次の手順で回帰木を生成する．

Step 1. 目的変数が定数なら回帰木の生成を終了する．そうでないなら，ある説明変数がしきい値 c より大きいか小さいかで教師データを式 (4.10), (4.11) のように 2 分割するとき，目的変数の群内平方和を次で定義する．

$$\sum_{j:x_{ij} \leq c} (y_j - m_l)^2 + \sum_{k:x_{ik} > c} (y_k - m_r)^2$$

ただし，m_l は $\mathcal{D}_l$ における y_i の標本平均を表し，m_r も同様である．この値が最小となる説明変数としきい値 c の値を探索し，説明変数の領域 $\mathcal{D}_l \subset \mathcal{D}$ では目的変数を m_l で，$\mathcal{D}_r$ では m_r で予測する．

Step 2. 集合 $\mathcal{D}_l$, $\mathcal{D}_r$ のそれぞれで目的変数が定数なら，回帰木の生成を終了する．$\mathcal{D}_l$ がそうでないとき，教師データの部分集合 $\mathcal{D}_l \subset \mathcal{D}$ に最初のステップを適応し，$\mathcal{D}_l$ を 2 つに分割したとき，群内平方和を最小にする説明変数としきい値を求める．それによる $\mathcal{D}_l$ の分割を $\mathcal{D}_{ll}$, $\mathcal{D}_{lr}$ とおく．もし，$\mathcal{D}_{ll}$ では目的変数が定数でないなら，$\mathcal{D}_{ll}$ の 2 分割を考える．$\mathcal{D}_{ll}$ では目的変数が定数なら，$\mathcal{D}_{lr}$ の 2 分割を考える．

Step 3. この手順を決められたステップ回数だけ繰り返す．生成の途中で得られた部分集合上で目的変数が定数となれば，部分集合での分割は行わない．

回帰木も分類木と同様の長所，短所を持つ．また得られた目的変数の予測式は説明変数の矩形上での階段関数であるため，連続関数としての予測ができない．

4.2.2　R による実行例

決定木 (分類木) によるワイン品種の判別分析の実行例を示す．

コード 4.2　決定木による実行例

```
## R package [rpart], [rpart.plot] を利用
library(rpart)
library(rpart.plot)

## 決定木 (分類木)
Tree = rpart(as.factor(grape) ~., data = wine.train)
rpart.plot(Tree)

## 教師データに対する判別結果
# 教師データを判別
tree.train = predict(Tree, type = "class")                # 教師データを判別
print(table(正答 = wine.train[, 1], 判別 = tree.train))    # 正誤表
tree.err.train = mean(wine.train[, 1] != tree.train)      # 誤判別確率
print(tree.err.train)

## テストデータに対する判別結果
# テストデータを判別
tree.test = predict(Tree, wine.test, type = "class")      # テストデータを判別
print(table(正答 = wine.test[, 1], 判別 = tree.test))      # 正誤表
tree.err.test = mean(wine.test[, 1] != tree.test)         # 誤判別確率
print(tree.err.test)

## コード 2.1で作成した格子点grid に対して判別を実行し，判別境界を作成
# 格子点に対して判別を実行
tree.area = as.integer(predict(Tree, grid, type = "class"))
par(mfrow = c(1, 2))          # プロット画面を 2分割

# 教師データの散布図
plot(grid, cex = 0.001, col = grey(0.3 + 0.2*tree.area), xlim = r1, ylim = r2)
par(new = TRUE)
plot(wine.train[, 2], wine.train[, 3], xlim = r1, ylim = r2,
     xlab = "", ylab = "", col = wine.train[, 1], pch = wine.train[, 1],
     main = paste0("Decision Tree (training; n1 = ", n1.train,
```

```
34                          ", n2 = ", n2.train, ", n3 = ", n3.train, ")\n",
35                          "error rate = ", signif(tree.err.train, 4)))
36  legend("topright", legend = paste0("grape", 1:3), col = 1:3, pch = 1:3)
37
38  # テストデータの散布図
39  plot(grid, cex = 0.001, col = grey(0.3 + 0.2*tree.area), xlim = r1, ylim = r2)
40  par(new = TRUE)
41  plot(wine.test[, 2], wine.test[, 3], xlim = r1, ylim = r2,
42       xlab = "", ylab = "", col = wine.test[, 1], pch = wine.test[, 1],
43       main = paste0("Decision Tree (test; n1 = ", n1.test,
44                          ", n2 = ", n2.test, ", n3 = ", n3.test, ")\n",
45                          "error rate = ", signif(tree.err.test, 4)))
46  legend("topright", legend = paste0("grape", 1:3), col = 1:3, pch = 1:3)
47
48  par(mfrow = c(1, 1))          # プロット画面の分割を解除
```

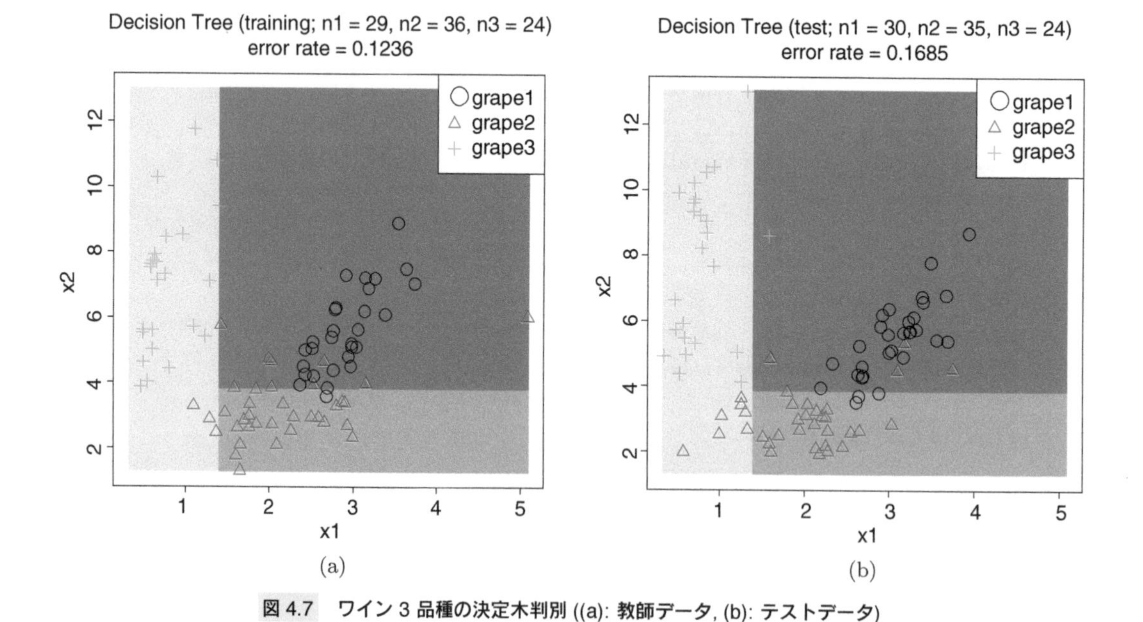

図 4.7　ワイン 3 品種の決定木判別 ((a): 教師データ, (b): テストデータ)

4.2.3　ランダムフォレストの定義

ランダムフォレストは決定木の生成やそれによる判別が容易であるという長所を生かしつつ，教師データへの過適合を避けて汎化能力を上げるために工夫された手法である．そのために，教師データ

からリサンプリング (下記 Step 1) により，できるだけ相関の小さい教師データをたくさん作成し，判別や回帰の能力を上げるための手法が数多く提唱されている．

a ランダムフォレストのアルゴリズム

説明変数が d 次元の n サンプルからなる教師データ $\mathcal{D}$ (4.12)，および次の自然数を準備する．m: ランダムに選びだすサンプルの数 $(m < n)$, B: Bagging (bootstrap aggregating) の回数, p: ランダムに選ぶ説明変数の数 $(p < d)$.

Step 1. $\mathcal{D}$ から m サンプルを復元を許してランダムに選び，B 組の教師データ $\mathcal{D}^{(b)}$ $(b = 1, 2, \ldots, B)$ を作成する．

Step 2. 教師データ $\mathcal{D}^{(b)}$ に基づき，各ノードごとにランダムに選んだ p 通りの説明変数で決定木を作る．

Step 3. Step 2 で得られた B 通りの決定木 $h^{(b)}(\boldsymbol{x})$ の多数決でサンプル $\boldsymbol{x}$ を判別する．回帰の場合は $\dfrac{1}{B}\displaystyle\sum_{b=1}^{B} h^{(b)}(\boldsymbol{x})$ で予測する．

b ランダムフォレストの特徴

ランダムフォレストは多くの実データで高精度である．特に目的変数についての非線形性の強いデータで能力を発揮する．その他の特徴として以下が挙げられる．

- 学習および予測それぞれで並列化可能.
- 判別や予測が高速.
- 教師データとして選ばれなかったサンプルを使って汎化誤差を推定することができる (交差検証法に相当).
- 判別 (回帰) の貢献度で説明変数を評価可能.

なおチューニングパラメータのうち，B はなるべく大きくとることが推奨される．また p として C 群の判別の場合は $\log_2 C$, 回帰の場合は $\dfrac{d}{3}$ が経験則から提唱されている．

4.2.4 R による実行例

ランダムフォレストによるワイン品種の判別分析の実行例を示す．

コード 4.3 ランダムフォレストによる実行例

```
1  ## R package [ranger] を利用
2  library(ranger)
3  
4  ## Random Forest を実行
5  RF = ranger(as.factor(grape) ~., data = wine.train)
6  
7  ## 教師データに対する判別結果
8  # 教師データを判別
9  rf.train = as.integer(predict(RF, data = wine.train)$prediction)
10 print(table(正答 = wine.train[, 1], 判別 = rf.train))     # 正誤表
11 rf.err.train = mean(wine.train[, 1] != rf.train)         # 誤判別確率
12 print(rf.err.train)
13 
14 ## テストデータに対する判別結果
15 # テストデータを判別
16 rf.test = as.integer(predict(RF, data = wine.test)$prediction)
17 print(table(正答 = wine.test[, 1], 判別 = rf.test))       # 正誤表
18 rf.err.test = mean(wine.test[, 1] != rf.test)            # 誤判別確率
19 print(rf.err.test)
20 
21 ## コード 2.1で作成した格子点grid に対して判別を実行し，判別境界を作成
22 # 格子点に対して判別を実行
23 rf.area = as.integer(predict(RF, grid)$prediction)
24 par(mfrow = c(1, 2)) # プロット画面を 2分割
25 
26 # 教師データの散布図
27 plot(grid, cex = 0.001, col = grey(0.3 + 0.2*rf.area),
28        xlim = r1, ylim = r2)
29 par(new = TRUE)
30 plot(wine.train[, 2], wine.train[, 3], xlim = r1, ylim = r2,
31        xlab = "", ylab = "", col = wine.train[, 1],
32        pch = wine.train[, 1],
33        main = paste0("Random Forest (training; n1 = ", n1.train,
34               ", n2 = ", n2.train, ", n3 = ", n3.train, ") \n",
35               "error rate = ", signif(rf.err.train, 4))
36        )
37 legend("topright", legend = paste0("grape", 1:3), col = 1:3, pch = 1:3)
38 
39 # テストデータの散布図
40 plot(grid, cex = 0.001, col = grey(0.3 + 0.2*rf.area),
```

```
41          xlim = r1, ylim = r2)
42  par(new = TRUE)
43  plot(wine.test[, 2], wine.test[, 3], xlim = r1, ylim = r2,
44          xlab = "", ylab = "", col = wine.test[, 1],
45          pch = wine.test[, 1],
46          main = paste0("Random Forest (test; n1 = ", n1.test,
47                  ", n2 = ", n2.test, ", n3 = ", n3.test, ") \n",
48                  "error rate = ", signif(rf.err.test, 4))
49          )
50  legend("topright", legend = paste0("grape", 1:3), col = 1:3, pch = 1:3)
51
52  par(mfrow = c(1, 1)) # プロット画面の分割を解除
```

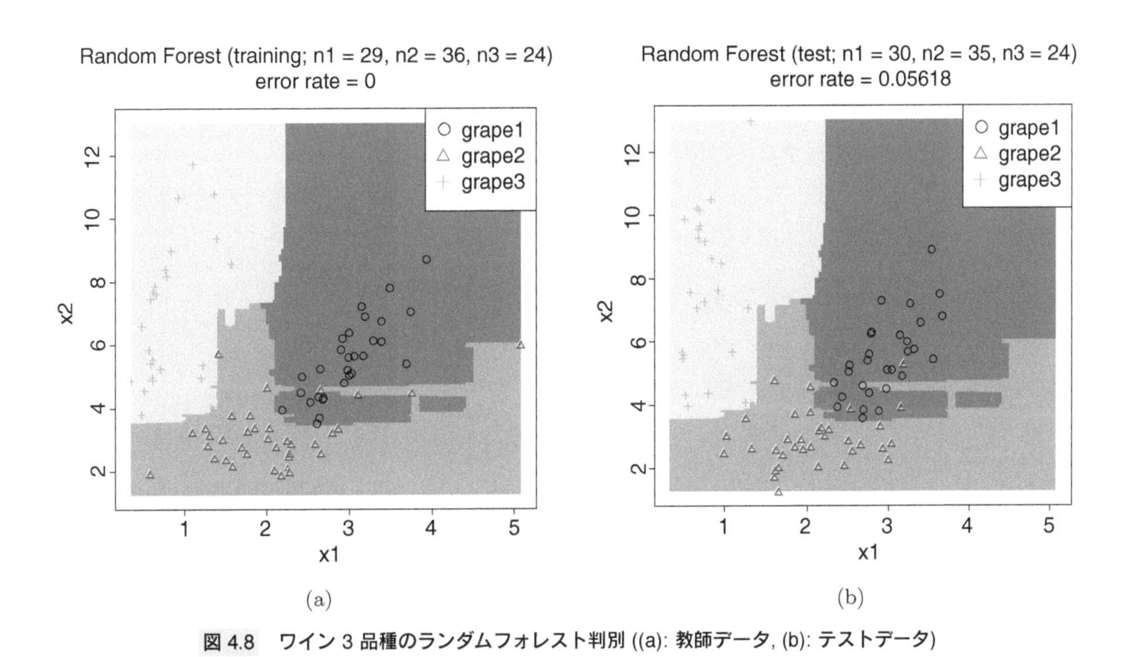

図 4.8　ワイン 3 品種のランダムフォレスト判別 ((a): 教師データ, (b): テストデータ)

➢ 4.3 アダブースト

機械学習のほかの判別手法である**アダブースト** (AdaBoost) を紹介する．この手法は個々は判別能力の低い関数 (**弱判別器**) に判別能力から得られる重みを付けて線形和を作り，それにより判別を行うアンサンブル学習の一種である．すなわち重み付き多数決原理を用いる「文殊の知恵」手法である．

4.3.1 アダブーストによる判別例

ラベルが $+1$ または -1 で与えられるときの 2 群判別の場合のアダブーストを例示してみよう．判別したい d 次元ベクトルを $\boldsymbol{x}$ とする．さて 3 つの関数 $g_1(\boldsymbol{x}), g_2(\boldsymbol{x}), g_3(\boldsymbol{x})$ はそれぞれ $+1$ か -1 の値しかとらない弱判別器であるとする．この 3 つの弱判別器の多数決で $\boldsymbol{x}$ を判別することは，$g_1(\boldsymbol{x}) + g_2(\boldsymbol{x}) + g_3(\boldsymbol{x})$ の符号 $\mathrm{sgn}\,(g_1(\boldsymbol{x}) + g_2(\boldsymbol{x}) + g_3(\boldsymbol{x}))$ で判別することと同値である．ただし符号関数は次で定義される．

$$\mathrm{sgn}(z) = \begin{cases} +1 & z \geq 0 \text{ のとき,} \\ -1 & z < 0 \text{ のとき.} \end{cases}$$

この多数決は 3 つの弱判別器が同等程度に信頼がおける場合には効果的に思える．しかし信頼度が異なる場合は，それに応じた重み β_i を付けた重み付き多数決

$$\mathrm{sgn}\,(\beta_1 g_1(\boldsymbol{x}) + \beta_2 g_2(\boldsymbol{x}) + \beta_3 g_3(\boldsymbol{x}))$$

を考えることができる．

それではどのように弱判別器への係数 β_i を決定したらよいのであろうか．そこでアダブーストによる係数の決定法について簡単な実行例を挙げてみよう．

g^1, g^2, g^3 がそれぞれ人間を表すとして，正解が $y_i \in \{+1, -1\}$ となる二者択一方式の問題 $\boldsymbol{x}_i$ を 3 人に 10 問 $(i = 1, 2, \ldots, 10)$ 出題したところ，次のような正誤表を得たとする．

問題	1	2	3	4	5	6	7	8	9	10
g^1	×	×	○	○	○	×	○	○	○	○
g^2	○	○	×	○	○	○	○	×	○	○
g^3	×	×	○	○	×	×	○	×	×	×

この場合は $g^1, g^2, -g^3$ の多数決原理に基づき $\mathrm{sgn}(g^1 + g^2 - g^3)$ と新しい判別器を作れば，問題 3 以外は全問正解できる判別器が得られることがわかる．なお $-g^3$ は g^3 と反対の答えを返す天の邪鬼な弱判別器である．ここではアダブーストを忠実に実行して 3 人の答えの重み付き和を作ってみよう．

Step 0. 弱判別器の集合を $\mathcal{F} = \{\pm g^1, \pm g^2, \pm g^3\}$ とする．また 10 問ある問題の重みを $\omega_i^{(1)} = \dfrac{1}{10}$ $(\forall i = 1, 2, \cdots, 10)$ と初期化する．

Step 1. 各 $f \in \mathcal{F}$ に対して，誤判別確率 $\varepsilon_1(f)$ を計算する．

$$\varepsilon_1(f) = \sum_{i=1}^{10} \omega_i^{(1)} I(y_i f(\boldsymbol{x}_i) = -1) = \frac{f \text{ の誤判別数}}{10}.$$

実際の値は次の通りである．

$$(\varepsilon_1(g^1),\ \varepsilon_1(-g^1),\ \varepsilon_1(g^2),\ \varepsilon_1(-g^2),\ \varepsilon_1(g^3),\ \varepsilon_1(-g^3)) = \frac{1}{10}(3,\ 7,\ 2,\ 8,\ 7,\ 3).$$

したがって，最小誤判別確率 2/10 を与える弱判別器を f_1 とすると

$$f_1 \equiv \mathrm{argmin}_{f\in\mathcal{F}}\ \varepsilon_1(f) = g^2$$

となる．なお f_1 にかかる係数 β_1 は誤判別確率の対数オッズ比を用いて，

$$\beta_1 \equiv \frac{1}{2}\log\frac{1-\varepsilon_1(f_1)}{\varepsilon_1(f_1)} = \frac{1}{2}\log\frac{8/10}{2/10} = \log 2 > 0$$

で定義される．そして 10 問の重みを以下のように更新する．まず，

$$\tilde{\omega}_i^{(2)} = \omega_i^{(1)}\exp\{-y_i\beta_1 f_1(\boldsymbol{x}_i)\} = \frac{1}{10}\exp\{-y_i\beta_1 f_1(\boldsymbol{x}_i)\},\quad \forall i = 1, 2, \ldots, 10$$

により暫定的に重みベクトル $\tilde{\boldsymbol{\omega}}^{(2)}$ を求めると，

$$\tilde{\boldsymbol{\omega}}^{(2)} = \frac{1}{20}(1,\ 1,\ 4,\ 1,\ 1,\ 1,\ 1,\ 4,\ 1,\ 1)$$

となる．次に $\tilde{\boldsymbol{\omega}}^{(2)}$ の重みの合計 $\frac{16}{20}$ で $\tilde{\boldsymbol{\omega}}^{(2)}$ を割ることにより，基準化された次の重みベクトル $\boldsymbol{\omega}^{(2)}$ を得る．

$$\boldsymbol{\omega}^{(2)} = \frac{1}{16}(1,\ 1,\ 4,\ 1,\ 1,\ 1,\ 1,\ 4,\ 1,\ 1).$$

Step 2. データの重みベクトル $\boldsymbol{\omega}^{(2)}$ に基づく弱判別器 $f \in \mathcal{F}$ の誤判別確率を $\varepsilon_2(f) = \sum_{i=1}^{10}\omega_i^{(2)} I(y_i f(x_i) = -1)$ と定義すると，具体例では次の数値となる．

$$(\varepsilon_2(g^1),\ \varepsilon_2(-g^1),\ \varepsilon_2(g^2),\ \varepsilon_2(-g^2),\ \varepsilon_2(g^3),\ \varepsilon_2(-g^3)) = \frac{1}{16}(3,\ 13,\ 8,\ 8,\ 10,\ 6).$$

そこで，最小の誤判別確率 3/16 を与える弱判別器 g^1 を f_2 とおく．f_2 の係数 β_2 も更新された誤判別確率の対数オッズ比で定義する．

$$\beta_2 = \frac{1}{2}\log\frac{1-\varepsilon_2(f_2)}{\varepsilon_2(f_2)} = \frac{1}{2}\log\frac{13}{3}.$$

さらに，$\tilde{\omega}_i^{(3)} = \omega_i^{(2)}\exp\{-y_i\beta_2 f_2(\boldsymbol{x}_i)\}$ により暫定的な重みベクトル $\tilde{\boldsymbol{\omega}}^{(3)}$ を求めると，

$$\tilde{\boldsymbol{\omega}}^{(3)} = \frac{1}{16}\sqrt{\frac{3}{13}}\left(\frac{13}{3},\ \frac{13}{3},\ 4,\ 1,\ 1,\ \frac{13}{3},\ 1,\ 4,\ 1,\ 1\right)$$

となる．これを基準化して次の重みを得る．

$$\boldsymbol{\omega}^{(3)} = \frac{1}{26}\left(\frac{13}{3},\ \frac{13}{3},\ 4,\ 1,\ 1,\ \frac{13}{3},\ 1,\ 4,\ 1,\ 1\right).$$

Step 3. 重みベクトル $\boldsymbol{\omega}^{(3)}$ に基づく誤判別確率 $\varepsilon_3(f)$ を求め，最小値を与える弱判別器を選ぶ．

$$\varepsilon_3(f)=\sum_{i=1}^{10}\omega_i^{(3)}I(y_if(x_i)=-1),\quad f_3=\mathrm{argmin}_{f\in\mathcal{F}}\,\varepsilon_3(f).$$

具体例では誤判別確率は下記の通りとなる．

$$(\varepsilon_3(g^1),\ \varepsilon_3(-g^1),\ \varepsilon_3(g^2),\ \varepsilon_3(-g^2),\ \varepsilon_3(g^3),\ \varepsilon_3(-g^3))=\left(\frac{1}{2},\ \frac{1}{2},\ \frac{4}{13},\ \frac{9}{13},\ \frac{10}{13},\ \frac{3}{13}\right).$$

したがって，最小値を与える弱判別器は $f_3=-g^3$ となる．f_3 の係数 β_3 は次で定義する．

$$\beta_3=\frac{1}{2}\log\frac{1-\varepsilon_3(f_3)}{\varepsilon_3(f_3)}=\frac{1}{2}\log\frac{10}{3}.$$

Step 4. ここまでの段階で得られた判別器は次で与えられる．

$$\begin{aligned}F(\boldsymbol{x})&=(\log 2)f_1(\boldsymbol{x})+\frac{1}{2}\left(\log\frac{13}{3}\right)f_2(\boldsymbol{x})+\frac{1}{2}\left(\log\frac{10}{3}\right)f_3(\boldsymbol{x})\\&=0.6931g^2(\boldsymbol{x})+0.7332g^1(\boldsymbol{x})-0.6020g^3(\boldsymbol{x})\end{aligned}$$

$F(\boldsymbol{x})$ の符号により，与えられている 10 問を解くと下記の成績が得られる．

問題	1	2	3	4	5	6	7	8	9	10
$F(x)$	○	○	×	○	○	○	○	○	○	○

注 Step 1 で定義された重みベクトル $\boldsymbol{\omega}^{(2)}$ を見ると，$f_1=g^2$ が間違えた問題 3, 8 の重みが上がっているのがわかる．また f_1 が間違えた問題の重み $\omega_i^{(2)}$ の合計は $4/16+4/16=1/2$ となる．

注 Step 2 で求めた $\tilde{\omega}^{(3)}$ で，弱判別器 $f_1=g^2, f_2=g^1$ の少なくとも一方が間違えた問題 1, 2, 3, 6, 8 に対する重みが大きくなっていることに注意せよ．また f_2 が間違えた問題 1, 2, 6 に対する重み $\omega_i^{(3)}$ の合計は 1/2 となる．

注 $\varepsilon_t(-f)=1-\varepsilon_t(f),\ t=1,2,3; f\in\mathcal{F}$ が成立する．

注 $F(\boldsymbol{x})$ にさらに弱判別器を追加していくことも可能である．

4.3.2 アダブーストと指数損失

前節で述べたアダブーストのアルゴリズムは，ある判別器を改良したいとき，その判別器が間違えた問題を解ける弱判別器を探す方式となっていた．この手順は合理的あるいは人間的であるといっていい．この一見複雑なアダブーストのアルゴリズムはどのようにして得られたものであろうか．その答えは誤判別を評価する損失関数にある．以下にアダブーストが指数損失の逐次最小化から得られることを示していく．

クラスラベルが ± 1 の 2 群判別問題で，次の教師データが与えられているとする．

$$\mathcal{D} = \{(\boldsymbol{x}_i, y_i) \in \mathbb{R}^d \times \{+1, -1\} \mid i = 1, 2, \ldots, n\}.$$

また ± 1 の値しかとらない弱判別器 $f(\boldsymbol{x})$ の集合を $\mathcal{F}$ とおく．

$$\mathcal{F} = \{f : \mathbb{R}^d \longrightarrow \{+1, -1\}\}.$$

なお $f \in \mathcal{F}$ なら $-f \in \mathcal{F}$ が成立しているとする．また $\mathcal{F}$ に含まれるどの判別器も，教師データ $\mathcal{D}$ を完全に判別できないと仮定する．

一般に特徴ベクトル $\boldsymbol{x}$ を判別関数 $F(\boldsymbol{x})$ の符号で $+1$ あるいは -1 のクラスに判別するとき，教師データ $\mathcal{D}$ で F を次の**経験リスク**で評価する．

$$R_{\mathrm{emp}}(F) = \frac{1}{n} \sum_{i=1}^{n} \exp[-y_i F(\boldsymbol{x}_i)].$$

この値が小さい F がよい判別器であると定義する．

ここで真のラベルが y のテストベクトル $\boldsymbol{x}$ を $F(\boldsymbol{x})$ の符号で判別したときの指数損失関数 $\exp(-yF(\boldsymbol{x}))$ は次のように解釈できる．$|F(\boldsymbol{x})|$ は判別器 F がベクトル $\boldsymbol{x}$ を判別したときの自信の程度を表している．判別器が $\boldsymbol{x}$ を自信がなく判別してそれが誤判別だったとき，すなわち $-yF(\boldsymbol{x})$ が小さい正の数だったとき，指数損失 $\exp(-yF(\boldsymbol{x}))$ はほぼ 1 に等しいが，自信を持って判別したのに間違えたとき，すなわち $-yF(\boldsymbol{x})$ が大きな正の数のとき，指数損失 $\exp(-yF(\boldsymbol{x}))$ を大きい値で定義する．

4.3.3　指数損失の最小化

アダブーストのアルゴリズムは経験リスク $R_{\mathrm{emp}}(F)$ を逐次的に小さくしていることを示していこう．まず $\mathcal{F}$ に含まれる弱判別器の一次結合 $F = \sum_{s=1}^{t} \beta_s f_s$ で定義される判別器が与えられたとする．そこで F を $F + \beta f$ $(\beta \in \mathbb{R}, f \in \mathcal{F})$ と更新して経験リスクを小さくする弱判別器 f とその係数 β を求めよう．

$$w_i = \exp[-y_i F(\boldsymbol{x}_i)], \quad \forall i = 1, 2, \ldots, n$$

とおくと，次の等式を得る．

$$R_{\mathrm{emp}}(F + \beta f) = \frac{1}{n} \sum_{i=1}^{n} \exp[-y_i (F(\boldsymbol{x}_i) + \beta f(\boldsymbol{x}_i))]$$

$$= \frac{1}{n} \left\{ \sum_{y_i f(\boldsymbol{x}_i)=1} w_i e^{-\beta} + \sum_{y_j f(\boldsymbol{x}_j)=-1} w_j e^{\beta} \right\}.$$

ここで判別器の集合 $\mathcal{F}$ についての仮定より $\{i \mid y_i f(\boldsymbol{x}_i) = 1\}$, $\{j \mid y_j f(\boldsymbol{x}_j) = -1\}$ がともに空集合でないので，相加平均と相乗平均との関係から次を得る．

$$R_{\mathrm{emp}}(F + \beta f) \geq \frac{2}{n} \sqrt{\left(\sum_{y_i f(\boldsymbol{x}_i)=1} w_i \right) \left(\sum_{y_j f(\boldsymbol{x}_j)=-1} w_j \right)}. \tag{4.13}$$

したがって判別器 F と弱判別器 f を与えたとき，β に関する $R_{\mathrm{emp}}(F + \beta f)$ の最小値は

$$\sum_{y_i f(\boldsymbol{x}_i)=1} w_i e^{-\beta} = \sum_{y_j f(\boldsymbol{x}_j)=-1} w_j e^{\beta} \tag{4.14}$$

が成立するときに与えられる．すなわち，$\boldsymbol{\beta}$ が

$$\beta_F(f) = \frac{1}{2} \log \left[\sum_{y_i f(\boldsymbol{x}_i)=1} w_i \Big/ \sum_{y_j f(\boldsymbol{x}_j)=-1} w_j \right].$$

となるときである．ここで

$$\varepsilon_F(f) = \sum_{y_j f(\boldsymbol{x}_j)=-1} w_j \Big/ \left\{ \sum_{y_i f(\boldsymbol{x}_i)=1} w_i + \sum_{y_j f(\boldsymbol{x}_j)=-1} w_j \right\} \tag{4.15}$$

により f が間違えたデータ全体の重みの相対割合を定義すると，係数 $\beta_F(f)$ に対し次の表現も可能である．

$$\beta_F(f) = \frac{1}{2} \log \frac{1 - \varepsilon_F(f)}{\varepsilon_F(f)}. \tag{4.16}$$

つまり判別器 F が固定されているとき，任意の弱判別器 f に対して経験リスク $R_{\mathrm{emp}}(F + \beta f)$ を最小にする定数 β が式 (4.16) という簡単な形で求められることがわかった．

それでは 弱判別器 f はどのように選べばよいのだろうか．$\beta_F(f)$ の選び方，および式 (4.13), (4.16) より

$$R_{\mathrm{emp}}(F + \beta_F(f) f) = \frac{2}{n} \left(\sum_{i=1}^{n} w_i \right) \sqrt{\varepsilon_F(f)\{1 - \varepsilon_F(f)\}}$$

が成立する．そのため $\varepsilon_F(f) < \varepsilon_F(f^*) \leq 1/2$ を満たす任意の弱判別器 f, f^* に対して，

$$R_{\mathrm{emp}}(F + \beta_F(f) f) \leq R_{\mathrm{emp}}(F + \beta_F(f^*) f^*)$$

が成立する．よって判別器 F が与えられたとき $R_{\mathrm{emp}}(F + \beta f)$ を係数 $\beta \in \mathbb{R}$ および弱判別器 $f \in \mathcal{F}$

に関して最小にするには，a) $\varepsilon_F(f)$ を最小にする $f \in \mathcal{F}$ を求め，b) $\beta = \beta_F(f)$ と定めればよいことがわかった．

なお，データの重みを

$$w_i^* = w_i \exp\{-\beta_F(f) y_i f(\boldsymbol{x}_i)\},\ i = 1, 2, \ldots, n$$

と変更すると，式 (4.14)〜(4.16) が成り立っているため，更新した後の重みによる誤判別確率 $\varepsilon_F^*(f)$ は次で与えられる．

$$\begin{aligned}
\varepsilon_F^*(f) &= \frac{\displaystyle\sum_{y_j f(\boldsymbol{x}_j)=-1} w_j^*}{\displaystyle\sum_{y_i f(\boldsymbol{x}_i)=1} w_i^* + \sum_{y_j f(\boldsymbol{x}_j)=-1} w_j^*} \\
&= \frac{\displaystyle\sum_{y_j f(\boldsymbol{x}_j)=-1} w_j \sqrt{\frac{1-\varepsilon_F(f)}{\varepsilon_F(f)}}}{\displaystyle\sum_{y_i f(\boldsymbol{x}_i)=1} w_i \sqrt{\frac{\varepsilon_F(f)}{1-\varepsilon_F(f)}} + \sum_{y_j f(\boldsymbol{x}_j)=-1} w_j \sqrt{\frac{1-\varepsilon_F(f)}{\varepsilon_F(f)}}} \\
&= \frac{\displaystyle\sum_{y_j f(\boldsymbol{x}_j)=-1} w_j \{1-\varepsilon_F(f)\}}{\displaystyle\sum_{y_i f(\boldsymbol{x}_i)=1} w_i \cdot \varepsilon_F(f) + \sum_{y_j f(\boldsymbol{x}_j)=-1} w_j \{1-\varepsilon_F(f)\}} \\
&= \frac{1}{2}.
\end{aligned}$$

このことは $F + \beta_F(f) f$ と判別器を更新した後の重みでは，f の誤判別確率が 1/2 となる最悪の弱判別器であることを意味する．よって連続したステップで同じ弱判別器が選ばれないことがわかる．なお数回先のステップで同じ判別器が選ばれることはもちろんありうる．

以上の準備から，次で示されるアダブーストは指数関数で定義された経験リクスを小さくするように逐次的に弱学習器の線形結合 $F = \sum_{s=1}^{T} \beta_s f_s$ を選ぶ手順となっていることがわかる．

4.3.4 アダブーストのアルゴリズムと弱判別器

4.3.1 節で示したアダブーストのアルゴリズムを一般の 2 群判別問題で与える．まずクラスラベルを $\{+1, -1\}$ とし，教師データの集合を $\{(\boldsymbol{x}_i, y_i) \in \mathbb{R}^d \times \{+1, -1\} \mid i = 1, 2, \ldots, n\}$，弱判別器の集合を $\mathcal{F} = \{f : \mathbb{R}^d \to \{+1, -1\}\}$ とする．以下がアダブーストのアルゴリズムである．

Step 0. 教師データの重みを初期化する．

$$\omega_i^{(1)} = \frac{1}{n},\quad i = 1, 2, \ldots, n$$

Step t**.** $t = 1, 2, \ldots, T$ まで繰り返す．

$$\varepsilon_t(f) = \sum_{i=1}^{n} \omega_i^{(t)} I(y_i f(\boldsymbol{x}_i) = -1),\ f \in \mathcal{F} : \text{誤判別確率の計算}$$

$$f_t = \operatorname{argmin}_{f \in \mathcal{F}}\ \varepsilon_t(f) : \text{最小誤判別確率を与える判別器の選択}$$

$$\beta_t = \frac{1}{2} \log \frac{1 - \varepsilon_t(f_t)}{\varepsilon_t(f_t)} > 0 : \text{その係数の決定}$$

$$\tilde{\omega}_i^{(t+1)} = \omega_i^{(t)} \exp\left[-y_i \beta_t f_t(\boldsymbol{x}_i)\right]\ \ (i = 1, 2, \ldots, n) : \text{重みの再計算}$$

$$\boldsymbol{\omega}^{(t+1)} = \tilde{\boldsymbol{\omega}}^{(t+1)} \Big/ \sum_{i=1}^{n} \tilde{\omega}_i^{(t+1)} : \text{重みベクトルの基準化}$$

Step $T+1$**.** $\boldsymbol{x}$ を $F_T(\boldsymbol{x}) = \sum_{t=1}^{T} \beta_t f_t(\boldsymbol{x})$ の符号で判別する判別器を得る．

注 弱判別器の数 T の決定法は重要である．小さい T では貧弱な判別器しか得られない．アダブーストもサポートベクターマシンほどではないが過学習の傾向があるため，大きすぎる T もテストデータに対する判別性能を劣化させる．そのため教師データを判別器生成用と性能評価用に分けて，最適な T を選ぶ手法が考えられている．

注 $\varepsilon_1(f) = 0$ となる弱判別器 $f \in \mathcal{F}$ が存在すれば，アダブーストのアルゴリズムは f を選んで終了する．どの弱判別器も完全判別が不可能な場合，アダブーストのアルゴリズムは F_t が教師データを完全に判別できるようになった後でも弱判別器を次々と結合していくことはできる．

注 判別器の集合 $\mathcal{F}$ をいかに選ぶかも判別性能に大きくかかわってくる．次で紹介するスタンプ関数は常に利用できる弱判別器ではあるが，高性能とはいえない．判別する対象に特化した弱判別器を利用することもある．なお，集合 $\mathcal{F}$ はステップ t ごとに異なってもよい $(\mathcal{F} = \mathcal{F}_t)$．

アダブーストは弱判別器の線形結合により強力な判別器を構成していく方法である．そこではどの場面でも使える判別器として，次の 2 分岐型のスタンプ関数が使われることが多い．

$$s(\boldsymbol{x}; k, c) = \pm \operatorname{sgn}(x_k - c);\quad k = 1, 2, \ldots, d;\ c \in \mathbb{R}.$$

すなわち，$\boldsymbol{x}$ の k 番目の変数 x_k がしきい値 c を越えるか越えないかでクラスラベル ± 1 を決定する関数である (図 4.9)．しきい値 c の候補として，教師データ $\boldsymbol{x}_i$ の順序統計量を利用する．すなわち，$x_{1k}, x_{2k}, \ldots, x_{nk}$ を小さい順に並び替えた順序統計量 $x_{(1)k} \leqq x_{(2)k} \leqq \cdots \leqq x_{(n)k}$ により，しきい値 c として $(x_{(1)k} + x_{(2)k})/2, (x_{(2)k} + x_{(3)k})/2, \cdots, (x_{(n-1)k} + x_{(n)k})/2$ を考えればよい．そのため弱判別器としては $\pm$ の符号をいれても高々 $2d(n-1)$ 通りを考えれば十分である．

図 4.10 は平面内の 2 群の教師データ (a) をスタンプ関数で判別した領域 (b) である．$T = 100$ 個のスタンプ関数の線形結合での判別結果である．それぞれの変数の大小だけを見ているため，判別境界は垂直あるいは水平の線分で構成されている．

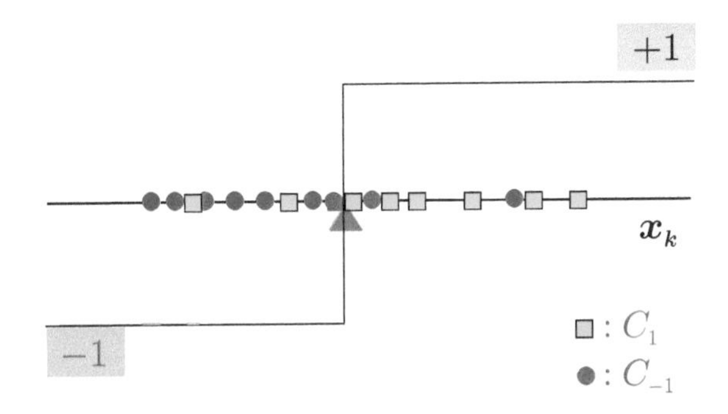

図 4.9　弱判別器の例: スタンプ関数

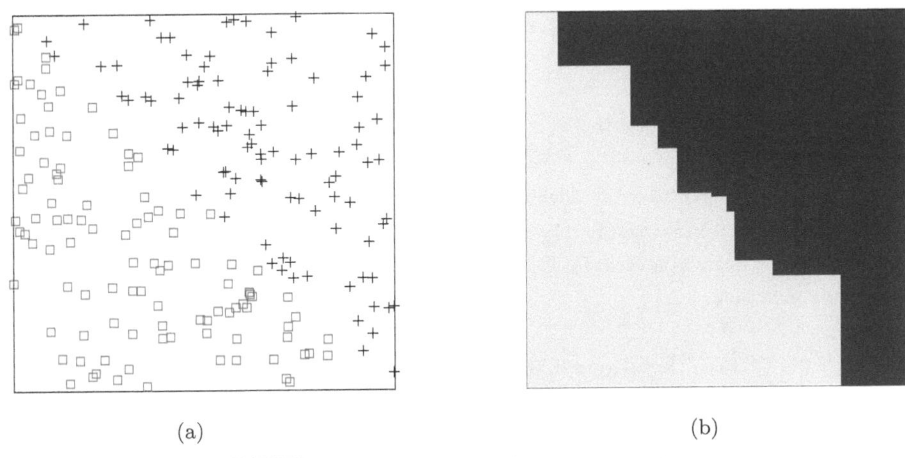

図 4.10　教師データとスタンプ関数による判別境界

図 4.10 よりスタンプ関数だけでは柔軟な判別境界が得られないことがわかる．そこで特徴ベクトルから任意に選んだ基準化された変数 x_u, x_v に対し，区間 $[-1,\ 1]$ 上の一様分布に従う確率変数 c_1, c_2 で重みを付けた変数 $c_1x_u + c_2x_v$ を合成し，合成変数に対するスタンプ (ランダムスタンプ) が提案されている．

4.3.5　R による実行例

アダブーストによるワイン品種の判別分析の実行例を示す．

コード 4.4　アダブーストによる実行例

```
1  ## R package [adabag] を利用
2  install.packages("adabag")
```

```
3   library(adabag)
4
5   ## adabag の boosting()関数により多群AdaBoost を実行
6   # boosting()関数ではクラスラベルがfactor 型である必要があるため
7   # 型変換してから実行
8   wine.Train = wine.train; wine.Train[, 1] = as.factor(wine.Train[, 1])
9   AdaBoost = boosting(grape ~ ., data = wine.Train)
10
11  ## 教師データに対する判別結果
12  # 教師データを判別
13  ada.train = as.integer(predict(AdaBoost, wine.train)$class)
14  print(table(正答 = wine.train[, 1], 判別 = ada.train))   # 正誤表
15  ada.err.train = mean(wine.train[, 1] != ada.train)       # 誤判別確率
16  print(ada.err.train)
17
18  ## テストデータに対する判別結果
19  # テストデータを判別
20  ada.test = as.integer(predict(AdaBoost, wine.test)$class)
21  print(table(正答 = wine.test[, 1], 判別 = ada.test))     # 正誤表
22  ada.err.test = mean(wine.test[, 1] != ada.test)          # 誤判別確率
23  print(ada.err.test)
24
25  ## コード 2.1で作成した格子点grid に対して判別を実行し，判別境界を作成
26  # 格子点に対して判別を実行
27  ada.area = as.integer(predict(AdaBoost, grid)$class)
28  par(mfrow = c(1, 2)) # プロット画面を 2分割
29
30  # 教師データの散布図
31  plot(grid, cex = 0.001, col = grey(0.3 + 0.2*ada.area),
32         xlim = r1, ylim = r2)
33  par(new = TRUE)
34  plot(wine.train[, 2], wine.train[, 3], xlim = r1, ylim = r2,
35         xlab = "", ylab = "", col = wine.train[, 1],
36         pch = wine.train[, 1],
37         main = paste0("AdaBoost (training; n1 = ", n1.train,
38                 ", n2 = ", n2.train, ", n3 = ", n3.train, ") \n",
39                  "error rate = ", signif(ada.err.train, 4))
40         )
41  legend("topright", legend = paste0("grape", 1:3), col = 1:3, pch = 1:3)
42
43  # テストデータの散布図
44  plot(grid, cex = 0.001, col = grey(0.3 + 0.2*ada.area),
45         xlim = r1, ylim = r2)
```

```
46  par(new = TRUE)
47  plot(wine.test[, 2], wine.test[, 3], xlim = r1, ylim = r2,
48         xlab = "", ylab = "", col = wine.test[, 1],
49         pch = wine.test[, 1],
50         main = paste0("AdaBoost (test; n1 = ", n1.test,
51                ", n2 = ", n2.test, ", n3 = ", n3.test, ") \n",
52                "error rate = ", signif(ada.err.test, 4))
53         )
54  legend("topright", legend = paste0("grape", 1:3), col = 1:3, pch = 1:3)
55
56  par(mfrow = c(1, 1)) # プロット画面の分割を解除
```

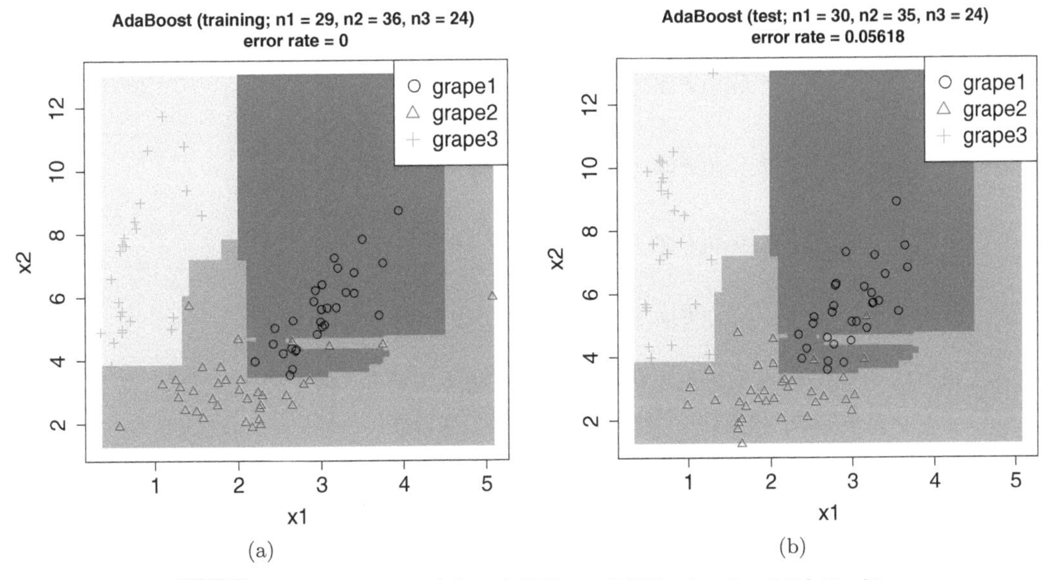

(a)　(b)

図 4.11　ワイン 3 品種のアダブースト判別 ((a): 教師データ，(b): テストデータ)

4.3.6 誤判別に対する種々の損失関数

ここでクラスラベルが ± 1 の 2 群判別における判別器 $F(\boldsymbol{x})$ の誤判別の評価基準について考えてみよう．特徴ベクトル $\boldsymbol{x}$ は $\mathrm{sgn}(F(\boldsymbol{x}))$ で判別されるため，真のラベルを y とすれば $yF(\boldsymbol{x})$ が負なら誤判別となる．そこで $yF(\boldsymbol{x})$ の減少関数として誤判別の損失 (ロス) が定義できる．判別が正しいか否かだけに注目するのが通常の 0-1 損失であり，一方 $|F(x)|$ にも注目すると，サポートベクターマシンでのヒンジ損失，アダブーストでの指数損失，ロジット判別での損失が次のように定義される．

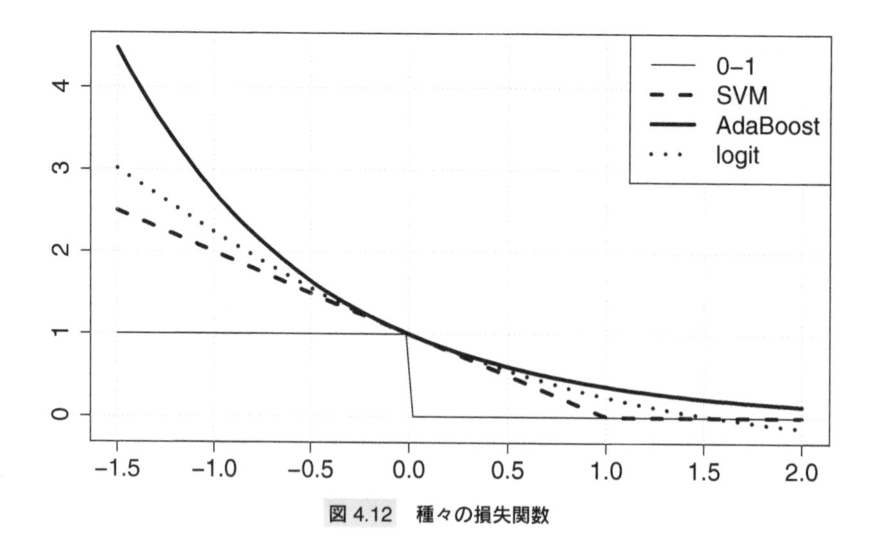

図 4.12　種々の損失関数

$$L_{0\text{-}1}(F|\boldsymbol{x}, y) = \frac{1 - \mathrm{sgn}(yF(\boldsymbol{x}))}{2},$$

$$L_{\mathrm{SVM}}(F|\boldsymbol{x}, y) = (1 - yF(\boldsymbol{x}))I(yF(\boldsymbol{x}) < 1)),$$

$$L_{\exp}(F|\boldsymbol{x}, y) = \exp\{-yF(\boldsymbol{x})\},$$

$$L_{\mathrm{logit}}(F|\boldsymbol{x}, y) = \log\Big[1 + \exp\{-yF(\boldsymbol{x})\}\Big].$$

ロジット損失はベルヌーイ分布の負の対数尤度から得られている．図 4.12 に損失関数のグラフを示す [*1]．このグラフから 0-1 損失以外の損失が共通に持つ次の性質がわかる．

(1) 0-1 損失の上側からの評価
(2) 凸関数

なお，損失関数が微分可能であることは，本質的ではない．

4.3.7　経験リスクの最小化

特徴ベクトルとそのラベルの n 組からなる教師データ集合 $\mathcal{D}$ が与えられたとき，判別関数 $F(\boldsymbol{x})$ の損失を $\mathcal{D}$ で評価したものが次の経験リスクである．

$$R_{\mathrm{emp}}(F) = \frac{1}{n}\sum_{i=1}^{n} L(F \mid \boldsymbol{x}_i, y_i). \tag{4.17}$$

ここで，損失関数 L は 前節で定義した損失関数を含む一般形である．判別関数は次のようにして得

[*1] L_{logit} は点 (0,1) を通りそこでの傾きが -1 となるよう変換してある．

られる．

第 1 ステップで $R_{\mathrm{emp}}(\beta f)$ が最小となる弱判別器とその係数 $f = f_1, \beta = \beta_1$ を決定し，第 2 ステップで $R_{\mathrm{emp}}(\beta_1 f_1 + \beta f)$ を最小とする $f = f_2, \beta = \beta_2$ を決定する．このステップを T 回繰り返して，判別器

$$F_T(\boldsymbol{x}) = \sum_{t=1}^{T} \beta_t f_t(\boldsymbol{x})$$

を構成する．

指数損失 L_{exp} を使えば，β の値が一意に定まるが，0-1 損失 $L_{0\text{-}1}$ では一意には定まらない．またロジット損失では β を逐次的に推定する必要がある．ロジットリスクを最小化する判別器を求める手法をロジットブーストと呼ぶ．

アダブーストの場合，経験リスクは n が大きくなると，$(\boldsymbol{X}, Y)$ の同時分布による真のリスク $R(F)$ に近づく．またその下限は次で与えられる．

$$\begin{aligned}
R(F) &= \mathrm{E}\left[\exp\{-YF(\boldsymbol{X})\}\right] \\
&= \mathrm{E}\left[\mathrm{P}(Y = 1 \mid \boldsymbol{X})e^{-F(\boldsymbol{X})} + \mathrm{P}(Y = -1 \mid \boldsymbol{X})e^{F(\boldsymbol{X})}\right] \\
&\geq \mathrm{E}\left[2\sqrt{\mathrm{P}(Y = 1 \mid \boldsymbol{X})\mathrm{P}(Y = -1 \mid \boldsymbol{X})}\right].
\end{aligned}$$

よって，$\boldsymbol{X} = \boldsymbol{x}$ を観測したとき，$F(\boldsymbol{x})$ を対数オッズ比 $F(\boldsymbol{x}) = \frac{1}{2}\log\left\{\frac{\mathrm{P}(Y=1|\boldsymbol{x})}{\mathrm{P}(Y=-1|\boldsymbol{x})}\right\}$ で定義するとリスクが最小となる．すなわち，アダブーストは対数オッズ比を弱判別器の線形結合で近似していることになる．

指数損失は 0-1 損失の上限であるため，$R_{\mathrm{emp}}(F)$ は見かけの誤判別確率の上界となる．そのため指数損失による経験リスクを小さくすることは誤判別確率を小さくすることも意味する．一般に判別器の数 T が大きくなると，教師データのリスク $R_{\mathrm{emp}}(F_T)$ は単調に小さくなる．よって見かけの誤判別確率も小さくなる．しかし，T が大きくなりすぎると過学習によりテストデータのリスクは増加に転じる．そのため，適切な T の選択が問題となる．また，弱学習器の種類の選択も重要である．

4.3.8 アダブーストのまとめ

ブースティングは弱判別器の重み付き多数決により強力な判別器を構成するアンサンブル学習の手法である．また損失関数によるアダブーストやロジットブーストが代表的な手法である．また弱判別器を逐次的に結合するために，判別基準は簡単に計算できる．ブースティングには次の設定項目が必要である．

- 損失関数の設定
- その問題にあった弱判別器の集合の設定
- 弱判別器を結合する個数

アダブーストは逐次的に弱判別器を追加し，強力な判別器を得るオンライン学習の手法の一つであ

り，その一般化が Freund and Schapire (1997) で議論されている．

➤ 第4章　練習問題

4.1 (1) 教師データとして +1 群のデータが $(0,0)$, $(1,1)$, -1 群のデータが $(0,1)$ の 3 点が与えられたとき，$y+ax+b=0$ が満たすべき a,b の条件を求めよ．

(2) 教師データの各点と判別境界までの距離を求めよ．

(3) 最適な分離直線を求めよ．

(4) 問 (1) の教師データに，-1 群のデータとして新たに点 $(0,-1)$ が加わったとき，線形分離不可能であることを示せ．

4.2 XOR 問題において，$\phi(x,y)=(x,y,xy)$ と 2 次元空間から 3 次元空間への写像を考えるとき，この写像で定義されるカーネル関数を用いて，サポートベクターマシンを求めよ．

4.3 変数が p 次元のとき，4.1.3 節で定義された多項式カーネルにおいて，$d=2$, $\boldsymbol{x}$ の次元が p のとき，$K_1(\cdot,\cdot)$ は何次元空間での内積になっていると考えられるか．

4.4 (1) $\gamma_t=1/2-\varepsilon_t(f_t)$ とおくと，次が成り立つことを示せ．

$$R_{\mathrm{emp}}(F_T)=\prod_{t=1}^{T}2\sqrt{\left(\frac{1}{2}-\gamma_t\right)\left(\frac{1}{2}+\gamma_t\right)}=\prod_{t=1}^{T}\sqrt{1-4\gamma_t^2}$$

(ヒント：麻生ら (2003) を参照せよ.)

(2) $\displaystyle\lim_{T\to\infty}\sum_{t=1}^{T}\gamma_t^2=\infty$ が成り立つなら，$R_{\mathrm{emp}}(F_T)$ はゼロに収束することを示せ．

練習問題の解答

第1章

1.1 $y_i - (a + bx_i) = \bar{y} - (a + b\bar{x}) + (y_i - \bar{y}) - b(x_i - \bar{x})$ と

$$\sum_{i=1}^{n}(y_i - \bar{y})\{\bar{y} - (a + b\bar{x})\} = \sum_{i=1}^{n}(x_i - \bar{x})\{\bar{y} - (a + b\bar{x})\} = 0$$

に注意すれば,

$$\begin{aligned}L(a,b) &= \sum_{i=1}^{n}\left[\{\bar{y} - (a + b\bar{x})\}^2 + (y_i - \bar{y})^2 + b^2(x_i - \bar{x})^2 - 2b(x_i - \bar{x})(y_i - \bar{y})\right] \\ &= n\{\bar{y} - (a + b\bar{x})\}^2 + \sum_{i=1}^{n}(y_i - \bar{y})^2 + b^2\sum_{i=1}^{n}(x_i - \bar{x})^2 - 2b\sum_{i=1}^{n}(x_i - \bar{x})(y_i - \bar{y}) \\ &= n\{\bar{y} - (a + b\bar{x})\}^2 + \sum_{i=1}^{n}(y_i - \bar{y})^2 \\ &\quad + \left\{b - \frac{\sum_{i=1}^{n}(x_i - \bar{x})(y_i - \bar{y})}{\sum_{i=1}^{n}(x_i - \bar{x})^2}\right\}^2\sum_{i=1}^{n}(x_i - \bar{x})^2 - \frac{\{\sum_{i=1}^{n}(x_i - \bar{x})(y_i - \bar{y})\}^2}{\sum_{i=1}^{n}(x_i - \bar{x})^2}.\end{aligned}$$

1.2 $f(x) = (x - a)^2 + 2\lambda|x|$ としたとき，その劣微分は $\partial f(x) = 2(x - a) + 2\lambda\partial|x|$ である．$f(x)$ の最小化点を $\hat{x}$ とすると，$0 \in \partial f(\hat{x})$ であることと $a - \hat{x} \in \lambda\partial|\hat{x}|$ は同値であるから，$\hat{x} = 0$ ならば $a \in \lambda\partial|\hat{x}| = [-\lambda, \lambda]$ となる．一方，$\hat{x} > 0$ ならば $a - \hat{x} = \lambda$, つまり，$\hat{x} = a - \lambda$ であるが，$\hat{x} > 0$ より $a > \lambda$ でなければならない．$\hat{x} < 0$ の場合も同様である．

1.3 (1) ラッソの目的関数の凸性より，$L(\boldsymbol{\beta})$ は少なくとも一つ最小化点を持つ．次に，2つのラッソ推定値 $\hat{\boldsymbol{\beta}}_1, \hat{\boldsymbol{\beta}}_2$ がともに目的関数を最小化する，つまり，

$$L^* = L(\hat{\boldsymbol{\beta}}_1) = L(\hat{\boldsymbol{\beta}}_2), \qquad \hat{\boldsymbol{\beta}}_1 \neq \hat{\boldsymbol{\beta}}_2$$

とする．このとき，任意の $\alpha \in (0,1)$ に対して，$\hat{\boldsymbol{\beta}}_\alpha = \alpha\hat{\boldsymbol{\beta}}_1 + (1-\alpha)\hat{\boldsymbol{\beta}}_2$ とすれば，

$$L(\hat{\boldsymbol{\beta}}_\alpha) = L(\alpha\hat{\boldsymbol{\beta}}_1 + (1-\alpha)\hat{\boldsymbol{\beta}}_2) \leq \alpha L(\hat{\boldsymbol{\beta}}_1) + (1-\alpha)L(\hat{\boldsymbol{\beta}}_2) = L^*$$

より，$\hat{\boldsymbol{\beta}}_\alpha$ も $L(\boldsymbol{\beta})$ の最小値を達成する．$\alpha \in (0,1)$ は任意なので，$\hat{\boldsymbol{\beta}}_\alpha$ は非可算無限個存在する．

(2) 次に，$X\hat{\boldsymbol{\beta}}_1 \neq X\hat{\boldsymbol{\beta}}_2$ ならば，

$$\begin{aligned}L(\hat{\boldsymbol{\beta}}_\alpha) &= \frac{1}{2}\|\alpha(\boldsymbol{y} - X\hat{\boldsymbol{\beta}}_1) + (1-\alpha)(\boldsymbol{y} - X\hat{\boldsymbol{\beta}}_2)\|_2^2 + \lambda_n\|\alpha\hat{\boldsymbol{\beta}}_1 + (1-\alpha)\hat{\boldsymbol{\beta}}_2\|_1 \\ &< \alpha L(\hat{\boldsymbol{\beta}}_1) + (1-\alpha)L(\hat{\boldsymbol{\beta}}_2) = L^*\end{aligned}$$

となる [*1]．これは，$\hat{\boldsymbol{\beta}}_1, \hat{\boldsymbol{\beta}}_2$ が $L(\boldsymbol{\beta})$ の最小化点であることに反する．

[*1] 任意のベクトル $\boldsymbol{a}, \boldsymbol{b}$ と任意の $\alpha \in (0,1)$ に対して，不等式 $\|\alpha\boldsymbol{a} + (1-\alpha)\boldsymbol{b}\|_2^2 \leq \alpha\|\boldsymbol{a}\|_2^2 + (1-\alpha)\|\boldsymbol{b}\|_2^2$ が成り立つ．等号成立は $\boldsymbol{a} = \boldsymbol{b}$ の場合，かつそのときに限る．

(3) 最後に，$L(\hat{\boldsymbol{\beta}}_1) = L(\hat{\boldsymbol{\beta}}_2)$ ならば，

$$\frac{1}{2}\|\boldsymbol{y} - X\hat{\boldsymbol{\beta}}_1\|_2^2 + \lambda\|\hat{\boldsymbol{\beta}}_1\|_1 = \frac{1}{2}\|\boldsymbol{y} - X\hat{\boldsymbol{\beta}}_2\|_2^2 + \lambda\|\hat{\boldsymbol{\beta}}_2\|_1$$

なので，(2) と合わせて $\|\hat{\boldsymbol{\beta}}_1\|_1 = \|\hat{\boldsymbol{\beta}}_2\|_1$ を得る．

1.4 **Step 1.** 式 (1.9) より，$\mathbf{x}_l = \sum_{j\in J\setminus\{l\}} \alpha_j \mathbf{x}_j$ ならば，

$$\mathbf{x}_l^\top(\boldsymbol{y} - X\hat{\boldsymbol{\beta}}) = \sum_{j\in J\setminus\{l\}} \alpha_j \mathbf{x}_j^\top(\boldsymbol{y} - X\hat{\boldsymbol{\beta}}) \Rightarrow v_l = \sum_{j\in J\setminus\{l\}} \alpha_j v_j. \tag{A.1}$$

Step 2. $\mathbf{x}_l = \sum_{j\in J\setminus\{l\}} \alpha_j \mathbf{x}_j$ および $\gamma_l = -v_l, \gamma_j = \alpha_j v_l \ (j \in J \setminus \{l\})$ から，

$$\sum_{j\in J} \mathbf{x}_j\gamma_j = \mathbf{x}_l\gamma_l + \sum_{j\in J\setminus\{l\}} \mathbf{x}_j\gamma_j = -\mathbf{x}_l v_l + v_l \sum_{j\in J\setminus\{l\}} \mathbf{x}_j\alpha_j = \mathbf{0}.$$

同様に，式 (A.1) より

$$\sum_{j\in J} \gamma_j v_j = \gamma_j v_l + \sum_{j\in J\setminus\{l\}} \gamma_j v_j = 0.$$

最後に，δ^* の定義より

$$\begin{aligned}
\delta^* &= \min\{\delta > 0 \mid ある\ j \in J\ に対して \hat{\beta}_j + \gamma_j\delta = 0\} \\
&= \min\left\{-\frac{|\hat{\beta}_j|}{\gamma_j v_j} > 0 \mid ある\ j \in J\ に対して \delta = -\frac{|\hat{\beta}_j|}{\gamma_j v_j} > 0\right\} \\
&= \min\left\{-\frac{|\hat{\beta}_j|}{\gamma_j v_j} > 0 \mid ある\ j \in J\ に対して \gamma_j v_j < 0\right\} \leq -\frac{|\hat{\beta}_j|}{\gamma_j v_j}
\end{aligned}$$

が $\gamma_j v_j < 0$ を満たす任意の $j \in J$ で成り立つ．$\gamma_j v_j \geq 0$ の場合，不等式は明らかに成立するので，任意の $j \in J$ に対して $|\hat{\beta}_j| + \gamma_j v_j \delta^* \geq 0$ が成り立つ．

Step 3. δ^* を達成する j に対して $\tilde{\beta}_j = 0$ であるから，$\tilde{\boldsymbol{\beta}}$ が高々 $|J| - 1$ 個の非ゼロ要素を持つことは明らか．また，

$$X\tilde{\boldsymbol{\beta}} = \sum_{j=1}^{d} \mathbf{x}_j\tilde{\beta}_j = \sum_{j=1}^{d} \mathbf{x}_j\hat{\beta}_j + \delta^* \sum_{j\in J} \mathbf{x}_j\gamma_j = X\hat{\boldsymbol{\beta}}$$

および

$$\|\tilde{\boldsymbol{\beta}}\|_1 = \sum_{j\in J} |\hat{\beta}_j + \delta^*\gamma_j| = \sum_{j\in J} ||\hat{\beta}_j| + \delta^*\gamma_j v_j| = \|\hat{\boldsymbol{\beta}}\|_1 + \delta^* \sum_{j\in J} \gamma_j v_j = \|\hat{\boldsymbol{\beta}}\|_1$$

なので，定理 1.3 より $\tilde{\boldsymbol{\beta}}$ もやはりラッソの目的関数 (1.10) の最小値を達成する．

1.5 式 (1.11) と軟しきい値作用素の定義より，$\hat{u}_2$ は

$$\hat{u}_2 = \begin{cases} -(V + \lambda_0)/3, & V < -\lambda_0 \\ 0, & -\lambda_0 \geq V \leq 3\lambda_0 \\ -(V - 3\lambda_0)/3 + 2\lambda_0/3, & V > 3\lambda_0 \end{cases}$$

とかける．これを $\hat{u}_1$ に代入すればよい．

1.6 **Step 1.** $(W_1, W_2)^\top \sim \mathrm{N}(\mathbf{0}, C)$ より，

$$\begin{pmatrix} U \\ V \end{pmatrix} = \begin{pmatrix} 2 & -1 \\ 1 & -2 \end{pmatrix} \begin{pmatrix} W_1 \\ W_2 \end{pmatrix} \sim \mathrm{N}(\mathbf{0}, 3C)$$

である [*2]．したがって，U, V の同時確率密度関数は

$$\begin{aligned} f(u,v) &= (2\pi)^{-1}|3C|^{-1/2} \exp\left\{(u,v)(3C)^{-1}(u,v)^\top\right\} \\ &= \frac{1}{6\sqrt{3}\pi} \exp\left\{-\frac{1}{9}(u^2 - uv + v^2)\right\} \end{aligned}$$

である．さらに，$2U - V = (2,-1)(U,V)^\top, V = (0,1)(U,V)^\top$ に注意し，$\mathbb{V}[(U,V)^\top] = 3C$ であることを用いれば，

$$\mathrm{Cov}(2U - V, V) = (2,-1)\mathbb{V}[(U,V)^\top](0,1)^\top = 0$$

となる．正規分布では，確率変数 X, Y の共分散がゼロであることと，X と Y が独立であることは同値なので，$2U - V$ と V は独立である．

Step 2. ほとんど同じ議論で証明できるので，G_3 についてのみ示す．練習問題 1.5 より，$\hat{u}_2 < 0$ であることと，$V > 3\lambda_0$ は同値である．

$$\{V \geq -3u_2 + 3\lambda_0, V > 3\lambda_0\} = \begin{cases} \{V > 3\lambda_0\}, & u_2 \geq 0 \\ \{V > -3u_2 + 3\lambda_0\}, & u_2 < 0 \end{cases}$$

に注意すれば，

$$\begin{aligned} G_3(u_1,u_2) &= \mathrm{P}(U \leq 3u_1 + 3\lambda_0, V \geq -3u_2 + 3\lambda_0, V > 3\lambda_0) \\ &= \mathrm{P}(U \leq 3u_1 + 3\lambda_0, V > 3\lambda_0)\mathbf{1}\{u_2 \geq 0\} \\ &\quad + \mathrm{P}(U \leq 3u_1 + 3\lambda_0, V \geq -3u_2 + 3\lambda_0)\mathbf{1}\{u_2 < 0\}. \end{aligned}$$

Step 3. G_1, G_2, G_3 は，U, V の同時確率密度関数 $f(u,v)$ を用いて

$$G_1(u_1,u_2) = \int_{-3u_2-\lambda_0}^{-\lambda_0} \int_{-\infty}^{3u_1+\lambda_0} f(u,v)\mathrm{d}u\mathrm{d}v \mathbf{1}\{u_2 \geq 0\}$$

などと書けることに注意する．$u_2 = 0$ は $G(u_1,u_2) = G_1(u_1,u_2) + G_2(u_1,u_2) + G_3(u_1,u_2)$ の不連続点であるから，$u_2 = 0$ ならば，

$$\begin{aligned} g(u_1,u_2) &= \frac{\partial}{\partial u_1}\left\{G(u_1,0) - \lim_{u_2 \uparrow 0} G(u_1,u_2)\right\} \\ &= \frac{\partial}{\partial u_1}\Phi\left(\frac{2u_1 + \lambda_0}{\sqrt{2}}\right)\left\{\Phi\left(\frac{3\lambda_0}{\sqrt{6}}\right) - \Phi\left(-\frac{\lambda_0}{\sqrt{6}}\right)\right\} \\ &= \sqrt{2}\phi\left(\frac{2u_1 + \lambda_0}{\sqrt{2}}\right)\left\{\Phi\left(\frac{3\lambda_0}{\sqrt{6}}\right) - \Phi\left(-\frac{\lambda_0}{\sqrt{6}}\right)\right\} \end{aligned}$$

となる．一方，$u_2 \neq 0$ ならば，

$$\begin{aligned} g(u_1,u_2) = \frac{\partial^2 G(u_1,u_2)}{\partial u_1 \partial u_2} &= 9f(3u_1 + \lambda_0, -3u_2 - \lambda_0)\mathbf{1}\{u_2 > 0\} \\ &\quad + 9f(3u_1 + 3\lambda_0, -3u_2 + 3\lambda_0)\mathbf{1}\{u_2 < 0\}. \end{aligned}$$

[*2] $\boldsymbol{x} \sim \mathrm{N}(\boldsymbol{\mu}, \Sigma)$ ならば，$A\boldsymbol{x} \sim \mathrm{N}(A\boldsymbol{\mu}, A\Sigma A^\top)$ であることを用いた．

次に，$g(u_1,u_2)$ を u_2 で周辺化すれば，$\hat{u}_1$ の周辺密度関数は

$$\begin{aligned} g_1(u_1) = \int_{-\infty}^{\infty} g(u_1,u_2)\mathrm{d}u_2 &= \sqrt{2}\phi\left(\frac{2u_1+\lambda_0}{\sqrt{2}}\right)\left\{\Phi\left(\frac{3\lambda_0}{\sqrt{6}}\right) - \Phi\left(-\frac{\lambda_0}{\sqrt{6}}\right)\right\} \\ &\quad + 9\int_0^{\infty} f(3u_1+\lambda_0, -3u_2-\lambda_0)\mathrm{d}u_2 \\ &\quad + 9\int_{-\infty}^{0} f(3u_1+3\lambda_0, -3u_2+3\lambda_0)\mathrm{d}u_2 \end{aligned}$$

となるが，

$$\begin{aligned} f(u,v) &= \frac{1}{6\sqrt{3}\pi}\exp\left\{-\frac{1}{9}(u^2-uv+v^2)\right\} \\ &= \frac{1}{6\sqrt{3}\pi}\exp\left\{-\frac{1}{9}\left(v-\frac{u}{2}\right)^2 - \frac{1}{12}u^2\right\} \end{aligned}$$

に注意し，積分を計算すれば (1.12) が得られる．同様に，$g(u_1,u_2)$ を u_1 で周辺化することで式 (1.13) が得られる．

1.7 **Step 1.** $\mathbb{E}[U_j]=0$ なので，ヘフディングの不等式より，

$$\mathrm{P}(|U_j| > \lambda_n/2) \le 2e^{-n(\lambda_n/2)^2/(2\sigma^2)} = 2e^{-n\lambda_n^2/(8\sigma^2)}$$

が成り立つ．したがって，$\lambda_n \ge 2\sigma\sqrt{2\log(2d/\delta)/n}$ ならば，

$$\begin{aligned} \mathrm{P}(\max_{1\le j\le d}|U_j| > \lambda_n/2) &= \mathrm{P}\left(\bigcup_{j=1}^{d}\{|U_j| > \lambda_n/2\}\right) \le \sum_{j=1}^{d}\mathrm{P}(|U_j| > \lambda_n/2) \\ &\le 2de^{-n\lambda_n^2/(8\sigma^2)} \le \delta. \end{aligned}$$

Step 2. ラッソ推定量の定義より，

$$\frac{1}{2}\|\boldsymbol{y} - X\hat{\boldsymbol{\beta}}\|_n^2 + \lambda_n\|\hat{\boldsymbol{\beta}}\|_1 \le \frac{1}{2}\|\boldsymbol{y} - X\boldsymbol{\beta}\|_n^2 + \lambda_n\|\boldsymbol{\beta}\|_1$$

つまり，

$$\|X\hat{\boldsymbol{\beta}} - X\boldsymbol{\beta}\|_n^2 + 2\lambda_n\|\hat{\boldsymbol{\beta}}\|_1 \le \frac{2}{n}\boldsymbol{\varepsilon}^\top X^\top(\hat{\boldsymbol{\beta}} - \boldsymbol{\beta}) + 2\lambda_n\|\boldsymbol{\beta}\|_1$$

が成り立つ．したがって，事象 $\mathcal{A} = \{\max_{1\le j\le p}|U_j| \le \lambda_n/2\}$ 上で

$$\begin{aligned} \frac{2}{n}\boldsymbol{\varepsilon}^\top X^\top(\hat{\boldsymbol{\beta}} - \boldsymbol{\beta}) &= 2\sum_{j=1}^{d}U_j(\hat{\beta}_j - \beta_j) \le 2\max_{1\le j\le d}|U_j|\sum_{j=1}^{d}|\hat{\beta}_j - \beta_j| \\ &= 2\max_{1\le j\le d}|U_j|\|\hat{\boldsymbol{\beta}} - \boldsymbol{\beta}\|_1 \le \lambda_n\|\hat{\boldsymbol{\beta}} - \boldsymbol{\beta}\|_1 \end{aligned}$$

となることから，所望の不等式が得られる．

Step 3. 添え字集合 I の取り方と J の定義から $|J| = 2s$ であり，$\hat{\delta}_j$ は

$$\underbrace{|\hat{\delta}_{j_1}| \ge \cdots \ge |\hat{\delta}_{j_s}|}_{j_1,\ldots,j_s\in I} \ge \underbrace{|\hat{\delta}_{j_{s+1}}| \ge \cdots \ge |\hat{\delta}_{j_{d-s}}|}_{j_{s+1},\ldots,j_{d-s}\in J^c}.$$

を満たす．このとき，$j \in J^c$ ならば $\beta_j = 0$ であることと，三角不等式から，

$$\|\hat{\boldsymbol{\delta}}\|_1 = \|\hat{\boldsymbol{\delta}}_J\|_1 + \|\hat{\boldsymbol{\delta}}_{J^c}\|_1, \quad \|\boldsymbol{\beta}_J\|_1 - \|\hat{\boldsymbol{\beta}}_J\|_1 \leq \|\hat{\boldsymbol{\delta}}_J\|_1$$

が成り立つ．Step 2 の不等式より，事象 $\mathcal{A} = \{\max_{1\leq j\leq p}|U_j| \leq \lambda_n/2\}$ 上で

$$\|X\hat{\boldsymbol{\delta}}\|_n^2 + \lambda_n\|\hat{\boldsymbol{\delta}}_{J^c}\|_1 \leq 3\lambda_n\|\hat{\boldsymbol{\delta}}_J\|_1 \tag{A.2}$$

が成り立つから，$\|\hat{\boldsymbol{\delta}}_{J^c}\|_1 \leq 3\|\hat{\boldsymbol{\delta}}_J\|_1$ が成り立つ．

Step 4. 集合 J およびベクトル $\hat{\boldsymbol{\delta}} = \hat{\boldsymbol{\beta}} - \boldsymbol{\beta}$ は $\kappa(s,c)$ の定義にある条件を $(k,c) = (2s,3)$ で満たしているので，$\kappa(2s,3) = \kappa$ として，

$$\|\hat{\boldsymbol{\delta}}_J\|_2 \leq \frac{1}{\kappa}\|X\hat{\boldsymbol{\delta}}\|_n \tag{A.3}$$

を得る．したがって，式 (A.2) より，

$$\begin{aligned}\|X\hat{\boldsymbol{\delta}}\|_n^2 + \lambda_n\|\hat{\boldsymbol{\delta}}\|_1 &= \|X\hat{\boldsymbol{\delta}}\|_n^2 + \lambda_n\|\hat{\boldsymbol{\delta}}_J\|_1 + \lambda_n\|\hat{\boldsymbol{\delta}}_{J^c}\|_1 \leq 4\lambda_n\|\hat{\boldsymbol{\delta}}_J\|_1 \\ &\leq 4\lambda_n\sqrt{2s}\|\hat{\boldsymbol{\delta}}_J\|_2 \leq \frac{4\lambda_n\sqrt{2s}}{\kappa}\|X\hat{\boldsymbol{\delta}}\|_n \leq \frac{1}{2}\|X\hat{\boldsymbol{\delta}}\|_n^2 + \frac{16\lambda_n^2 s}{\kappa^2}\end{aligned}$$

が成り立つ．右辺の $\|X\hat{\boldsymbol{\delta}}\|_n^2/2$ を移項すれば

$$\frac{1}{2}\|X\hat{\boldsymbol{\delta}}\|_n^2 + \lambda_n\|\hat{\boldsymbol{\delta}}\|_1 \leq \frac{16\lambda_n^2 s}{\kappa^2}$$

なので，式 (1.16), (1.17) が得られる．J の定義より，任意の $j \in J^c$ に対して $|\hat{\delta}_j| \leq \|\hat{\boldsymbol{\delta}}_I\|_1/s$ が成り立つことに注意する．このとき，$\|\hat{\boldsymbol{\delta}}_{J^c}\|_1 \leq 3\|\hat{\boldsymbol{\delta}}_J\|_1$ ならば

$$\|\hat{\boldsymbol{\delta}}_{J^c}\|_2^2 = \sum_{j\in J^c}\hat{\delta}_j^2 \leq \frac{1}{s}\|\hat{\boldsymbol{\delta}}_J\|_1^2 \leq \frac{3}{s}\|\hat{\boldsymbol{\delta}}_J\|_1^2 \leq 6\|\hat{\boldsymbol{\delta}}_J\|_2^2$$

が得られる．よって，式 (A.3) より

$$\|\hat{\boldsymbol{\delta}}\|_2 \leq \|\hat{\boldsymbol{\delta}}_J\|_2 + \|\hat{\boldsymbol{\delta}}_{J^c}\|_2 \leq (1+\sqrt{6})\|\hat{\boldsymbol{\delta}}_J\|_2 \leq \frac{1+\sqrt{6}}{\kappa}\|X\hat{\boldsymbol{\delta}}\|_n$$

なので，式 (1.16) と合わせて (1.18) が得られる．

1.8 $\Phi'(-\sqrt{2\log x}) = \phi(-\sqrt{2\log x})\{-1/(x\sqrt{2\log x})\} = -1/(2x^2\sqrt{\pi\log x})$ に注意すれば，

$$f'(x) = -2\Phi(-\sqrt{2\log x}) + \frac{1}{x\sqrt{\pi\log x}}, \qquad f''(x) = -\frac{1}{2x^2\sqrt{\pi}}(\log x)^{-3/2}$$

となる．したがって，$x \geq 2$ で $f''(x) \leq 0$ であることから $f'(x)$ は単調減少なので，

$$f'(x) \geq \lim_{x\to\infty} f'(x) = 0$$

つまり，$f(x)$ は $x \geq 2$ で単調増加関数である．

1.9 $u > M$ ならば

$$\mathrm{P}(\|X\hat{\boldsymbol{\beta}} - X\boldsymbol{\beta}\|_n^2 > u) \leq 1 - \Phi\left(\sqrt{\frac{n}{2\sigma^2}(u-M)}\right) = \int_{\sqrt{n(u-M)/(2\sigma^2)}}^{\infty}\phi(v)\mathrm{d}v$$

なので，

$$\int_M^\infty \mathrm{P}(\|X\hat{\boldsymbol{\beta}} - X\boldsymbol{\beta}\|_n^2 > u)\mathrm{d}u \leq \int_M^\infty\int_{\sqrt{n(u-M)/(2\sigma^2)}}^{\infty}\phi(v)\mathrm{d}v\mathrm{d}u$$

$$
\begin{aligned}
&= \int_0^\infty \int_M^{M+2\sigma^2 v^2/n} \phi(v)\mathrm{d}u\mathrm{d}v \\
&= \frac{2\sigma^2}{n}\int_0^\infty v^2\phi(v)\mathrm{d}v = \frac{\sigma^2}{n}
\end{aligned}
$$

第2章

2.1 ベイズ判別は

$$\phi(x;\mu_1,\sigma^2) > \phi(x;\mu_2,\sigma^2)$$

が成り立つとき，x を Π_1 に判別することで得られる．指数部分を展開することにより，上記の不等式は

$$2(\mu_2-\mu_1)x > (\mu_2^2-\mu_1^2)$$

と同値である．仮定から $\mu_2-\mu_1<0$ なので，ベイズ判別ルールは μ_1 と μ_2 の中点より小さければ Π_1，大きければ Π_2 で与えられる．

2.2 $c=\log(\pi_1/\pi_2)$ より $\exp(c/2)=\sqrt{\pi_1/\pi_2}$ および $\exp(-c/2)=\sqrt{\pi_2/\pi_1}$．よって，

$$
\begin{aligned}
\mathrm{d}e(\Delta;\pi_1)/\mathrm{d}\Delta &= \pi_1(-1/2+c/\Delta^2)\phi\left(-\frac{\Delta}{2}-\frac{c}{\Delta}\right)+\pi_2(-1/2-c/\Delta^2)\phi\left(-\frac{\Delta}{2}-\frac{c}{\Delta}\right) \\
&= \pi_1(-1/2+c/\Delta^2)\exp(-c/2)\phi\left(\frac{\Delta}{2}\right)\phi\left(\frac{c}{\Delta}\right) \\
&\quad + \pi_2(-1/2-c/\Delta^2)\exp(c/2)\phi\left(\frac{\Delta}{2}\right)\phi\left(\frac{c}{\Delta}\right) \\
&= \sqrt{\pi_1\pi_2}(-1/2+c/\Delta^2)\phi\left(\frac{\Delta}{2}\right)\phi\left(\frac{c}{\Delta}\right) \\
&\quad + \sqrt{\pi_1\pi_2}(-1/2-c/\Delta^2)\phi\left(\frac{\Delta}{2}\right)\phi\left(\frac{c}{\Delta}\right) \\
&= -\sqrt{\pi_1\pi_2}\phi\left(\frac{\Delta}{2}\right)\phi\left(\frac{c}{\Delta}\right) \ < \ 0
\end{aligned}
$$

第3章

3.1 各 t の近傍で $\boldsymbol{x}(t)$ は定数でない，つまり，十分小さな h で $x_i(t+h)\neq x_i(t)$ が成り立つと仮定する．そうでない場合，$F(\boldsymbol{x}(t))$ の t での微分はゼロと定義すればよい．さて，微分の定義より，

$$
\begin{aligned}
\frac{\mathrm{d}F(\boldsymbol{x}(t))}{\mathrm{d}t} &= \lim_{h\to 0}\frac{F(\boldsymbol{x}(t+h))-F(\boldsymbol{x}(t))}{h} \\
&= \sum_{i=1}^p \lim_{h\to 0}\frac{F(\boldsymbol{x}(t+h))-F(\boldsymbol{x}(t))}{x_i(t+h)-x_i(t)}\frac{x_i(t+h)-x_i(t)}{h} \\
&= \sum_{i=1}^p \frac{\mathrm{d}F(\boldsymbol{x}(t))}{\mathrm{d}x_i(t)}\frac{\mathrm{d}x_i(t)}{\mathrm{d}t}
\end{aligned}
$$

より，定理の主張が成り立つ．

3.2 損失関数 $E(\mathcal{W})$ が2乗誤差で f_L が恒等写像の場合は自明なので，損失関数 $E(\mathcal{W})$ が交差エントロピーで f_L がソフトマックス関数の場合についてのみ示す．簡単のため $\boldsymbol{u}^{(L)}$ を $\boldsymbol{u}$ などと表せば，$t_i=e^{u_i}/\sum_{j=1}^m e^{u_j}$

より，

$$\frac{\partial t_i}{\partial u_j} = \begin{cases} t_j(1-t_j), & i = j \\ -t_i t_j, & i \neq j \end{cases}$$

であるから，

$$\frac{\partial E(\mathcal{W})}{\partial u_j} = -\frac{y_j}{t_j} t_j(1-t_j) + \sum_{i \neq j} \frac{y_i}{t_i} t_i t_j = -y_j(1-t_j) + t_j(1-y_j) = t_j - y_j$$

より，$\boldsymbol{\delta} = \boldsymbol{t} - \boldsymbol{y}$ を得る．

3.3 $\tilde{L}(\boldsymbol{w}) = E_t(\boldsymbol{w}^{(t)}) + \nabla E_t(\boldsymbol{w}^{(t)})^\top(\boldsymbol{w} - \boldsymbol{v}^{(t)}) + \|\boldsymbol{w} - \boldsymbol{v}^{(t)}\|_2^2/(2\eta)$ とすれば，

$$\frac{\partial \tilde{L}(\boldsymbol{w})}{\partial \boldsymbol{w}} = \nabla E_t(\boldsymbol{w}^{(t)}) + \frac{1}{\eta}(\boldsymbol{w} - \boldsymbol{v}^{(t)}) = \boldsymbol{0}$$

より，所望の等式を得る．

3.4 簡単のため，$\boldsymbol{a}_{t-1} = \nabla E_t(\boldsymbol{w}^{(t-1)}) \odot \nabla E_t(\boldsymbol{w}^{(t-1)})$ とする．このとき，$\boldsymbol{u}_t = \rho^{-t}\boldsymbol{v}_t$ とすれば，$\boldsymbol{u}_t = \boldsymbol{u}_{t-1} + (1-\rho)\rho^{-t}\boldsymbol{a}_{t-1}$ より，

$$\boldsymbol{u}_t = \rho^{-t}\boldsymbol{v}_t = \boldsymbol{u}_0 + (1-\rho)\sum_{k=1}^{t} \rho^{-k}\boldsymbol{a}_{k-1}$$

であるから，式 (3.11) が得られる．

3.5 $\partial u_k^{(l+1)}/\partial u_i^{(l)} = \nabla f_l(u_i^{(l)}) w_{ki}^{(l)}$ および $\partial u_k^{(l+1)}/\partial z_i^{(l)} = w_{ki}^{(l)}$ に注意すればよい．

3.6 まず，$\mathbb{E}[L(\mathcal{W})]$ は

$$\mathbb{E}[L(\mathcal{W})] = \frac{1}{2}\|\boldsymbol{y} - \pi Z\boldsymbol{w}\|_n^2 + \frac{\pi(1-\pi)}{2}\boldsymbol{w}^\top D\boldsymbol{w}$$

と書き換えることができる．したがって，

$$\frac{\partial \mathbb{E}[L(\mathcal{W})]}{\partial \boldsymbol{w}} = -\frac{\pi}{n} Z^\top(\boldsymbol{y} - \pi Z\boldsymbol{w}) + \pi(1-\pi)D\boldsymbol{w} = \boldsymbol{0}$$

より，所望の等式が得られる．

3.7 簡単のため，$\boldsymbol{\mu} = \boldsymbol{\mu}(\boldsymbol{x}), \Sigma = \Sigma(\boldsymbol{x}) = \mathrm{diag}(\sigma_1^2, \ldots, \sigma_q^2)$ とする．このとき，$f(\boldsymbol{z}|\boldsymbol{x};\boldsymbol{\theta}) = \mathrm{N}(\boldsymbol{\mu}, \Sigma), p(\boldsymbol{z}) = \mathrm{N}(\boldsymbol{0}, I_q)$ であるから，

$$\begin{aligned} \mathrm{KL}(f(\cdot|\boldsymbol{x};\boldsymbol{\theta})\|p) &= \mathbb{E}_f[\log f(\boldsymbol{z}|\boldsymbol{x};\boldsymbol{\theta}) - \log p(\boldsymbol{z})] \\ &= \mathbb{E}_f\left[-\frac{1}{2}|\Sigma| - \frac{1}{2}(\boldsymbol{z} - \boldsymbol{\mu})^\top\Sigma^{-1}(\boldsymbol{z} - \boldsymbol{\mu}) + \frac{1}{2}\boldsymbol{z}^\top\boldsymbol{z}\right] \end{aligned}$$

となる．ここで，

$$\begin{aligned} \mathbb{E}_f[(\boldsymbol{z} - \boldsymbol{\mu})^\top\Sigma^{-1}(\boldsymbol{z} - \boldsymbol{\mu})] &= \mathrm{tr}\{\Sigma^{-1}\mathbb{E}_f[(\boldsymbol{z} - \boldsymbol{\mu})(\boldsymbol{z} - \boldsymbol{\mu})^\top]\} = q \\ \mathbb{E}_f[\boldsymbol{z}^\top\boldsymbol{z}] &= \mathrm{tr}\{\mathbb{V}_f[\boldsymbol{z}]\} - \mathbb{E}_f[\boldsymbol{z}]\mathbb{E}[\boldsymbol{\mu}]^\top = \mathrm{tr}(\Sigma) - \boldsymbol{\mu}^\top\boldsymbol{\mu} \end{aligned}$$

に注意すれば，式 (3.16) が得られる．

3.8 (1) イエンセン・シャノン情報量の定義 (3.20) より対称性は明らか．

(2) カルバック・ライブラー情報量 $\mathrm{KL}(p \,\|\, q)$ は非負であり，等号成立は，任意の $\boldsymbol{x}$ に対して，$p(\boldsymbol{x}) = q(\boldsymbol{x})$ のときに限ることに注意すればよい．

第4章

4.1 (1) 判別境界が直線 $y - ax - b = 0$ で与えられるとすると，教師データのラベルから次の不等式が得られる．

$$\begin{array}{ccccccc} & & & - & b & > & 0 \\ 1 & - & a & - & b & > & 0 \\ & - & a & - & b & < & 0 \end{array}$$

(2) 3 点の直線までの距離は下記で与えられる．

$$\frac{b}{\sqrt{1+a^2}},\quad \frac{1-a+b}{\sqrt{1+a^2}},\quad \frac{-a+b}{\sqrt{1+a^2}}$$

(3) $-1 < b < 0$ より $b = -\frac{1}{2}$, $0 < a < 2$ より $a = 1$.
(4) 4 点を $y - ax - b = 0$ で分離できるとすると，下記の不等式を得る．

$$\begin{array}{ccccccc} & & & - & b & > & 0 \\ 1 & - & a & - & b & > & 0 \\ & - & a & - & b & < & 0 \\ 1 & & & - & b & < & 0 \end{array}$$

上記の最初と最後の不等式から $1 < 0$ が得られるため，線形分離不可能であることがわかる．

4.2 $\boldsymbol{\phi}(\boldsymbol{x}_1) = (0,\ 0,\ 0)^\top$，$\boldsymbol{\phi}(\boldsymbol{x}_2) = (1,\ 1,\ 1)^\top$，$\boldsymbol{\phi}(\boldsymbol{x}_3) = (0,\ 1,\ 0)^\top$，$\boldsymbol{\phi}(\boldsymbol{x}_4) = (0,\ 0,\ 1)^\top$ より，それらの内積で得られる半正定値行列 K, および各成分にラベルの積をかけた行列は，次で与えられる．

$$K = \begin{pmatrix} 0 & 0 & 0 & 0 \\ 0 & 3 & 1 & 1 \\ 0 & 1 & 1 & 0 \\ 0 & 1 & 0 & 1 \end{pmatrix},\quad \tilde{K} = \begin{pmatrix} 0 & 0 & 0 & 0 \\ 0 & 3 & -1 & -1 \\ 0 & -1 & 1 & 0 \\ 0 & -1 & 0 & 1 \end{pmatrix}.$$

分離超平面を求めるため, 変数 $\alpha_1, \alpha_2, \alpha_3, \alpha_4$ に関する二次形式 $L(\boldsymbol{\beta}, \beta_0, \boldsymbol{\alpha})$ を求め, $\alpha_1+\alpha_2-\alpha_3-\alpha_4 = 0$ に注意して完全平方式で表現すると，

$$\begin{aligned} L(\boldsymbol{\beta}, \beta_0, \boldsymbol{\alpha}) &\equiv \alpha_1 + \alpha_2 + \alpha_3 + \alpha_4 - \boldsymbol{\alpha}^\top \tilde{K} \boldsymbol{\alpha} \\ &= 2\alpha_3 + 2\alpha_4 - 3\alpha_2^2 + 2\alpha_2\alpha_3 + 2\alpha_2\alpha_5 - \alpha_3^2 - \alpha_4^2 \\ &= -3\{\alpha_2 - (\alpha_3 + \alpha_4)/3\}^2 - 3\{\alpha_3 - (\alpha_3 + 3)/2\}^2/2 \\ &\quad - (\alpha_4 - 3)^2/2 + 6 \end{aligned}$$

となる．よって目的関数を最小化する $\boldsymbol{\alpha} = \hat{\boldsymbol{\alpha}}$ は $(4, 2, 3, 3)^\top$ と求められる．これより

$$\begin{aligned} \hat{\boldsymbol{\beta}} &= 4\boldsymbol{\phi}(x_1) + 2\boldsymbol{\phi}(x_2) - 3\boldsymbol{\phi}(x_1) - 3\boldsymbol{\phi}(x_1) = (2, -1, -1)^\top \\ \hat{\beta}_0 &= -(1/2)\{\ (0,0,0) + (0,1,0)\ \}\hat{\boldsymbol{\beta}} = 1/2 \end{aligned}$$

が得られる．よって求める判別関数は

$$\hat{\boldsymbol{\beta}}^\top \boldsymbol{\phi}(\boldsymbol{x}) + \hat{\beta}_0 = 2x_1 - x_2 - x_1x_2 + 1/2$$

となり，正なら $+1$ 群，負なら -1 群に判別する．

4.3 1 次式の項数が p, 2 乗の項数が p, 異なる項の積の項数が ${}_pC_2 = p(p-1)/2$ であるため，$(p+1)(p+2)/2$.

4.4 (1) アダブーストのアルゴリズム Step t で用いた記号に次を追加する．

$$Z_t = \sum_{i=1}^{n} \tilde{\omega}_i^{(t)} = \sum_{i=1}^{n} \omega_i^{(t)} e^{-y_i \beta_t f_t(\boldsymbol{x}_i)}. \tag{A.4}$$

このとき $w_i^{(t+1)}$ の定義より $w_i^{(t+1)} = \omega_i^{(t)} \exp\{-y_i\beta_t f_t(\boldsymbol{x}_i)\}/Z_t \ (i=1,2,...,n)$ が成り立つ．この式から得られる関係式

$$e^{-y_i\beta_t f_t(\boldsymbol{x}_i)} = \frac{\omega_i^{(t+1)}}{\omega_i^{(t)}} Z_t$$

を $t=1$ から $t=T$ まで掛け合わせて次を得る．

$$\exp\left[-\sum_{t=1}^{T} y_i\beta_t f_t(\boldsymbol{x}_i)\right] = \frac{\omega_i^{(2)}}{\omega_i^{(1)}} \cdot \frac{\omega_i^{(3)}}{\omega_i^{(2)}} \cdots \frac{\omega_i^{(T+1)}}{\omega_i^{(T)}} \prod_{t=1}^{T} Z_t = \frac{\omega_i^{(T+1)}}{\omega_i^{(1)}} \prod_{t=1}^{T} Z_t.$$

ここで $F_T = \sum_{t=1}^{T} \beta_t f_t$, $w_i^{(1)} = 1/n$ に注意すると次を得る．

$$R_{\mathrm{emp}}(F_T) = \frac{1}{n}\sum_{i=1}^{n} e^{-y_i F_T(\boldsymbol{x}_i)} = \frac{1}{n}\sum_{i=1}^{n} n\omega_i^{(T+1)} \prod_{t=1}^{T} Z_t = \prod_{t=1}^{T} Z_t.$$

なお Z_t の定義 (A.4) において，β_t は次の等式が成立するように選んであった．

$$Z_t = 2\sqrt{\left(\sum_{y_j f(\boldsymbol{x}_j)=-1} \omega_j^{(t)}\right)\left(\sum_{y_i f(\boldsymbol{x}_i)=1} \omega_i^{(t)}\right)} = 2\sqrt{\varepsilon_t(f_t)\{1-\varepsilon_t(f_t)\}}$$

よって経験リスクは次で表せる．

$$R_{\mathrm{emp}}(F_T) = \prod_{t=1}^{T} 2\sqrt{\varepsilon_t(f_t)\{1-\varepsilon_t(f_t)\}}$$

ここで $\gamma_t = 1/2 - \varepsilon_t(f_t)$ とおくと，$0 < \varepsilon_t(f_t) < \frac{1}{2}$ を満たしているので $0 < \gamma_t < \frac{1}{2}$ となる．また次が成立する．

$$R_{\mathrm{emp}}(F_T) = \prod_{t=1}^{T} 2\sqrt{\left(\frac{1}{2}-\gamma_t\right)\left(\frac{1}{2}+\gamma_t\right)} = \prod_{t=1}^{T} \sqrt{1-4\gamma_t^2}$$

(2) 一般に $e^x = 1 + x + \frac{x^2}{2}e^{\theta x} \geq 1 + x \quad (0 < {}^{\exists}\theta < 1)$ が成り立つので，$x = -4\gamma_t^2$ とおいて

$$\sqrt{1-4\gamma_t^2} \leq \sqrt{e^{-4\gamma_t^2}} = e^{-2\gamma_t^2}$$

が成立する．したがって経験リスクの上限

$$R_{\mathrm{emp}}(F_T) \leq \prod_{t=1}^{T} e^{-2\gamma_t^2} = \exp\left[-2\sum_{t=1}^{T} \gamma_t^2\right]$$

を得る．

もし $\lim_{T\to\infty} \sum_{t=1}^{T} \gamma_t^2 = \infty$ ならば，$\lim_{T\to\infty} R_{\mathrm{emp}}(F_T) = 0$ が成り立つ．なお，F_T の誤判別確率と経験リスクの間には常に不等式

$$\frac{1}{n}\sum_{i=1}^{n} I\bigl(y_i \,\mathrm{sgn}(F_T(\boldsymbol{x}_i)) = -1\bigr) \le R_{\mathrm{emp}}(F_T)$$

が成り立っている．また，上式左辺の誤判別確率は $1/n$ の整数倍である．よって $\lim_{T\to\infty}\sum_{t=1}^{T}\gamma_t^2=\infty$ が成り立つなら，T が十分大きいとき F_T は教師データを完全に判別できる判別器になっていることがわかる．

参 考 文 献

Aharoni, U. (2007), SVM with polynomial kernel visualization, `https://www.youtube.com/watch?v=3liCbRZPrZA`.

※ Aharoni (2007) の youtube 動画は高次元空間への写像が有効であることの興味深い例となっている．

Bickel, P. J., Ritov, Y., and Tsybakov, A. B. (2009), Simultaneous analysis of Lasso and dantzig selector, *the Annals of Statistics*, **37**, 1705–1732.

Bishop, C. M. (2006), *Pattern Recognition and Machine Learning*, Springer. (C.M. ビショップ (著)，元田浩ら (監訳)，パターン認識と機械学習　上・下，丸善出版，2012)

Boyd, S., Parikh, N., Chu, E., Peleato, B., and Eckstein, J. (2011), Distributed optimization and statistical learning via the alternating direction method of multipliers, *Foundations and Trends® in Machine learning*, **3**, 1–122.

Breiman, L. (2001), Random forests, *Machine Learning*, **45**, 5–32.

Bühlmann, P. and van de Geer, S. (2011), *Statistics for High-Dimensional Data: Methods, Theory and Applications*, Springer.

Chollet, F. (2017), *Deep Learning with Python*, Manning Publications. (F. Chollet(著)，巣籠悠輔 (監訳)，Python と Keras によるディープラーニング，マイナビ出版，2018)

Chollet, F. and Allaire, J. J. (2018), *Deep Learning with R*, Manning Publications. (F. Chollet ら (著)，瀬戸山雅人 (監訳)，R と Keras によるディープラーニング，オライリージャパン，2018)

Clevert, D.-A., Unterthiner, T., and Hochreiter, S. (2015), Fast and accurate deep network learning by exponential linear units (elus), *arXiv:1511.07289.*

Cox, D. R. (1958), The regression analysis of binary sequences, *Journal of the Royal Statistical Society: Series B (Methodological)*, **20**, 215–232.

Donoho, D. L. and Johnstone, I. M. (1994), Ideal denoising in an orthonormal basis chosen from a library of bases, *Comptes Rendus de l'Académie des Sciences. Série I, Mathématique*, **319**, 1317–1322.

Duchi, J., Hazan, E., and Singer, Y. (2011), Adaptive subgradient methods for online learning and stochastic optimization, *Journal of Machine Learning Research*, **12**, 2121–2159.

Dumoulin, V. and Visin, F. (2016), A guide to convolution arithmetic for deep learning, *arXiv:1603.07285.*

Efron, B., Hastie, T., Johnstone, I., and Tibshirani, R. (2004). Least angle regression, *the Annals of Statistics*, **32**, 407–499.

Fan, J. and Li, R. (2001), Variable selection via nonconcave penalized likelihood and its oracle properties, *Journal of the American Statistical Association*, **96**, 1348–1360.

Frank, L. E. and Friedman, J. H. (1993), A statistical view of some chemometrics regression tools, *Technometrics*, **35**, 109–135.

Freund, Y. and Schapire, R. E. (1997), A decision-theoretic generalization of on-line learning and an application to boosting, *Journal of Computer and System Sciences*, **55**, 119–139.

Friedman, J., Hastie, T., Höfling, H., and Tibshirani, R. (2007), Pathwise coordinate optimization, *the Annals of Applied Statistics*, **1**, 302–332.

Fukushima, K. (1980), Neocognitron: A self-organizing neural network model for a mechanism of pattern recognition unaffected by shift in position, *Biological Cybernetics*, **36**, 193–202.

Goodfellow, I., Pouget-Abadie, J., Mirza, M., Xu, B., Warde-Farley, D., Ozair, S., Courville, A., and Bengio, Y. (2014), Generative adversarial nets, In *Advances in Neural Information Processing Systems*, 2672–2680.

Gupta, S. (2012), A note on the asymptotic distribution of LASSO estimator for correlated data, *Sankhyā: the Indian Journal of Statistics, Series A*, **74**, 10–28.

Hastie, T., Tibshirani, R., and Friedman, J. (2001), *The Elements of Statistical Learning*: Springer-Verlag. (T. ヘイスティーら (著), 杉山将ら (監訳), 統計的学習の基礎, 共立出版, 2014)

He, K., Zhang, X., Ren, S., and Sun, J. (2015), Delving deep into rectifiers: surpassing human-level performance on imagenet classification, In *Proceedings of the IEEE International Conference on Computer Vision*, 1026–1034.

He, K., Zhang, X., Ren, S., and Sun, J. (2016), Deep residual learning for image recognition, In *Proceedings of the IEEE Conference on Computer Vision and Pattern Recognition*, 770–778.

Hinton, G. E. and Salakhutdinov, R. R. (2006), Reducing the dimensionality of data with neural networks, *Science*, **313**, 504–507.

Hoerl, A. E. and Kennard, R. W. (1970), Ridge regression: biased estimation for nonorthogonal problems, *Technometrics*, **12**, 55–67.

Huang, J., Horowitz, J. L., and Ma, S. (2008), Asymptotic properties of bridge estimators in sparse high-dimensional regression models, *The Annals of Statistics*, **36**, 587–613.

Huang, J. and Xie, H. (2007), Asymptotic oracle properties of SCAD-penalized least squares estimators, In *Asymptotics: Particles, Processes and Inverse Problems*, Institute of Mathematical Statistics, 149–166.

Ioffe, S. and Szegedy, C. (2015), Batch normalization: accelerating deep network training by reducing internal covariate shift, *arXiv:1502.03167*.

Kingma, D. P. and Ba, J. (2014), Adam: a method for stochastic optimization, *arXiv:1412.6980*.

Kingma, D. P. and Welling, M. (2013), Auto-encoding variational bayes, *arXiv:1312.6114*.

Knight, K. and Fu, W. (2000), Asymptotics for lasso-type estimators, *the Annals of Statistics*, **28**, 1356–1378.

LeCun, Y., Haffner, P., Bottou, L., and Bengio, Y. (1999), Object recognition with gradient-based learning, In *Shape, Contour and Grouping in Computer Vision*, Springer, 319–345.

Lifshits, M. (2012), Lectures on Gaussian processes, In *Lectures on Gaussian Processes*: Springer.

Maas, A. L., Hannun, A. Y., and Ng, A. Y. (2013), Rectifier nonlinearities improve neural network acoustic models, In *Proceedings of the 30 International Conference on Machine Learning*, **30**, 3.

Makhzani, A. and Frey, B. (2013), K-sparse autoencoders, *arXiv:1312.5663*.

Mallows, C. L. (1973), Some comments on C_p, *Technometrics*, **15**, 661–675.

Nesterov, Y. (1983), A method of solving a convex programming problem with convergence rate $O(1/k^2)$, In *Soviet Mathematics Doklady*, **27**, 372–376.

Pollard, D. (1991), Asymptotics for least absolute deviation regression estimators, *Econometric Theory*, **7**, 186–199.

Pötscher, B. M. and Leeb, H. (2009), On the distribution of penalized maximum likelihood estimators: The LASSO, SCAD, and thresholding, *Journal of Multivariate Analysis*, **100**, 2065–2082.

Pötscher, B. M. and Schneider, U. (2009), On the distribution of the adaptive LASSO estimator, *Journal of Statistical Planning and Inference*, **139**, 2775–2790.

Radford, A., Metz, L., and Chintala, S. (2015), Unsupervised representation learning with deep convolutional generative adversarial networks, *arXiv:1511.06434*.

Raskutti, G., Wainwright, M. J., and Yu, B. (2010), Restricted eigenvalue properties for correlated Gaussian designs, *Journal of Machine Learning Research*, **11**, 2241–2259.

Raskutti, G., Wainwright, M. J., and Yu, B. (2011), Minimax rates of estimation for high-dimensional linear regression over ℓ_q-balls, *IEEE Transactions on Information Theory*, **57**, 6976–6994.

Rockafellar, R. T. (1970), *Convex Analysis*, Princeton university press.

Rosenblatt, F. (1958), The perceptron: a probabilistic model for information storage and organization in the brain., *Psychological Review*, **65**, 386.

Rumelhart, D. E., Hinton, G. E., and Williams, R. J. (1988), Learning representations by back-propagating errors, *Cognitive Modeling*, **5**, 1.

Srivastava, N., Hinton, G., Krizhevsky, A., Sutskever, I., and Salakhutdinov, R. (2014), Dropout: a simple way to prevent neural networks from overfitting, *the Journal of Machine Learning Research*, **15**, 1929–1958.

Stein, C. M. (1981), Estimation of the mean of a multivariate normal distribution, *the Annals of Statistics*, **9**, 1135–1151.

Stone, M. (1974), Cross-validatory choice and assessment of statistical predictions, *Journal of the Royal Statistical Society: Series B (Methodological)*, **36**, 111–133.

Tibshirani, R. (1996), Regression shrinkage and selection via the Lasso, *Journal of the Royal Statistical Society: Series B*, **58**, 267–288.

Tibshirani, R. J. (2013), The lasso problem and uniqueness, *Electronic Journal of Statistics*, **7**, 1456–1490.

van de Geer, S. A. and Bühlmann, P. (2009), On the conditions used to prove oracle results for the Lasso, *Electronic Journal of Statistics*, **3**, 1360–1392.

Vincent, P., Larochelle, H., Bengio, Y., and Manzagol, P.-A. (2008), Extracting and composing robust features with denoising autoencoders, In *Proceedings of the 25th International Conference on Machine Learning*, 1096–1103.

Vincent, P., Larochelle, H., Lajoie, I., Bengio, Y., and Manzagol, P.-A. (2010), Stacked denoising autoencoders: learning useful representations in a deep network with a local denoising criterion, *Journal of Machine Learning Research*, **11**, 3371–3408.

Wright, S. J. (2015), Coordinate descent algorithms, *Mathematical Programming*, **151**, 3–34.

Xiao, L., Bahri, Y., Sohl-Dickstein, J., Schoenholz, S., and Pennington, J. (2018), Dynamical isometry and a mean field theory of CNNs: how to train 10,000-layer vanilla convolutional neural networks, In *Proceedings of the 35th International Conference on Machine Learning*, 5393–5402.

Zhang, C.-H. (2010), Nearly unbiased variable selection under minimax concave penalty, *the Annals of Statistics*, **38**, 894–942.

Zhou, D.-X. (2013), On grouping effect of elastic net, *Statistics and Probability Letters*, **83**, 2108–2112.

Zou, H. (2006), The adaptive lasso and its oracle properties, *Journal of the American Statistical Association*, **101**, 1418–1429.

Zou, H., Hastie, T., and Tibshirani, R. (2007), On the "degrees of freedom" of the lasso, *the Annals of Statistics*, **35**, 2173–2192.

Zou, H. and Hastie, T. (2005), Regularization and variable selection via the elastic net, *Journal of the Royal Statistical Society: Series B (Statistical Methodology)*, **67**, 301–320.

我妻幸長 (2018), はじめてのディープラーニング, SB クリエイティブ.

麻生英樹・津田宏治・村田昇 (2003), パターン認識と学習の統計学, 岩波書店.

岡谷貴之 (2015), 深層学習, 講談社.

川野秀一・松井秀俊・廣瀬慧 (2018), スパース推定法による統計モデリング, 共立出版.

小西貞則・北川源四郎 (2004), 情報量規準, 朝倉書店.

清水邦夫 (2002), 地球環境データ, 共立出版.

鈴木大慈 (2015), 確率的最適化, 講談社.

瀧雅人 (2017), これならわかる深層学習入門, 講談社.

谷島賢二 (2002), ルベーグ積分と関数解析, 朝倉書店.

索　引

欧字

和字

あ行

か行

さ行

た行

な行

は行

ま行

や行

ら行

著者紹介

梅津佑太　博士（機能数理学）

2016年　九州大学大学院数理学府機能数理学コース博士後期課程修了

現　在　長崎大学情報データ科学部 准教授

西井龍映　理学博士

1980年　広島大学大学院理学研究科数学専攻博士課程後期中途退学

現　在　長崎大学情報データ科学部長，九州大学名誉教授

上田勇祐　修士（数理学）

2019年　九州大学大学院数理学府数理学専攻修士課程修了

現　在　マツダ株式会社　パワートレイン開発本部

NDC007　207p　21cm

データサイエンス入門シリーズ

スパース回帰分析とパターン認識

2020年2月26日　第1刷発行
2022年7月28日　第3刷発行

著　者　梅津佑太・西井龍映・上田勇祐

発行者　髙橋明男

発行所　株式会社　講談社

〒112-8001　東京都文京区音羽 2-12-21
販売　(03)5395-4415
業務　(03)5395-3615

KODANSHA

編　集　株式会社　講談社サイエンティフィク
代表　堀越俊一
〒162-0825　東京都新宿区神楽坂 2-14　ノービィビル
編集　(03)3235-3701

本文データ制作　藤原印刷株式会社

印刷・製本　株式会社ＫＰＳプロダクツ

ISBN 978-4-06-518620-6